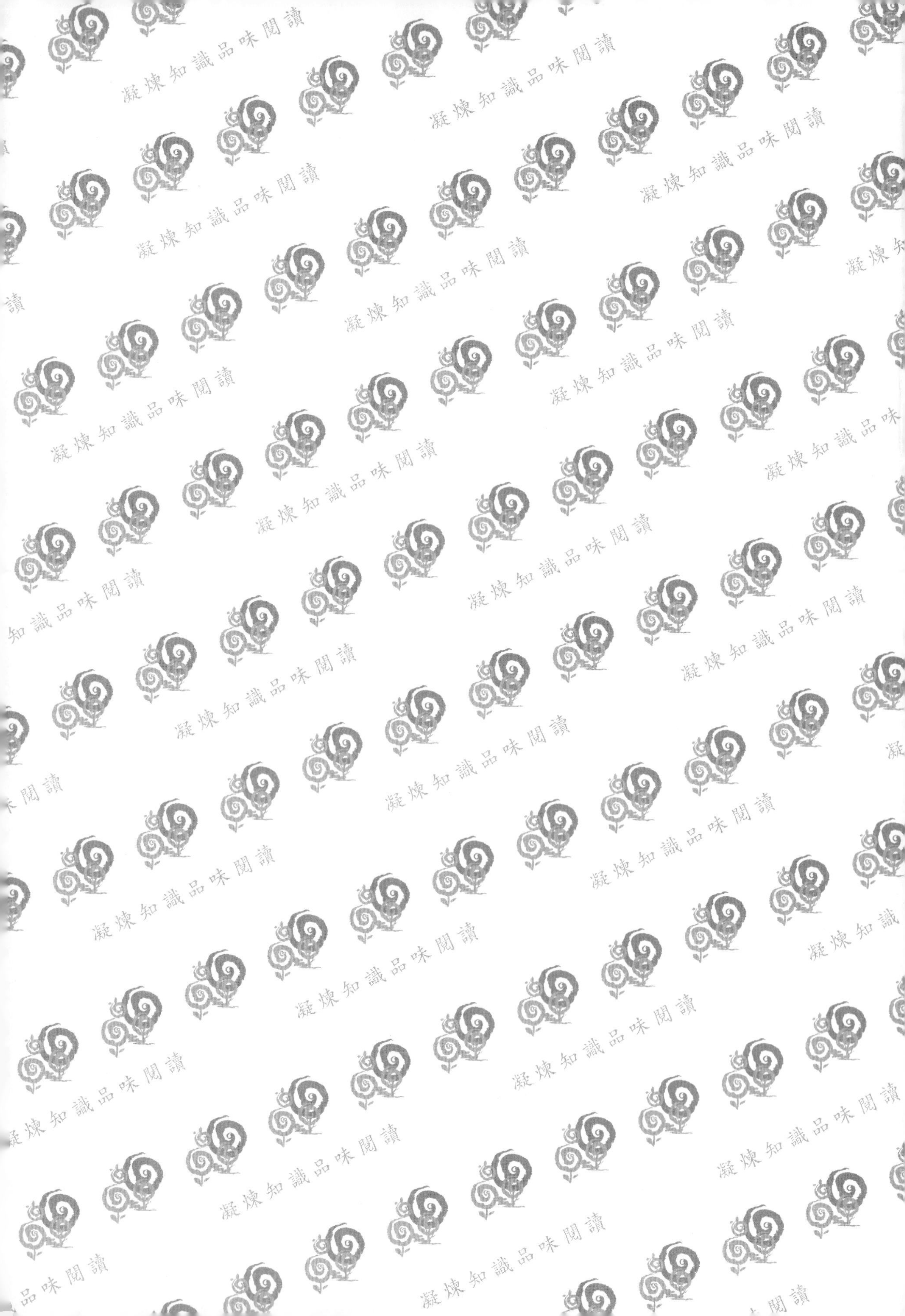

凝煉知識品味閱讀

無師自通的 C++語言程式設計

修訂2版

附大學程式設計先修檢測（APCS）試題解析

邏輯林 —— 著

五南圖書出版公司 印行

自序——

一般來說，以人工方式處理日常生活事務，只要遵循程序就能達成目標。但以下類型案例告訴我們，以人工方式來處理，不但效率低浪費時間，且不一定可以在既定時間內完成。

1. 不斷重複的問題。例如：早期人們要提存款，都必須請銀行櫃檯人員辦理。在人多的時候，等候的時間就拉長。現在有了可供存提款的自動櫃員機 (ATM)，存提款變成一件輕輕鬆鬆的事了。
2. 大量計算的問題。例如：設 $f(x) = x^{100} + x^{99} + \cdots + x + 1$，求 $f(2)$。若用人工方式計算，則無法在短時間內完成。有了計算機以後，很快就能得知結果。
3. 大海撈針的問題。例如：從 500 萬輛車子中，搜尋車牌為 888-8888 的汽車。若用肉眼的方式去搜尋，則曠日廢時。現在有了車輛辨識系統，很快就能發現要搜尋的車輛。

一個好的工具，能使問題處理更加方便及快速。以上案例都可利用電腦程式設計求解出來，由此可見程式設計與生活的關聯性。程式設計是一種利用電腦程式語言解決問題的工具，只需將所要處理的問題，依據程式語言的語法描述出問題之流程，電腦便會根據我們所設定之程序，完成所要的目標。

多數的程式設計初學者，因學習成效不彰，對程式設計課程興趣缺缺，進而產生排斥。導致學習效果不佳的主要原因，有下列三點：

1. 上機練習時間不夠，又加上不熟悉電腦程式語言的語法撰寫，導致花費太多時間在偵錯上，進而對學習程式設計缺乏信心。
2. 對問題的處理作業流程（或規則）不了解，或畫不出問題的流程圖。
3. 不知如何將程式設計應用在日常生活所遇到的問題上。

因此，初學者在學習程式設計時，除了要不斷上機練習，熟悉電腦程式語言的語法外，還必須了解問題的處理作業流程，才能使學習達到事半功倍的效果。

本書所撰寫之文件，若有謬錯或疏漏之處，尚祈先進及讀者們指正。謝謝！

2020/12/3 巳時

邏輯林　於大學池

目錄

Chapter 1
電腦程式語言介紹

1-1 物件導向程式設計

1-2 C++ 語言簡介

1-3 C++ 語言之架構

1-4 良好的程式撰寫習慣

1-5 程式撰寫常疏忽的問題

1-6 Code::Blocks 軟體簡介

1-7 提升讀者對程式設計之興趣

1-8 隨書光碟之使用說明

1-9 大學程式設計先修檢測 (Advanced Placement Computer Science, APCS)

大學程式設計先修檢測 (APCS) 試題解析

一般來說，不斷重複的工作，若以人工處理，則會讓人煩心且沒有效率。因此，尋求方便又快速的方法，是大眾夢寐以求的。而運用程式設計所開發的工具，正是符合大眾需求的方法之一。

程式設計，運用在生活中的範例不計其數。例如：提供民眾叫車服務、公車到站查詢、訂票服務等智慧型手機 App 應用程式；監控記錄人體心跳、睡眠品質等物聯網智慧手環 App 應用程式；輔助駕駛人執行自動駕駛、煞車、停車等人工智慧 AI 應用程式。因此，學習程式設計，是現代人必修的一門顯學。

人類藉由相同的語言，進行相互溝通。人類的想法希望能被電腦解讀，也是同樣的道理。像這類的語言，稱之為電腦程式語言 (Computer Programming Language)。電腦程式語言，分成下列三大類：

1. 編譯式程式語言：若以某種程式語言所撰寫的原始程式碼 (Source Code)，須經過編譯程式 (Compiler) 正確編譯成機器碼 (Machine Code) 後才能執行，則稱這種程式語言為「編譯式程式語言」。例如：COBOL、C、C++ 等。若原始程式碼編譯無誤，就可執行它且下次無須重新編譯，否則必須修改原始程式碼且重新編譯。編譯式程式語言，從原始程式碼變成可執行檔需經編譯 (Compile) 及連結 (Link) 兩個過程，分別由編譯程式 (Compiler) 及連結程式 (Linker) 負責。編譯程式負責檢查程式的語法是否正確，連結程式則負責檢查程式使用的函式是否有定義。若原始程式碼從編譯到連結都正確，最後會產生一個與原始程式檔同名的可執行檔 (.exe)。
2. 直譯式程式語言：若以某種程式語言所撰寫的原始程式碼，須經過直譯器 (Interpreter) 將指令一邊翻譯成機器碼一邊執行，直到產生錯誤或執行結束才停止，則稱這種程式語言為「直譯式程式語言」。例如：BASIC、HTML 等。利用直譯式程式語言所撰寫的原始程式碼，每次執行都要重新經過直譯器翻譯成機器碼，執行效率較差。
3. 編譯式兼具直譯式程式語言：若以某種程式語言所撰寫的原始程式碼，必須經過編譯器將它編譯成中間語言 (Intermediate Language) 後，再經過直譯器產生原生碼 (Native Code)，才能執行，則稱這種程式語言為「編譯式兼具直譯式程式語言」。例如：Visual C#、Visual Basic 等程式語言。

程式從撰寫階段到執行階段，常遇到的問題有三類：編譯錯誤 (compile error)、連結錯誤 (link error)及執行錯誤 (run-time error)。撰寫程式時，若違反程式語言的語法規則，則會產生編譯錯誤或連結錯誤。這兩類的錯誤，稱之為「語法錯誤 (Syntax error)」。例如：在 C++ 語言中，大多數的指令敘述是以「;」（分號）作為該指令敘述的結束符號。若違反此規則，則編譯時會出現錯誤訊息「error: expected ';'」，表示缺少「;」。程式執行時，若產生意外的輸出或與預期不符的結果，則暗示程式的邏輯設計不周詳。像這類的執行錯誤，稱之為「語意錯誤 (Semantic error)」或「邏輯錯誤 (Logic error)」。例如：「a = b / c;」，在語法上是正確的。但執行時，若 c 為 0，則會出現錯誤訊息「**Process returned -1073741676 (0xC0000094)**」，表示「除以 0」。

1-1 物件導向程式設計

使用任何一種電腦程式語言所撰寫的程式指令集，稱之為電腦程式。而撰寫程式的過程，稱之為程式設計。

程式設計方式可分成下列兩種類型：

1. 第一類為程序導向程式設計 (Procedural Programming)：設計者依據解決問題的程序，完成電腦程式的撰寫，程式執行時電腦會依據流程進行各項工作的處理。
2. 第二類為物件導向程式設計 (Object Oriented Programming, OOP)。它結合程序導向程式設計的原理與真實世界中的物件觀念，建立物件與真實問題間的互動關係，使程式在維護、除錯，及新功能擴充上更容易。

何謂物件 (Object) 呢？物件是具有屬性及方法的實體，例如：人、汽車、火車、飛機、電腦等。這些實體都具有屬於自己的特徵及行為，其中特徵以屬性 (Properties) 來表示，而行為則以方法 (Methods) 來描述。物件可以藉由它所擁有的方法，改變它擁有的屬性值及與不同的物件溝通。例如：人具有胃、嘴巴等屬性，及吃、說等方法。可藉由「吃」這個方法，來降低胃的飢餓程度；可藉由「說」這個方法，與別人溝通或傳達訊息。因此，OOP 就是模擬真實世界之物件運作模式的一種程式設計概念。常見 OOP 的電腦程式語言有 C++、Visual Basic、Visual C#、Java 等。本書主要以介紹 C++ 程式語言為主。

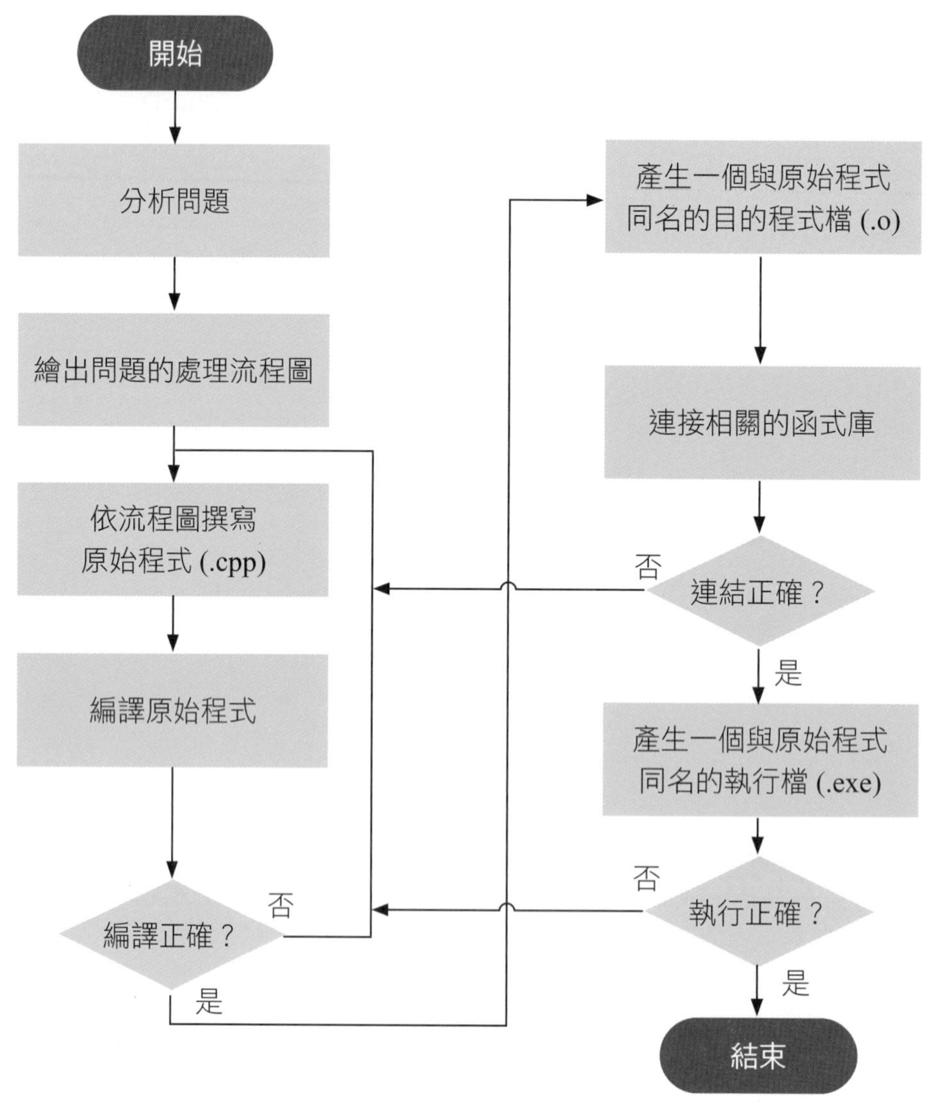

圖 1-1　程式設計流程圖

以 C++ 程式語言解決問題的程式設計程序如下：

1. 分析問題。
2. 構思問題的處理步驟，並繪出流程圖。
3. 選擇熟悉的電腦程式語言，並依據流程圖撰寫程式。
4. 程式執行結果，若符合問題的需求，則結束；否則須重新檢視程序 1~3。

1-2 C++ 語言簡介

Dennis Ritchie 和 Ken Thompson 為了研發 UNIX 系統，在 1972 年於 AT&T 貝爾實驗室發表 C 語言。之後，許多研究或學術單位都依據 Dennis Ritchie 和 Ken Thompson 所著的 *C programming language*，發展各自的 C 語言編譯器，導致缺乏統一標準及產生許多的缺失。為了統一 C 語言標準，美國國家標準局 (American National Standards Institute, ANSI) 於 1983 年成立特別委員會，且於 1989 年完成 C 語言的國際標準語法制定，並稱之為 ANSI C。

1979 年，Bjarne Stroustrup 以 C 語言架構為基礎並結合 C with Classes 的構想，發展一套易開發且具高效能的物件導向 (Object Oriented) 程式語言。1983 年，Rick Mascitti 正式將 C with Classes 命名為 C++，之後陸續加入 C++ 標準串流 I/O 函式庫（取代傳統的 C 標準 I/O 函式庫）、布林 (bool) 資料型態、虛擬函式 (virtual function)、運算子多載 (operator overloading)、命名空間 (namespace) 等功能。

1-3 C++ 語言之架構

C++ 語言的撰寫架構，依序分成四大區塊：

1. 前置處理指令區：程式的開端處為前置處理指令區。在此區中，以「#include」或「#define」開頭的敘述，稱之為前置處理指令。編譯器在編譯程式前，前置處理器 (Preprocessor) 會先完成前置處理指令交代的工作。「#include」的目的，是將其後「< >」內的標頭檔 (header file)，或稱含括檔 (include file) 之內容加入原始程式的最前頭，這個動作被稱為含括 (include)。一般程式中都會使用到的 C++ 語言庫存函式或類別，在使用它們前都必須宣告。這些庫存函式或類別的宣告，都已放在所屬的標頭檔中，如果要使用它們，只要將其對應的標頭檔含括到原始程式中即可，這樣就等於宣告這些庫存函式或類別了。「#define」的目的，是將其後面的「名稱」定義成「常數」或「巨集函式」，方便之後以「名稱」來代替該「常數」或「巨集函式」。

2. 全域變數及全域函式宣告區（可有可無）：為全域變數及全域自訂函式宣告的區域。
3. 主函式區：問題的核心程式都撰寫在這區域，即撰寫在「int main ( ) { }」內部。
4. 自訂函式區（可有可無）：使用者自行訂定的函式都撰寫在這區域。（參考「第 8 章　自訂函式」）

例：每個原始程式基本上須有以下 7 列敘述。

```
#include <iostream>  // 引入標頭檔iostream
#include <cstdlib>    // 引入標頭檔cstdlib
using namespace std;  // 使用命名空間std
int main( )  // 主函式或主程式
  {
   .
   .
   .
   return 0;  /*結束*/
  }
```

[程式說明]

- 此程式只有前置處理指令區及主函式區。

- 「main」前面的「int」是整數的意思，表示程式執行結束時，會傳回一個整數給作業系統。
- 「#include <iostream>」，主要的作用，是引入標準輸出及輸入工具。只要使用標準輸出及輸入工具，都必須引入「iostream」檔案。例如：識別字「cout」及「endl」是宣告在「iostream」標頭檔的命名空間「std」中，使用「cout」及「endl」前，必須在前置處理指令區加入「#include <iostream>」（等於宣告「cout」及「endl」），然後才可直接使用它，否則編譯時可能會出現下面錯誤訊息（切記）：

  「**'cout' 或 'endl' was not declared in this scope**」。
- 「#include <cstdlib>」，主要的作用是引入標準 C++ 標準函式庫。只要使用 C++ 標準函式庫內的識別字，都必須引入「cstdlib」檔案。例如：識別字「system」是宣告在「cstdlib」標頭檔中，使用前必須在前置處理指令區加入「#include <cstdlib>」，否則編譯時就會出現：

  「**'system' was not declared in this scope**」。
- 「using namespace std;」，主要的作用是允許命名空間「std」內的所有識別字被使用。例如：識別字「cout」及「endl」是宣告在命名空間「std」內，因此使用「cout」及「endl」前，必須在前置處理區指令加入「using namespace std;」指令，否則編譯時就會出現：

  「**'cout' 或 'endl' was not declared in this scope**」。
  - 若無「using namespace std;」敘述，則必須「std::cout」來代替「cout」，編譯時才不會出現下面錯誤訊息（切記）：

    「**'cout' was not declared in this scope**」。
- 寫在「//」後的文字，稱之為註解。註解是寫給人看的，編譯器不會對註解做任何編譯，因此註解可寫可不寫。「//」後的文字，不可超過一列。
- 寫在「/*」與「*/」之間的文字，也稱之為註解。「/*」與「*/」之間的文字，可以超過一列以上，但不能寫成巢狀形式。例：/*… /*… */…*/。
- 「return 0;」的作用，是將整數「0」回傳給作業系統，並正常結束程式。

- 「{」及「}」，分別代表程式區塊的開始敘述及結束敘述。
- 「;」（分號），表示一個程式敘述的結束。大多數的程式敘述尾部都要加上「;」，只有下列少數程式敘述後面不可加上「;」：
  - ➢ 前置處理指令敘述「#include」及「#define」。
  - ➢ 程式區塊的開始敘述「{」及結束敘述「}」。
  - ➢ 流程控制敘述「if」、「else」、「else if」、「switch」及「case」。
  - ➢ 迴路結構敘述「for」、「while」及「do while」。
  - ➢ 函數的定義處。

「int main ( ) { }」主函式的內部架構，由上而下包括以下三個部分：

1. 區域變數或區域函式宣告區：主函式內使用的區域變數或區域函式，通常在此區宣告，方便日後追蹤，但也可混在核心程式撰寫區中。
2. 核心程式撰寫區：問題主要程式撰寫的地方。
3. 結束敘述：以「return 0;」敘述，將整數「0」回傳給作業系統，並正常結束程式。

範例 1　寫一程式，輸出「歡迎來到無師自通的 C++ 語言程式設計世界!」。

```
#include <iostream>
#include <cstdlib>
using namespace std;
int main( )
 {
   // 在螢幕上,輸出:歡迎來到無師自通的C++語言程式設計世界!
   cout << "歡迎來到無師自通的C++語言程式設計世界!" << endl;

   return 0;
 }
```

執行結果

歡迎來到無師自通的C++語言程式設計世界!

[程式說明]

- 程式第 7 列中的「cout」（讀作 c-out）結合「<<」（資料流插入運算子：stream insertion operator），將「<<」後的資料顯示在標準輸出裝置（即螢幕）上。
- 程式第 7 列中的「endl」，是換列的意思。
- 「cout」與「endl」的相關說明，請參考「第 3 章　資料輸入與資料輸出」。

1-4　良好的程式撰寫習慣

撰寫程式時，一定要考慮程式將來的維護及擴充。好的程式撰寫方式，能讓程式在維護上更方便，在擴充上更省錢。良好的程式撰寫習慣如下：

- 一列一敘述：方便程式閱讀及除錯。
- 適度內縮程式碼：內縮是指程式碼往右移幾個空格。多層次結構的程式碼，將內層的程式碼適度內縮，使程式結構形成很清楚的內外層次，有助於程式閱讀及除錯。
- 善用註解功能：提高程式碼的可讀性，及方便日後程式的維護和擴充。

1-5　程式撰寫常疏忽的問題

俗話說得好：「**吃燒餅，哪有不掉芝麻的？**」初學者撰寫程式時，犯錯在所難免，高手偶而也會發生。程式撰寫常疏忽的問題如下：

- 忘記將內建函數的標頭檔含括進來。
- 忘記宣告變數或自訂函式。
- 忘記在敘述後面加「;」或多加「;」。
- 忽略了英文大小寫字母是不同的。

- 忽略了不同型態的資料在使用上的差異性。
- 將「字元」常數與「字串」常數的表示法混淆。
- 忘記在結構區間的前後，要分別加上「{」及「}」。
- 將「=」與「==」的用法混淆。

1-6 Code::Blocks 軟體簡介

撰寫 C++ 語言的原始程式 (Source Code) 之前，需要先安裝一套包含編輯器 (Editor)、編譯程式 (Complier)、連結程式 (Linker) 及執行程式 (Run) 的整合開發環境 (IDE)，才能使學習程式設計的效果事半功倍。C++ 語言的整合開發環境有很多種，本書採用 Code::Blocks 整合開發環境來完成所有的範例。Code::Blocks 是一套開放資源，跨平台，免費的 C，C++ 及 Fortan 整合開發環境，由 HighTec EDV-Systeme GmbH 公司在 2010/05/25 所發行。目前最新的發行版本為 Release 20.03 rev 11983 (2020/03/12)。

1-6-1 Code::Blocks 安裝

請依下列程序下載 Code::Blocks 整合開發環境 (IDE) 並安裝：

1. 請到 Code::Blocks 官方網站：http://www.codeblocks.org/。

圖 1-2　Code::Blocks 官方網站

2. 依序點選 (1)「Downloads」，(2)「Download the binary release」。

圖 1-3 Code::Blocks 下載步驟 (一)

3. 按「Windows XP / Vista / 7 / 8.x / 10」。（使用 Windows 作業系統者）

圖 1-4 Code::Blocks 下載步驟 (二)

4. 按「codeblocks-20.03mingw-setup.exe」右邊的「Sourceforge.net」。

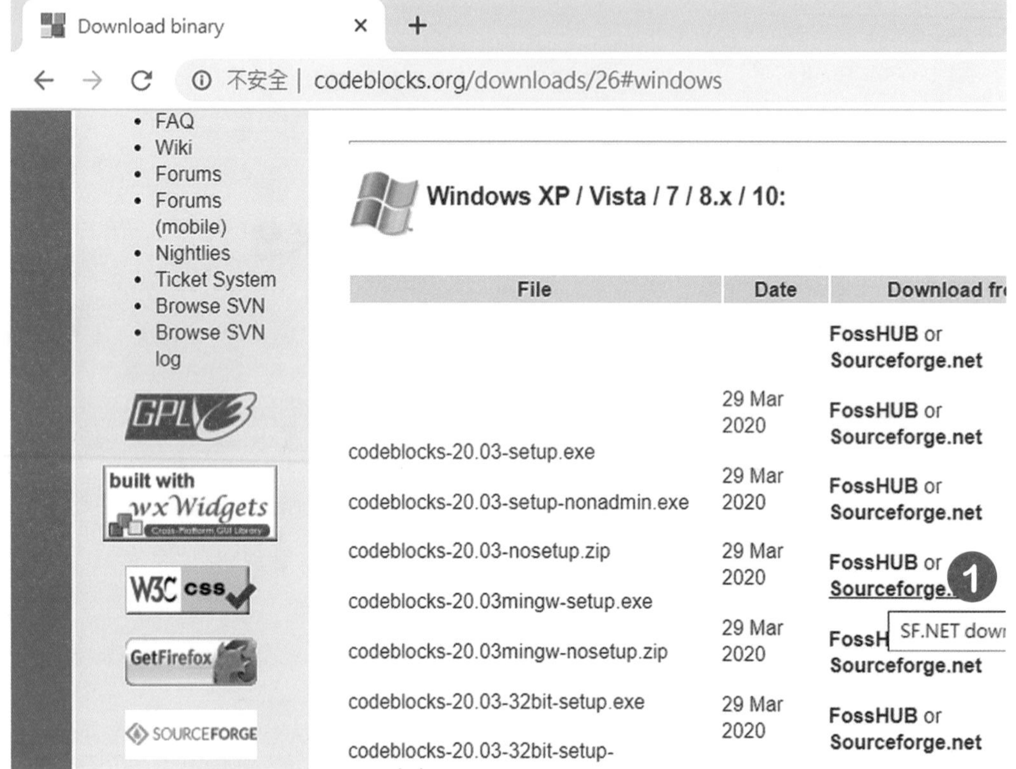

圖 1-5　Code::Blocks 下載步驟 (三)

5. Code::Blocks 的安裝程式「codeblocks-20.03mingw-setup.exe」下載進行中…，請稍後。下載完成後「codeblocks-20.03mingw-setup.exe」預設儲存在電腦本機的「下載」資料夾中。

   [註] 不同時期下載的安裝程式，其檔名會有所不同。

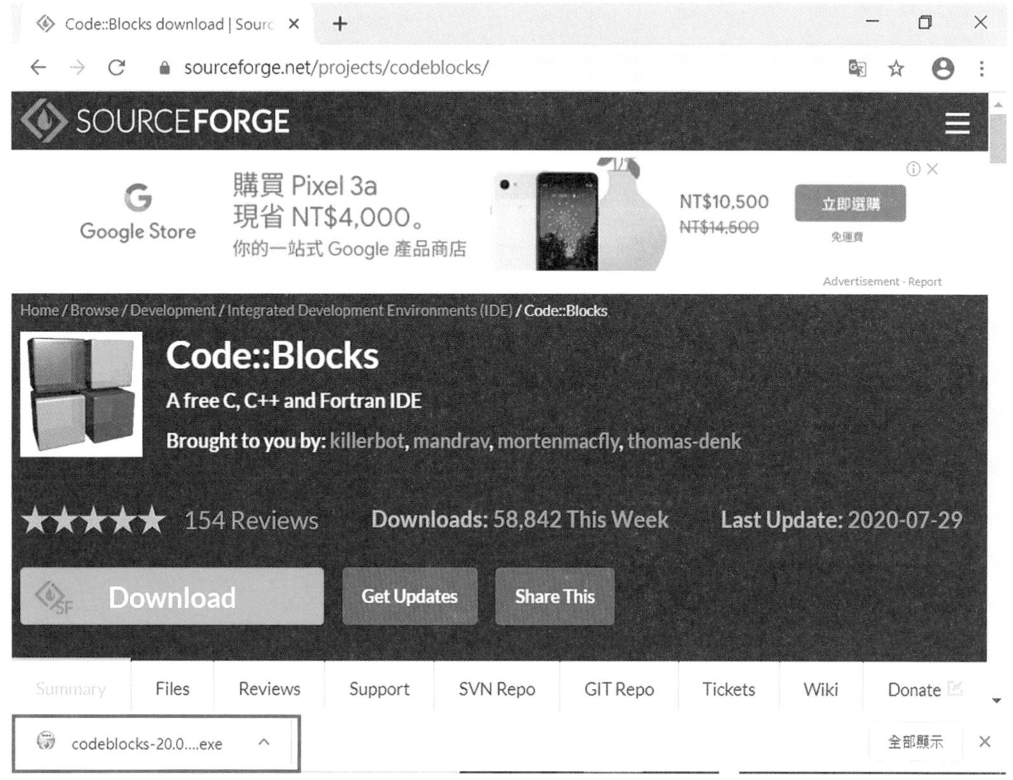

圖 1-6　Code::Blocks 下載步驟 (四)

6. 執行電腦本機的「下載」資料夾中的「codeblocks-20.03mingw-setup.exe」，安裝 Code::Blocks。

圖 1-7 Code::Blocks 安裝步驟 (一)

7. 按「是」。

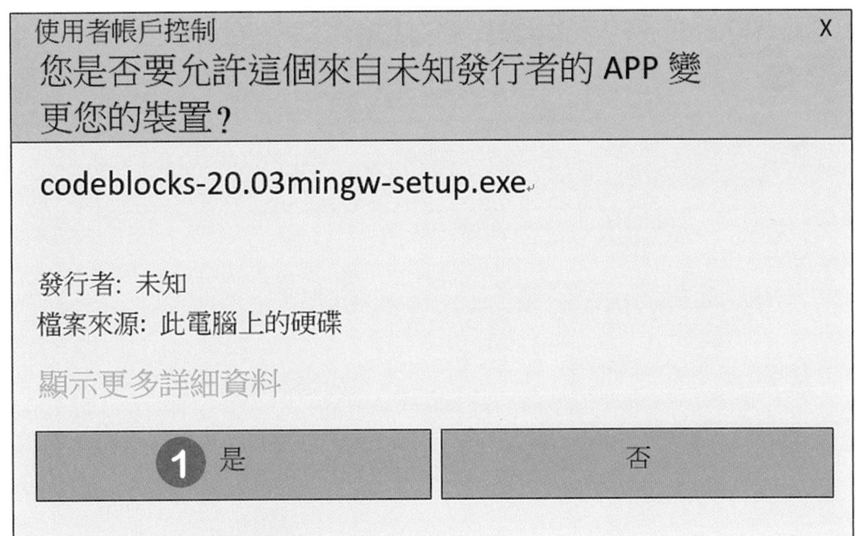

圖 1-8　Code::Blocks 安裝步驟 (二)

8. 按「Next」，離開安裝前的建議說明。

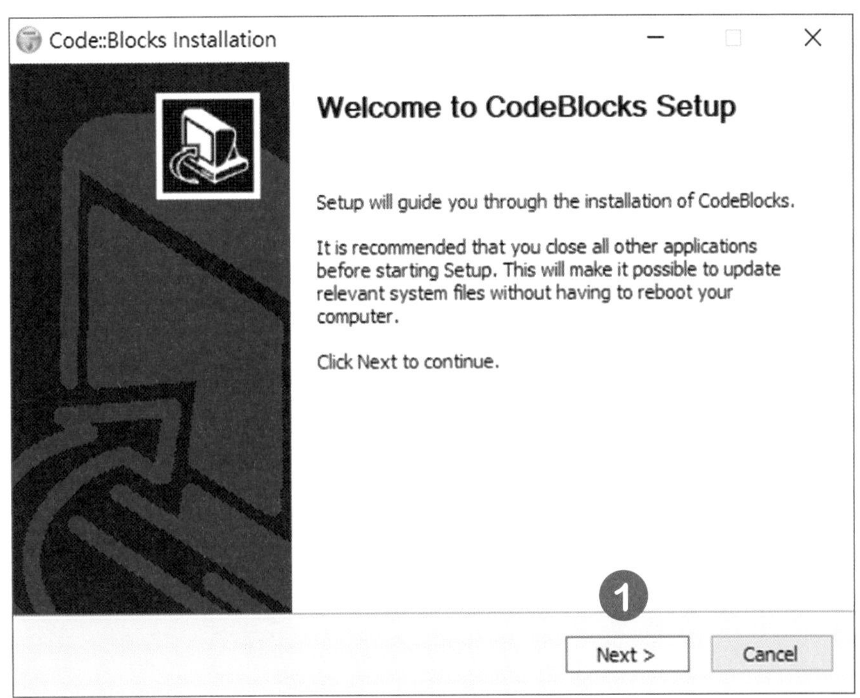

圖 1-9　Code::Blocks 安裝步驟 (三)

9. 按「I Agree」，同意 Code::Blocks 的使用許可協議。

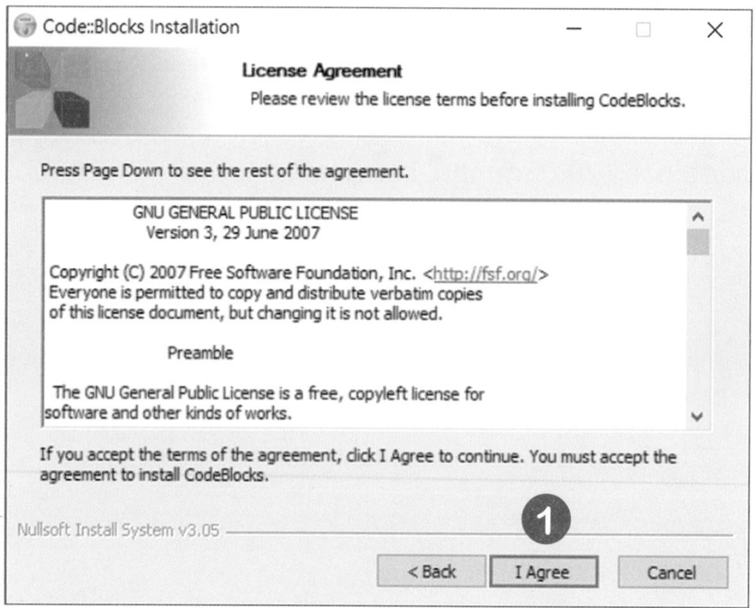

圖 1-10　Code::Blocks 安裝步驟 (四)

10. 按「Next」，選擇預設要安裝的 Code::Blocks 元件。

Code::Blocks Installation
Choose Components
Choose which features of CodeBlocks you want to install.
Check the components you want to install and uncheck the components you don't want to install. Click Next to continue.
Select the type of install: Full: All plugins, all tools, just everything
Or, select the optional components you wish to install:
Default install
Contrib Plugins
C::B CBP2Make
C::B Share Config
C::B Launcher
MinGW Compiler Suite
Space required: 531.5 MB
Description
Position your mouse over a component to see its description.
Nullsoft Install System v3.05
1
< Back　Next >　Cancel

圖 1-11　Code::Blocks 安裝步驟 (五)

11. 按「Install」，將 Code::Blocks 安裝到預設的「C:\Program Files\CodeBlocks」資料夾中。

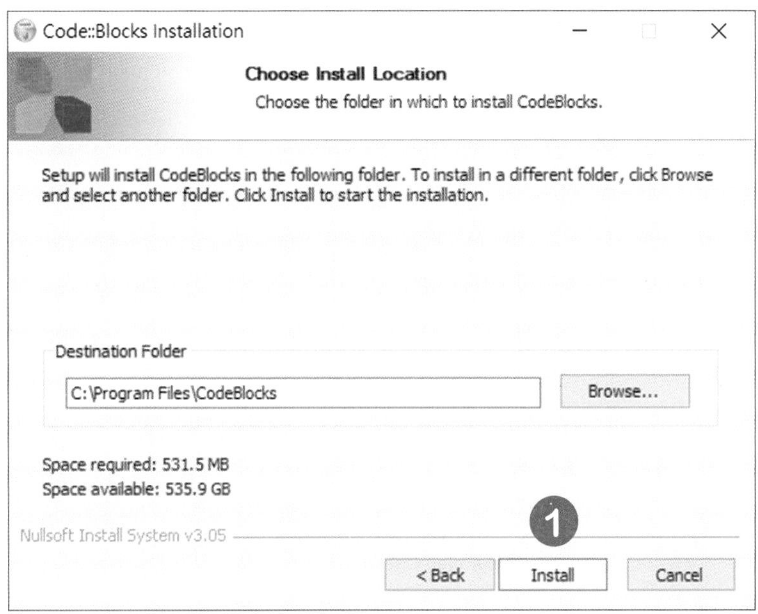

圖 1-12　Code::Blocks 安裝步驟 (六)

12. Code::Blocks 安裝進行中…。

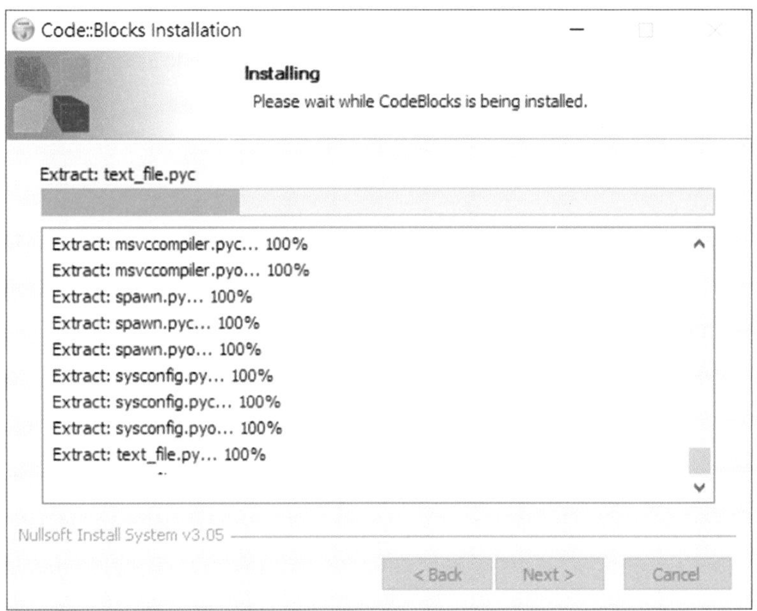

圖 1-13　Code::Blocks 安裝步驟 (七)

13. 現在要開啟 Code::Blocks 嗎？按「否 (N)」。

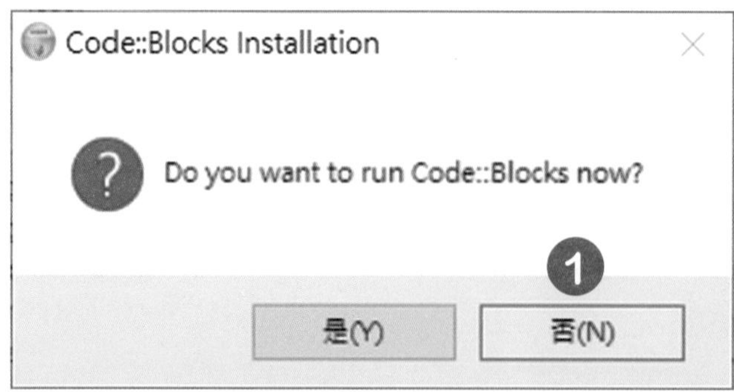

圖 1-14　Code::Blocks 安裝步驟 (八)

14. 按「Next」。

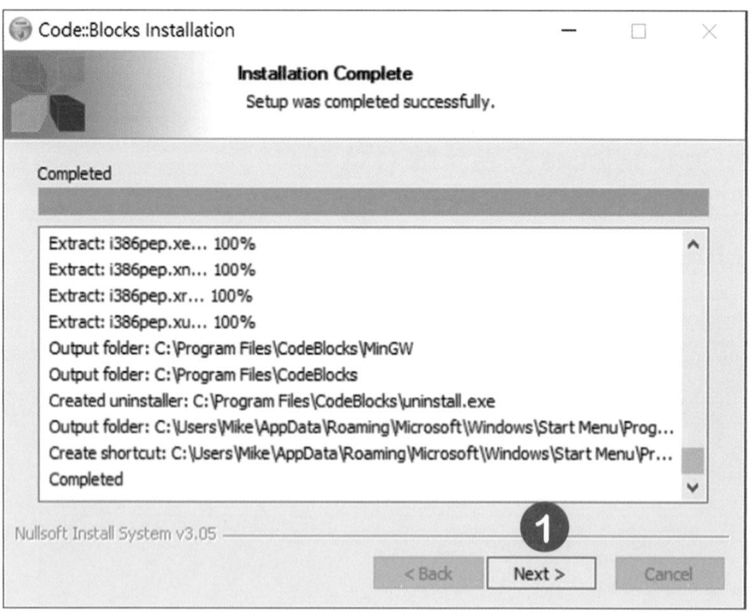

圖 1-15　Code::Blocks 安裝步驟 (九)

15. 按「Finish」後，在桌面上就會出現 圖示，代表「Code::Blocks」整合開發環境，已安裝完成。

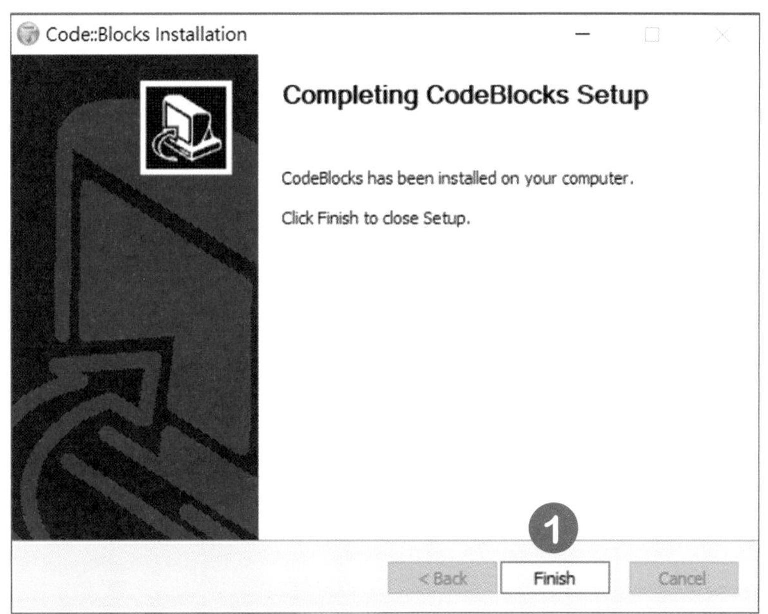

圖 1-16 Code::Blocks 安裝步驟 (十)

1-6-2 建立 C++ 語言的原始程式 (.cpp)

撰寫 C++ 語言的原始程式之前，先按桌面上的 圖示，啟動 Code::Blocks 整合開發環境。第一次啟動 Code::Blocks 整合開發環境，會出現選擇編譯器的設定視窗，如「圖 1-17」。此時，使用視窗中預設的編譯器即可。第二次啟動 Code::Blocks 時，就不會再出現「圖 1-17」的畫面。

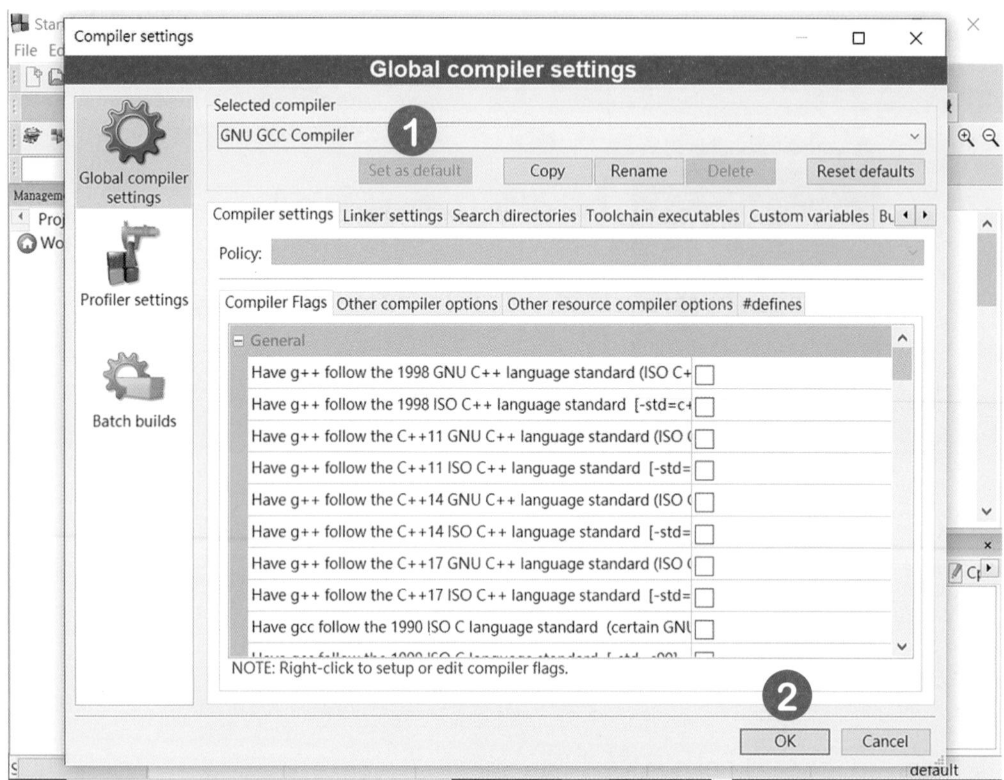

圖 1-17 Code::Blocks 整合開發環境首次啟動畫面

如何建立 C++ 語言的原始程式呢？在「D:\C++程式範例\ch01」資料夾中，建立 C++ 語言的原始程式的程序如下（以「範例 1.cpp」為例說明）

1. 點選功能表中的「File/New/File...」。

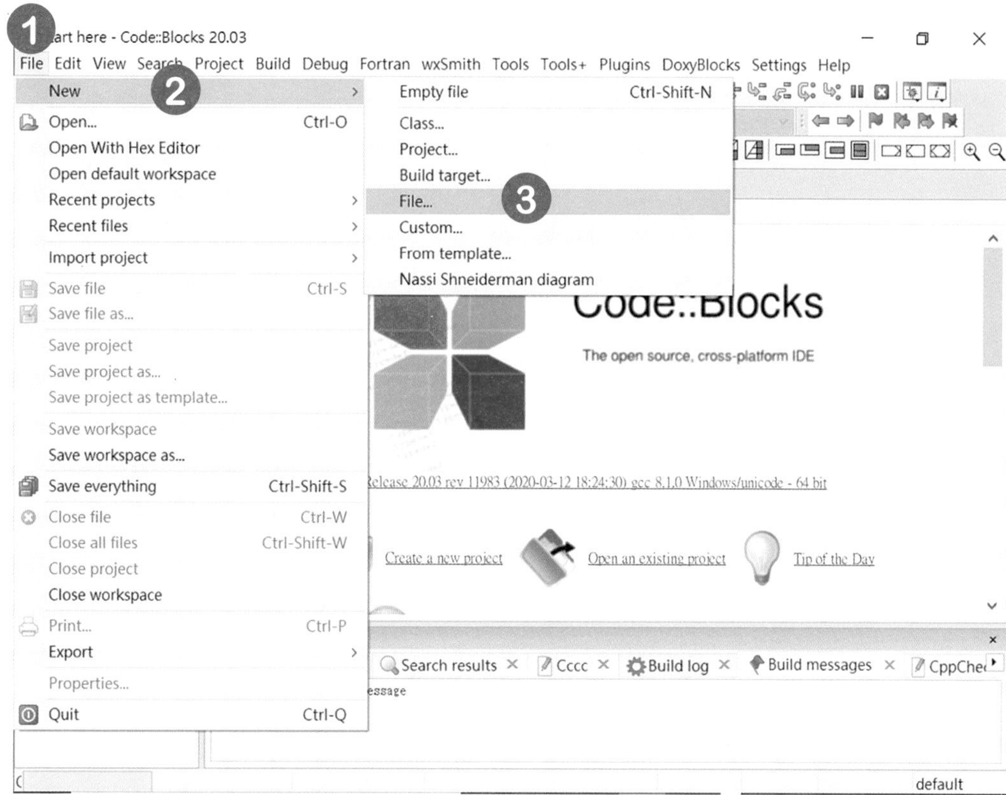

圖 1-18　建立原始程式程序 (一)

2. 點選「C/C++ source」，再按「Go」。

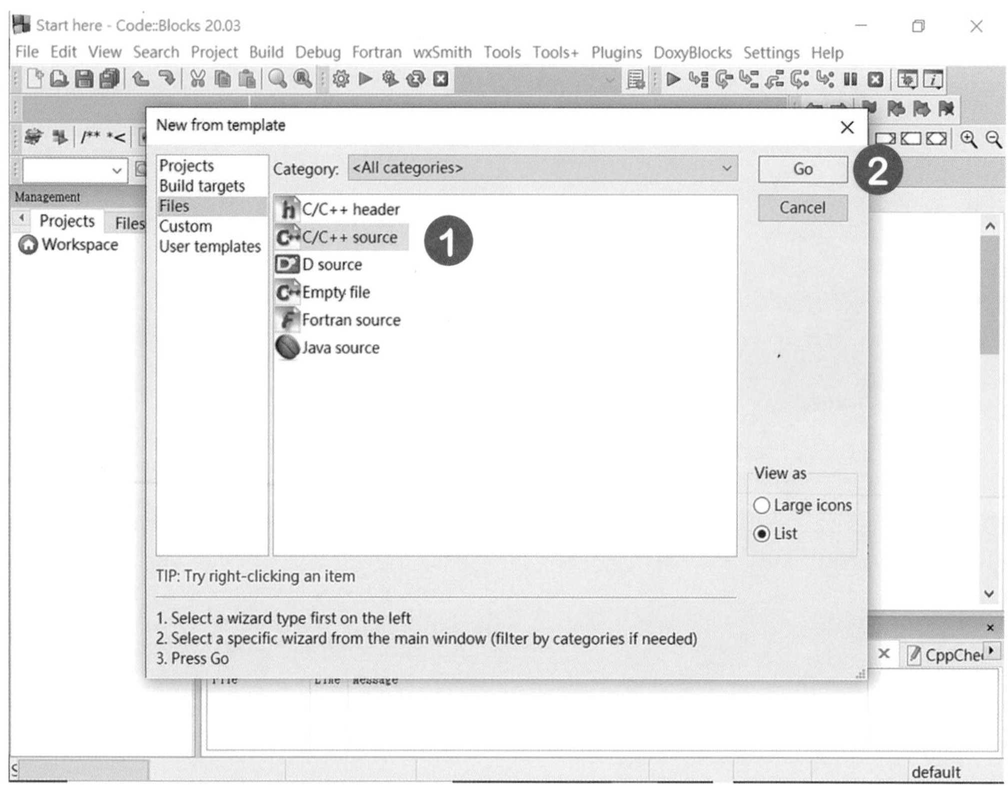

圖 1-19 建立原始程式程序 (二)

3. 點選「C++」，再按「Next」。

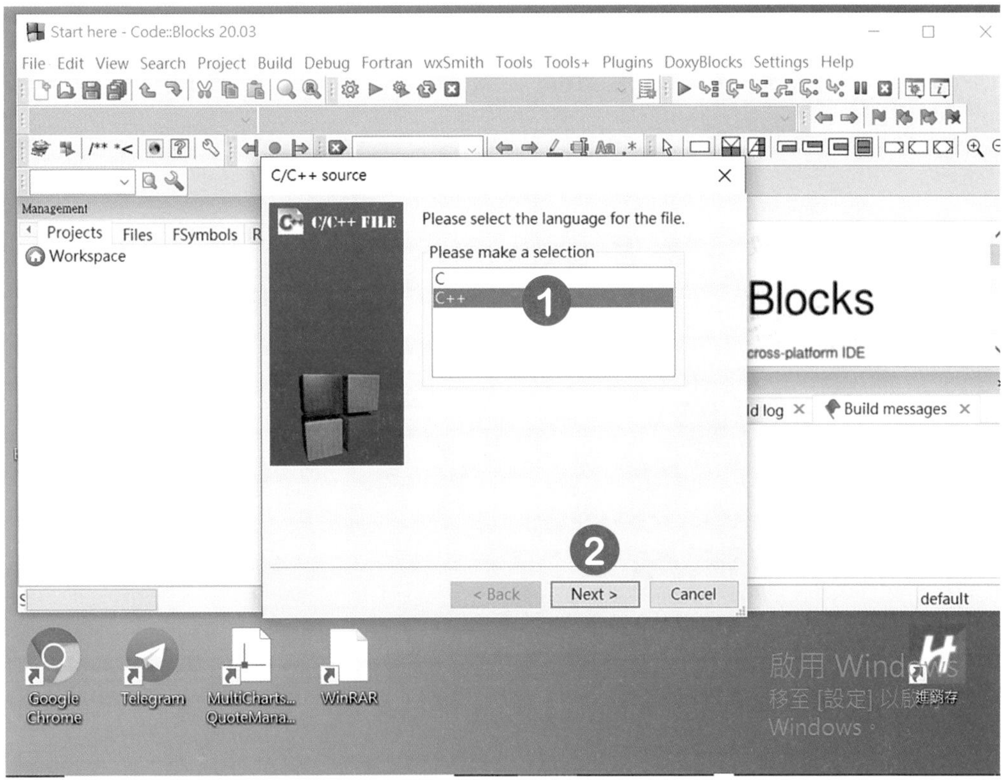

圖 1-20 建立原始程式程序 (三)

4. 在「Filename with full path」欄位中，輸入「D:\C++程式範例\ch01\範例 1.cpp」。接著按「Finish」，就建立了「範例 1.cpp」。

   [註]「D:\C++程式範例\ch01」資料夾必須存在，才能建立「範例 1.cpp」。

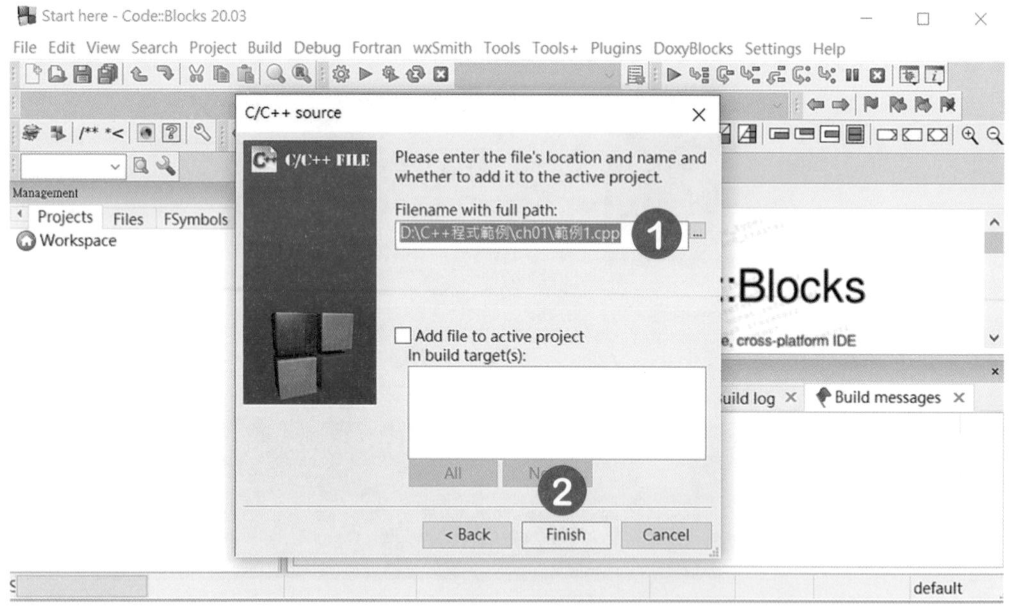

圖 1-21 建立「範例 1.cpp」原始程式程序 (四)

5. 建立原始程式「範例 1.cpp」後，在 Code::Blocks 整合開發環境中，就會出現「範例 1.cpp」的頁籤，設計者就可在這個頁籤底下的程式編輯區中，開始撰寫程式。

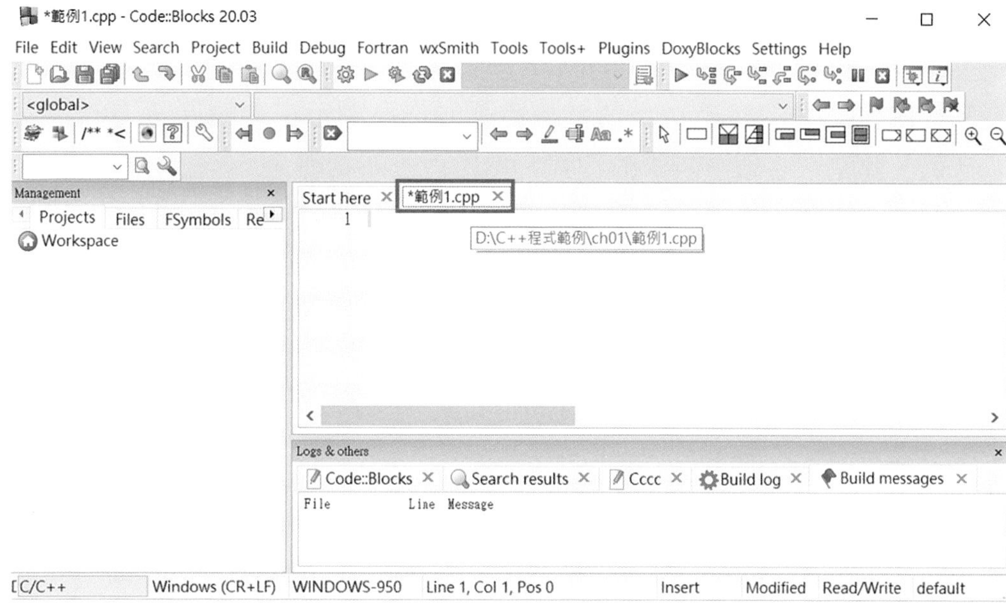

圖 1-22 原始程式「範例 1.cpp」建立完成

6. 在編輯區撰寫程式。

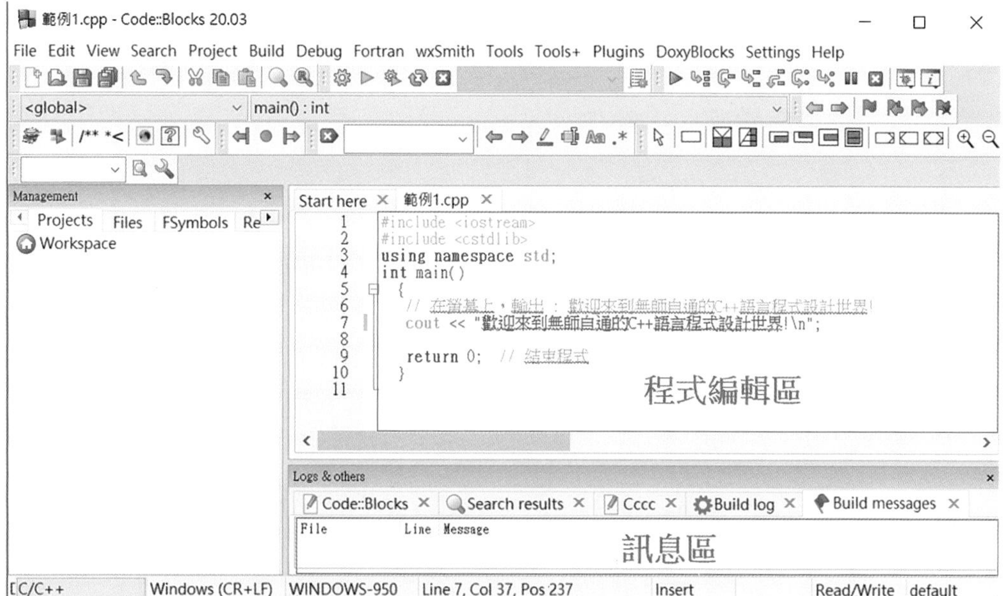

圖 1-23 撰寫原始程式「範例 1.cpp」

7. 原始程式「範例 1.cpp」撰寫完成後，可點選工具列中的「 」(Build and run) 圖示，對程式進行編譯。若程式編譯正確，則會執行程式，並顯示結果；否則會將錯誤的訊息顯示在編輯區下方的訊息區。此時，必須重新修改程式，然後再重新編譯。

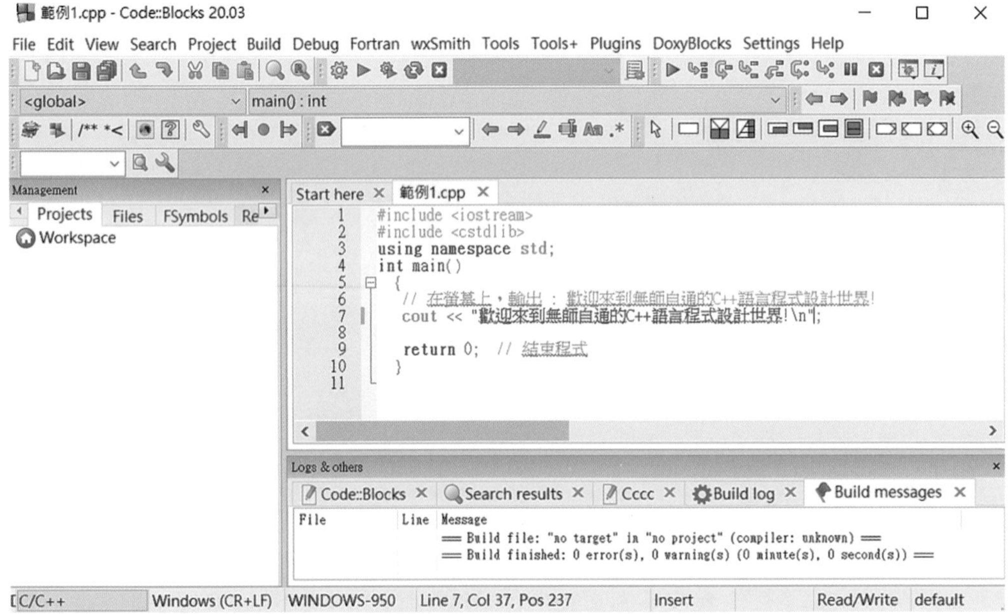

圖 1-24　編譯原始程式「範例 1.cpp」並執行

[註]

- 訊息區出現的「Build finished: 0 error(s), 0 warning(s)」（編譯完成：0 個錯誤，0 個警告），代表程式編譯正確。
- 程式執行後，顯示結果如下；

```
D:\C++程式範例\ch01\範例1.exe
歡迎來到無師自通的C++語言程式設計世界!

Process returned 0 (0x0)   execution time : 0.027 s
Press any key to continue.
```

圖 1-25　原始程式「範例 1.cpp」的執行結果

要關閉 Code::Blocks 整合開發環境，請按右上角的「x」鈕。此時，會出現詢問：「Code::Blocks 預設值已改變，要不要儲存？」視窗。若希望以後關閉 Code::Blocks 時，不要再出現此提醒視窗，則勾選「Don't annoy me again!」，並按「Yes」。

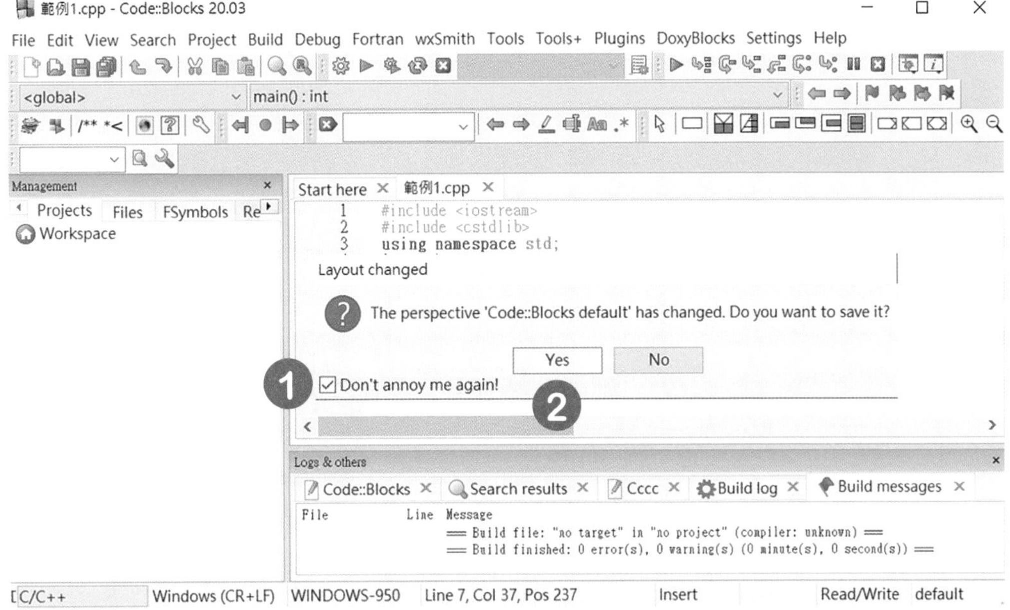

圖 1-26 關閉 Code::Blocks 整合開發環境

1-7 提升讀者對程式設計之興趣

書中提到不少關於生活體驗及益智遊戲方面的程式範例，有助於讀者了解程式設計是如何解決生活中的問題，使學習程式設計不再那麼深奧難以親近，又能對生活經驗有多一層認識及重溫兒時的回憶，因而對學習程式設計的意願提高及產生興趣。

在生活體驗方面的範例，有統一發票對獎、加油金額計算、停車費計算、百貨公司買三千送三百活動、數學四則運算、文字跑馬燈及模擬行人走路等問題。在益智遊戲方面的範例，有井字 (OX)、踩地雷及五子棋等遊戲。

1-8 隨書光碟之使用說明

首先將隨書光碟內的程式檔，複製到「D:\C++ 範例程式」資料夾底下。接著依下列步驟，即可將書中的範例程式載入「Code::Blocks」整合開發環境環中：

1. 進入「Code::Blocks」整合開發環境。
2. 在「Code::Blocks」整合開發環境中，點選功能表的「File/Open...」。
3. 選擇欲開啟的範例程式名稱。接著該範例程式就會出現在「Code::Blocks」整合開發環境中。

1-9 大學程式設計先修檢測 (Advanced Placement Computer Science, APCS)

「大學程式設計先修檢測」(Advanced Placement Computer Science, APCS)，是目前全台最具公信力的程式能力檢定之一，主要在檢測高中職生的程式設計能力，授予具公信力的程式設計能力等級，作為大學選才的參考依據。109 年「個人申請」有 38 個資訊相關科系組，將 APCS 成績列入第一階段的篩選、檢定項目中。希望就讀資工或資管的同學，務必關注下列三項重點。

1. 考試報名相關資訊：
   - 每年舉辦 3 次 APCS 考試，分別在 1 月、6 月及 10 月。
   - 採個別線上免費報名，開放報名大約在檢測日前二個月。
   - 每次報考，考試科目可任選。可重複報考，成績擇優採計。
   - 報名網址：https://apcs.csie.ntnu.edu.tw/
2. 考試科目及考試方式：

   APCS 的考試科目包含「程式設計觀念題」及「程式設計實作題」兩

科，以中文命題，採線上測驗。「程式設計觀念題」為選擇題，以 C 語言命題，測驗題本兩份共 40 題，滿分 100，每份測驗題本考試時間 60 分鐘，中間休息 30 分鐘。「程式設計實作題」是以撰寫程式為主，測驗題本 1 份共 4 題組，滿分 400，考試時間 150 分鐘。命題內容涵蓋範圍如下：

- 資料型態，常數，區域變數及全域變數。
- 控制結構：包括「if」，「if else」，「if else if else」及「switch」等控制結構。
- 迴路結構：包括「for」，「while」及「do while」等迴路結構。
- 函式。
- 遞迴。
- 陣列與結構。
- 基礎資料結構：包括佇列及堆疊。
- 基礎演算法：包括排序，搜尋，貪婪法則及動態規劃等演算法。

[註] 相關資訊，請參考 APCS 網頁：
https://apcs.csie.ntnu.edu.tw/index.php/questionstypes/

3. 成績等級計算：
   (1) 「程式設計觀念題」等級分五級，0~29 分是一級，30~49 分是二級，50~69 分是三級，70~89 分是四級，90~100 分是五級。
   (2) 「程式設計實作題」等級也分五級，0~49 分是一級，50~149 分是二級，150~249 分是三級，250~349 分是四級，350~400 分是五級。

[註] 級分越高，表示具備程式設計的能力越高。

大學程式設計先修檢測 (APCS) 試題解析 

一、程式設計觀念題

1. 程式編譯器可以發現下列哪種錯誤？（105/3/5 第 18 題）

   (A) 語法錯誤

   (B) 語意錯誤

   (C) 邏輯錯誤

   (D) 以上皆是

   解 答案：(A)

   撰寫程式時，若違反程式語言的語法規則，則會產生編譯錯誤或連結錯誤。這兩類的錯誤，稱之為「語法錯誤 (Syntax error)」。

Chapter 2
資料型態

資料，是任何事件的核心。不同事件所產生的資料各有差異，因應之道也不盡相同。例如：隨著 COVID-19 新型冠狀肺炎疫情的嚴重與否，各國航空公司對航班的刪減程度會有所增減。

在程式設計中，不同問題所要處理的資料，在型態上也不盡相同。例一：「數值運算」問題，資料的型態理當為「數值」。例二：「地址填寫」問題，資料的型態理當為「文字」。

程式設計對資料的處理，包括資料輸入、資料運算及資料輸出三部分。因此，認識資料型態，是資料處理的基本課題。

2-1 資料型態

在 C++ 語言的 <climits> 和 <cfloat> 標頭檔中，定義各種基本資料型態的範圍。C++ 語言的基本資料型態，有整數、浮點數、字元及布林四種型態。整數型態又細分成 short int（短整數）、unsigned short int（無號短整數）、int（整數）、unsigned int（無號整數）、long long（長整數）及 unsigned long long（無號長整數）。浮點數型態又細分成 float（單精度浮點數）及 double（倍精度浮點數）。

除了基本資料型態外，還有字串、陣列（參考「第 7 章　陣列」）、指標（參考「第 10 章　指標」）等參考型態。參考變數的內容，是它所指向的資料之起始記憶體位址，而不是資料本身。透過參考變數中的記憶體位址，才能存取它所指向的資料。本章以介紹基本資料型態為主。

2-1-1 整數型態

沒有小數點的數值，稱為整數。整數型態共有以下 6 種：

1. short int（帶正負號的短整數）：系統提供 2 個位元組的記憶體空間給 short int 型態的資料存放。short int 型態的資料範圍，介於 -32768 到 32767 之間。
2. unsigned short int（不帶正負號的短整數）：系統提供 2 個位元組的記憶體空間給 unsigned short int 型態的資料存放。unsigned short int

型態的資料範圍，介於 0 到 65535 之間。

3. int（帶正負號的整數）：系統提供 4 個位元組的記憶體空間給 int 型態的資料存放。int 型態的資料範圍，介於 -2147483648 到 2147483647 之間。
4. unsigned int（不帶正負號的整數）：系統提供 4 個位元組的記憶體空間給 unsigned int 型態的資料存放。unsigned int 型態的資料範圍，介於 0 到 4294967295 之間。
5. long long（帶正負號的長長整數）：系統提供 8 個位元組的記憶體空間給 long long 型態的資料存放。long long 型態的資料範圍，介於 -2^{63} 到 $2^{63}-1$ 之間。
6. unsigned long long（不帶正負號的長長整數）：系統提供 8 個位元組的記憶體空間給 unsigned long long 型態的資料存放。unsigned long long 型態的資料範圍，介於 0 到 $2^{64}-1$ 之間。

[註]

- 每一種整數型態都有範圍限制，若超出其範圍，則執行時無法得到正確的結果。

  例：2147483648 不存在於 int 型態的範圍中，當一個 int 型態的變數設定為 2147483648 時，這個變數值實際上是 -2147483648，這是 C++ 語言系統將 -2147483648 到 2147483647 看成一個循環所產生的結果。2147483647 的下一數是 -2147483648；同樣地，int 型態的變數設定為 -2147483649，這個變數值實際上是 2147483647。
- 其他的整數型態，也有類似狀況。

2-1-2 浮點數型態

含有小數點的數值，稱為浮點數。浮點數型態共有以下 2 種：

1. float（帶正負號的單精度浮點數）：系統提供 4 個位元組 (byte) 的記憶體空間給 float 型態的資料存放。float 型態的資料範圍，約略介於 $-3.4028235*10^{38}$ 到 $3.4028235*10^{38}$。儲存 float 型態的資料時，一般只能準確 7~8 位（整數位數+小數位數）。float 型態的資料（例如：

5e+39f），若超過 float 型態的範圍，編譯時會出現：

「warning: floating constant exceeds range of 'float' [-Woverflow]」，

且執行時會顯示：「inf」或「-inf」。

2. double（帶正負號的倍精度浮點數）：系統提供 8 個位元組 (byte) 的記憶體空間給 double 型態的資料存放。double 型態的資料範圍，約略介於 $-1.7976931348623157*10^{308}$ 到 $1.7976931348623157*10^{308}$。儲存 double 型態的資料時，一般只能準確 16~17 位（整數位數+小數位數）。double 型態的資料（例如：5e+309），若超過 double 型態的範圍，編譯時會出現：

   「warning: floating constant exceeds range of 'double' [-Woverflow]」，

   且執行時會顯示：「inf」或「-inf」。

浮點數表示方式，有下列兩種：

1. 以一般常用的小數點方式來表示。例如：9.8、-3.14、1.2f。
2. 以科學記號方式來表示。例如：5.143e+21。

[註] 若數值後面有加上「f」，則為單精度浮點數；否則為倍精度浮點數。

2-1-3 字元型態

文字資料的內容，若只有一個英文字母（A~Z 或 a~z），數字 (0~9) 或半形字符號，且放在一組「'」（單引號）中，則稱之為「char」（字元）型態資料。字元資料是以整數的形式儲存在 1Byte （位元組 = 8 位元）的記憶體空間中，且每一個字元資料都對應一個介於 0~255 之間的整數。

若要顯示特殊字元（例如：「"」）或移動游標（例如：換列），必須以一個「\」（逸出字元：Escape Character）作為開頭，後面加上該字元或該字元所對應的 16 進位 ASCII 碼，才能將特殊字元顯示在螢幕上或移動游標。這種組合方式，稱為「逸出序列」(Escape Sequence)。逸出序列相關說明，請參考「表 2-1」。

表 2-1 常用的逸出序列

逸出序列	意義	對應的 16 進位 ASCII 碼	對應的 10 進位 ASCII 碼
\a	讓喇叭發出「嗶」聲	0x7	7
\b	「倒退」字元，讓游標往左一格，相當於「←Backspace」鍵	0x8	8
\n	「換行」字元，讓游標移到下一列的開頭	0xA	10
\t	「定位」字元，讓游標移到下一個定位格，相當於鍵盤上的「Tab」鍵	0x9	9
\r	「歸位」字元，讓游標移到該列的開頭，相當於鍵盤上的「Enter」鍵	0xD	13
\"	「\"」（雙引號）字元	0x22	34
\'	「\'」（單引號）字元	0x27	39
\\	「\\」（反斜線）字元	0x5C	92

[註] 「定位格」位置，預設為水平的 1，9，17，25，33，41，49，57，65 及 73。

字元資料呈現的方式，有下列三種：

1. 直接以字元本身來呈現。

   例：'1'、'C'、'b' 等。

2. 以 0~255 之間的整數來代替字元。

   例：48（表示 '0' 字元）、65（表示 'A' 字元）、97（表示 'a' 字元）、10（表示換列字元）等。

3. 以「\x」開頭，後面跟著 2 位 16 進位的 ASCII 碼。

   例：'\x42'（表示 'B' 字元）、'\x0A'（表示換列字元）等。

[註] 鍵盤上沒有的 ASCII 字元或符號，可使用方式 2 或 3 來表示。

2-1-4 布林型態

只有 true（真）或 false（假）這兩種常數的型態，被稱為 bool（布林）型態。它主要是用來代表判斷式的結果。

2-1-5 字串型態

若文字資料的內容超過一個字元，且放在一組「"」（雙引號）中，則稱此文字資料為「string」（字串）型態資料。例如：「早安」應以「"早安"」表示，及「morning」應以「"morning"」表示。（參考「7-4 字串」）

2-2 識別字

程式執行時，無論是輸入的資料或產生的資料，都是存放在電腦的記憶體中。那要如何存取記憶體中的資料呢？大多數的高階語言，都是透過常數識別字或變數識別字來存取其所對應的記憶體中之資料。

程式設計者自行命名的常數 (Constant)、變數 (Variable)、函式 (Function)、參數 (Parameter) 等名稱，都稱為識別字 (Identifier)。識別字的命名規則如下：

1. 識別字名稱只能以「A~Z」、「a~z」或「_」（底線）為開頭。
2. 識別字名稱的第二個字（含）開始，只能是「A~Z」、「a~z」、「_」或「0~9」。
3. 盡量使用有意義的名稱，當作識別字名稱。
4. 識別字名稱有大小寫字母區分。若英文字相同但大小寫不同，則這兩個識別字名稱是不同的。
5. 不可使用保留字（或關鍵字）名稱，當作其他識別字的名稱。保留字為編譯器專用的識別字名稱，每一個保留字都有其特殊的意義，因此不能當作其他識別字名稱。C++ 語言的保留字，請參考「表 2-2」。

表 2-2 C++ 語言的保留字

and	and_ eq	asm	auto	break	bitand
bitor	case	catch	char	class	compl
const	const_cast	continue	default	delete	do
double	dynamic_ cast	else	enum	explicit	export
extern	false	float	for	friend	goto
if	int	inline	long	mutable	namespace
new	not	not_eq	operator	or	or_eq
private	protected	public	register	reinterpret_cast	return
short	signed	sizeof	static	static_cast	struct
switch	template	this	throw	true	try
typeid	typedef	typename	union	unsigned	using
virtual	wchar_t	xor	xor_eq	void	volatile
while					

例：_sum、my_age 及 my_class_1 為合法的識別字名稱，
?x、b 1、c(2) 及 else，為不合法的識別字名稱。

2-3 常數與變數宣告

常數識別字 (Constant Identifier) 與變數識別字 (Variable Identifier)，都是用來存取記憶體中之資料。常數識別字儲存的內容是固定不變的，而變數識別字儲存的內容可隨著程式進行而改變。

C++ 語言，是一種需型態限制的語言。當我們要用常數識別字或變數識別字存取記憶體中的資料之前，必須先宣告常數識別字或變數識別字，電腦才會配置適當的記憶體空間給它們，接著其所對應的資料才能進行各種處理；否則編譯時可能會出現**未宣告識別字名稱**的錯誤訊息：

「**'識別字名稱' undeclared (first use in this function); did you mean '型態名稱'?**」。

常數識別字宣告的語法如下：

```
#define 常數名稱 常數值
```

[註]
- 「常數名稱」通常以大寫英文命名。
- 「常數名稱」只能宣告在「main( )」的上方。

例：圓周率是固定的常數，它與圓的大小無關。宣告一常數識別字 PI，代表圓周率且值為 3.14f。

解：#define PI 3.14f　　// 3.14f 為單精度浮點數

變數識別字宣告的語法如下：

```
方式 1： 資料型態 變數1 [, 變數2, …, 變數n] ;

方式 2： 資料型態 變數1 = 初始值1 [ , 變數2 = 初始值2, …,
                                     變數n = 初始值n] ;
```

[語法結構說明]

- 常用的資料型態有 int、long long、float、double、char、string 及 bool。
- 「[ ]」，表示其內部的敘述是選擇性，需要與否視情況而定。若同時宣告多個資料型態相同的變數，則必須利用「,」（逗號）一將不同的變數名稱隔開；否則去掉。
- 宣告在「**main( )**」上方的「變數識別字」，代表全域變數，在程式中的任何位置都能存取它。宣告在「**{ }**」內的變數識別字，代表區域變數，只能在該「**{ }**」內被存取。

例：宣告五個變數 a，b，c，d 及 e，其中 a 及 b 為字元變數，c 為倍精度浮點數變數，d 為字串變數且初始值為 "Logic"，及 d 為布林變數且初始值為 false。

解：
```
char a, b;
double c;
string d="Logic";
bool e=false;
```

[註]
C++ 有提供 bool 型態與整數型態的自動轉換，並以 0 表示 false，非 0 的數值表示 true。因此，本例的「bool e=false;」可改成「bool e=0;」

例：宣告四個變數，其中 f 為單精度浮點數變數且初始值為 0.0f，i 為整數變數且初始值為 1，d 為倍精度浮點數變數且初始值為 0.5，c 為字元變數且初始值為 'B'。

解：
```
// 浮點數常數的型態預設為double
// 若希望浮點數常數的型態為float，必須在數字後加上f
float f = 0.0f;
int i = 1;
double d = 0.5;
char c = 'B';
```

宣告常數或變數的主要目的，是告訴編譯器要配置多少記憶空間給常數或變數使用，及常數或變數可以存取的資料型態。

例：double x = 3.14;

宣告 x 為倍精度浮點數變數時，編譯器會配置 8bytes 的記憶體空間給 x 使用，如下圖所示 0x005e6888~0x005e6890（假設）。

變數類型除了全域變數及區域變數外，還有一種以保留字「static」宣告的變數，稱之為靜態變數。靜態變數有以下特徵：

1. 程式編譯時，會配置固定的記憶體位址給靜態變數使用。
2. 靜態變數只能在其所宣告的區域內使用，但離開該區域時，其所占記憶體空間及內容並不會被釋放，會保留給下一次進入同一區域時使用。
3. 若靜態變數沒有設定初始值，則其預設值：數值為 0，字元為 '\0'。
4. 靜態變數只在第一次執行宣告時有作用，第二次執行宣告時，就會跳過。

靜態變數識別字宣告的語法如下：

方式 1：static 資料型態 變數1 **[, 變數2, …, 變數n] ;**

方式 2：static 資料型態 變數 1 = 初始值1 **[, 變數2 = 初始值2, …,
變數n = 初始值n] ;**

[註] 靜態變數的應用，請參考「第 8 章　自訂函式」的「範例 6」

「範例 1」的程式碼，是建立在「D:\C++ 程式範例\ch02」資料夾中的「範例 1.cpp」。以此類推，「範例 3」的程式碼，是建立在「D:\C++ 程式範例\ch02」資料夾中的「範例 3.cpp」。

範例 1	寫一程式，了解如何顯示特殊字元及移動游標。

```
1  #include <iostream>
2  #include <cstdlib>
3  using namespace std;
4  int main( )
5   {
6     char ch1 = '\n'; // 相當於按「Enter」鍵
7     char ch2 = 10; // 相當於按「Enter」鍵
8     cout << "\"歡迎來到無師自通的C++語言程式設計世界!\"\n";
9     cout << "有聽到警告聲嗎?\a\n";
10    cout << "A \t = " << '\t' << '\x41' << "\t" << "= \t " << '\x41' << ch1;
11    cout << "中華民國的營業稅率為5%" << ch2;
12
13    return 0;
14  }
```

執行結果

```
"歡迎來到無師自通的C++語言程式設計世界!"
有聽到警告聲嗎?
A	=	A	=	A
中華民國的營業稅率為5%
```

[程式說明]

- 在程式第 8 列中的：
  - ➢ 「\"」的作用，是將「"」顯示在螢幕上。
  - ➢ 「\n」的作用，是將「游標」移到下一列的開頭處。
- 在程式第 9 列中的「\a」的作用，是要求喇叭發出「嗶」聲。
- 在程式第 10 列中的：
  - ➢ 「'\t'」的作用，是將「游標」移到下一個定位點。
  - ➢ 「'\x41'」為「'A'」字元。
  - ➢ 「ch1」是將「游標」移到下一列的開頭處。
- 在程式第 11 列中的「ch2」，也是將「游標」移到下一列的開頭處。

2-4 資料處理

資料處理是程式設計的核心，若缺少這部分，就失去以程式來解決問題的意義。

資料處理是以運算式的形式來描述，而運算式是由運算元 (Operand) 與運算子 (Operator) 所組合而成。運算元可以是常數、變數、運算式或函式等。運算子若以性質來分類，則分成指定運算子、算術運算子、遞增遞減運算子、比較（或關係）運算子、邏輯運算子及位元運算子。運算子若以與它相鄰的運算元數量來分類，則常見的有一元運算子 (Unary Operator) 及二元運算子 (Binary Operator)。

只包含算術運算子的式子，稱之為算術運算式；只包含比較（或關係）運算子的式子，稱之為比較（或關係）運算式；只包含邏輯運算子的式子，稱之為邏輯運算式。

例： a + b * 2 - c % 3 + 4 / d，其中「a」、「b」、「2」、「c」、「3」、「4」及「d」為運算元，而「+」、「*」、「-」、「%」及「/」為運算子。

2-4-1 指定運算子及各種複合指定運算子

指定運算子「=」的作用，是將「=」右方的值指定給「=」左方的變數。「=」的左邊必須為變數，右邊則可以為變數、常數、運算式或函式。

例：（程式片段）

```
int a = 1, b = 3, avg;
// 將變數a及變數b相加後除以2的結果，指定給變數avg
avg = (a + b) / 2;
```

當「=」的左邊右邊為同一變數時，利用複合指定運算子「+=」、「-=」、「*=」、「/=」或「%=」，可簡化此敘述的寫法。

例：（程式片段）

int a=0, b=1;

a += b; // 與 a = a + b; 的意義相同

2-4-2 算術運算子

與數值運算有關的運算子，稱之為算術運算子。算術運算子的使用方式，請參考「表 2-3」。

表 2-3 算術運算子的功能說明（假設 a=1，b=2）

<table>
<tr><th>運算子</th><th>作用</th><th>例子</th><th>結果</th><th>說明</th></tr>
<tr><td>+</td><td>求兩數之和</td><td>a + b</td><td>3</td><td rowspan="3">數值可以是整數或浮點數</td></tr>
<tr><td>-</td><td>求兩數之差</td><td>a - b</td><td>-1</td></tr>
<tr><td>*</td><td>求兩數之積</td><td>a * b</td><td>2</td></tr>
<tr><td rowspan="2">/</td><td rowspan="2">求兩數相除之商</td><td>a / 2</td><td>0</td><td rowspan="2">1. 整數相除，結果為整數
2. 數值為浮點數時，相除結果為浮點數</td></tr>
<tr><td>a / 2.0</td><td>0.5</td></tr>
<tr><td>%</td><td>求兩數相除之餘數</td><td>a % 3</td><td>1</td><td>數值必須是整數</td></tr>
<tr><td>+</td><td>將數字乘以「+1」</td><td>+(a)</td><td>1</td><td rowspan="2">數值可以是整數或浮點數</td></tr>
<tr><td>-</td><td>將數字乘以「-1」</td><td>-(a)</td><td>-1</td></tr>
</table>

[註] 相除 (/) 時，若分母為 0，則會產生下列錯誤訊息：

「Process returned -1073741676 (0xC0000094)」。

2-4-3 遞增運算子 (++) 及遞減運算子 (--)

「++」（遞增運算子）及「--」（遞減運算子）的作用，是分別將數值資料加 1 及減 1。遞增運算子及遞減運算子的使用方式，請參考「表 2-4」。

表 2-4 遞增運算子及遞減運算子的功能說明（假設 a=1）

運算子	作用	例子	結果	說明
++	將變數值 +1	a++;	2	1. 數字可以是整數或浮點數 2. ++ 放在變數之前與之後，其執行的順序是不同的
--	將變數值 -1	a--;	0	1. 數字可以是整數或浮點數 2. -- 放在變數之前與之後，其執行的順序是不同的

範例 2 寫一程式，了解後置型「++」（遞增）運算子的運作方式。

```
#include <iostream>
#include <cstdlib>
using namespace std;
int main( )
  {
    int a=1, b=2, result;
    result=a++ + b; // 先處理result=a＋b;，然後再處理a++;
    cout << "a=" << a << " , result=" << result << endl;

    return 0;
  }
```

執行結果

```
a=2 , result=3
```

範例 3 寫一程式，了解前置型「--」（遞減）運算子的運作方式。

```
#include <iostream>
#include <cstdlib>
using namespace std;
int main()
  {
    int a=1, b=2, result;
    result = --a + b; // 先處理--a;，然後再處理result=a＋b;
    cout << "a=" << a << " , result=" << result << endl;
```

	return 0; }
執行結果	a=0 , result=2

2-4-4　比較（或關係）運算子

比較運算子的作用，是在判斷不同的資料間的大小。若問題中有提到條件（或狀況），則必須利用比較運算子來處理。比較運算子通常撰寫在「選擇結構」或「迴路結構」的條件中，請參考「第 4 章　流程控制」及「第 5 章　迴路結構」。比較運算子的使用方式，請參考「表 2-5」。

表 2-5　比較運算子的功能說明（假設 a=1，b=2）

運算子	作用	例子	結果	說明
>	判斷「>」左邊的資料是否大於右邊的資料	a > b	0	各種比較運算子的結果不是「0」就是「1」。「0」表示「false」（假），「1」表示「true」（真）。
<	判斷「<」左邊的資料是否小於右邊的資料	a < b	1	
>=	判斷「>=」左邊的資料是否大於或等於右邊的資料	a >= b	0	
<=	判斷「<=」左邊的資料是否小於或等於右邊的資料	a <= b	1	
==	判斷「==」左邊的資料是否等於右邊的資料	a == b	0	
!=	判斷「!=」左邊的資料是否不等於右邊的資料	a != b	1	

2-4-5 邏輯運算子

邏輯運算子的作用，是連結多個比較（或關係）運算式來處理更複雜條件或狀況的問題。若問題中有提到多個條件（或狀況）要同時成立或部分成立，則必須利用邏輯運算子來處理。邏輯運算子通常撰寫在「選擇結構」或「迴路結構」的條件中，請參考「第 4 章　流程控制」及「第 5 章　迴路結構」。邏輯運算子的使用方式，請參考「表 2-6」。

表 2-6 邏輯運算子的功能說明（假設 a=1，b=2）

運算子	作用	例子	結果	說明
&&	判斷「&&」兩邊的比較運算式結果，是否都為「1」	(a>3) && (b<2)	0	各種邏輯運算子的結果不是「0」就是「1」。 「0」表示「false」（假），「1」表示「true」（真）。
||	判斷「||」兩邊的比較運算式結果，是否有一個為「1」	(a>3) || (b<=2)	1	
!	判斷「!」右邊的比較運算式結果，是否為「0」	! (a>3)	1	
^	判斷「^」兩邊的比較運算式結果，是否一邊為「1」且另一邊為「0」	(a>3) ^ (b<2)	0	

真值表，是比較運算式在邏輯運算子「&&」、「||」、「!」或「^」處理後的所有可能結果，請參考「表 2-7」。

表 2-7 &&、||、! 及 ^ 運算子之真值表

&&（且）運算子		
A	B	A && B
0	0	0
0	1	0
1	0	0
1	1	1

||（或）運算子		
A	B	A || B
0	0	0
0	1	1
1	0	1
1	1	1

!（否定）運算子	
A	!A
0	1
1	0

^（互斥或）運算子		
A	B	A ^ B
0	0	0
0	1	1
1	0	1
1	1	0

[註]

- A 及 B 分別代表任何一個比較運算式（即條件）。
  「&&」（且）運算子：當「&&」兩邊的比較運算式之結果皆為「1」（即同時成立）時，其結果才為「1」；當「&&」兩邊的比較運算式，有一邊的結果為「0」時，其結果都為「0」。
- 「||」（或）運算子：當「||」兩邊的比較運算式之結果皆為「0」（即同時不成立）時，其結果才為「0」；當「||」兩邊的比較運算式，有一邊的結果為「1」時，其結果都為「1」。
- 「!」（否定）運算子：當「!」右邊的比較運算式之結果為「0」時，其結果為「1」；當「!」右邊的比較運算式之結果為「1」時，其結果為「0」。
- 「^」（互斥或）運算子：當「^」兩邊的比較運算式，有一邊的結果為「1」且另一邊的結果為「0」（即不同時成立）時，其結果都為「1」；當「^」兩邊的比較運算式的結果皆為「1」或皆為「0」（即同時成立或不成立）時，其結果都為「0」。

2-4-6 位元運算子

位元運算子的作用，是在處理 2 進位整數。對於非 2 進位的整數，系統會先將它轉換成 2 進位整數，然後才能進行位元運算。

位元運算子的使用方式，請參考「表 2-8」。

表 2-8 位元運算子的功能說明（假設 a=2，b=1）

運算子	運算子類型	作用	例子	結果	說明
&	二元運算子	將兩個整數轉成二進位整數後，對兩個二進位整數的每一個位元值做「&」（且）運算	a & b	0	(1) 若兩個二進位整數對應的位元值，皆為 1，則運算結果為 1；否則為 0 (2) 將 (1) 的結果，再換成十進位整數
|	二元運算子	將兩個整數轉成二進位整數後，對兩個二進位整數的每一個位元值做「|」（或）運算	a | b	3	(1) 若兩個二進位整數對應的位元值皆為 0，則運算結果為 0；否則為 1 (2) 將 (1) 的結果，再換成十進位整數
^	二元運算子	將兩個整數轉成二進位整數後，對兩個二進位整數的每一個位元值做「^」（或互斥）運算	a ^ b	3	(1) 若兩個二進位整數對應的位元值，一個為 1，另一個為 0，則運算結果為 1；否則為 0 (2) 將 (1) 的結果，再換成十進位整數
~	一元運算子	將整數轉成二進位整數後，對二進位整數的每一個位元值做「~」（否定）運算	~a	-3	(1) 進位整數的位元值為 0，則運算結果為 1；否則為 0 (2) 若最高位元值為 1，表示最後結果為負，則必須使用 2 的補數法（即，1 的補數之後 +1），將它轉成十進位整數

表 2-8 位元運算子的功能說明（假設 a=2，b=1）（續）

運算子	運算子類型	作用	例子	結果	說明
<<	二元運算子	將整數轉成二進位整數後，往左移動幾個位元，相當於乘以 2 的幾次方	a << 1	4	(1) 往左移動後，超出儲存範圍的數字捨去，而右邊多出的位元就補上 0 (2) 若最高位元值為 1，表示最後結果為負，則必須使用 2 的補數法（即，1 的補數之後 +1），將它轉成十進位整數
>>	二元運算子	將整數轉成二進位整數後，往右移動幾個位元，相當於除以 2 的幾次方	a >> 1	1	(1) 往右移動後，超出儲存範圍的數字捨去，而左邊多出的位元就補上 0 (2) 將 (1) 的結果，再換成十進位整數

例：3 | 2 = ?

解：3 的 2 進位表示法如下：

0 0 0 0 0 0 0 0 0 0 0 0 0 0 0 0 0 0 0 0 0 0 0 0 0 0 0 0 0 0 1 1

2 的 2 進位表示法如下：

0 0 0 0 0 0 0 0 0 0 0 0 0 0 0 0 0 0 0 0 0 0 0 0 0 0 0 0 0 0 1 0

```
 0 0 0 0 0 0 0 0 0 0 0 0 0 0 0 0 0 0 0 0 0 0 0 0 0 0 0 0 0 0 1 1
|
 0 0 0 0 0 0 0 0 0 0 0 0 0 0 0 0 0 0 0 0 0 0 0 0 0 0 0 0 0 0 1 0
----------------------------------------------------------------------
 0 0 0 0 0 0 0 0 0 0 0 0 0 0 0 0 0 0 0 0 0 0 0 0 0 0 0 0 0 0 1 1
```

故 3 | 2=3。

例：3 << 2 = ?

解：3 的 2 進位表示法如下：

00000000000000000000000000000011

3 << 2 的結果之 2 進位表示法如下：

00000000000000000000000000001100

轉成 10 進位為 12。

例：3 >> 2 = ?

解：3 的 2 進位表示法如下：

00000000000000000000000000000011

3 >> 2 的結果之 2 進位表示法如下：

00000000000000000000000000000000

轉成 10 進位為 0。

例：~3 = ?

解：3 的 2 進位表示法如下：

00000000000000000000000000000011

~3 的 2 進位表示法如下：

11111111111111111111111111111100

因最高位元值為 1，所以 ~3 的結果是一個負值。

使用 2 的補數法（= 1 的補數 + 1），將它轉成 10 進位整數。

(1) 做 1 的補數法：（0 變 1，1 變 0）

00000000000000000000000000000011

(2) 將 (1) 的結果 +1：

00000000000000000000000000000100

，故值為 4，但為負的，即 -4。

2-5 運算子的優先順序

運算式中的運算元被處理的順序，是由運算子的優先順序來決定，優先順序在前的運算子先處理，優先順序在後的運算子後處理。常用運算子的優先順序表，請參考「表 2-9」。

表 2-9 常用運算子的優先順序

運算子優先順序	運算子	說明
1	( )	小括號
2	+、-、++、--、!、~	取正號、取負號、前置型遞增、前置型遞減、邏輯「否定」、位元「否定」
3	*、/、%	乘、除、求餘數
4	+、-	加、減
5	>>、<<	位元右移、位元左移
6	>、>=、 <、<=	大於、大於或等於、 小於、小於或等於
7	==、!=	等於、不等於
8	&、|、^	位元「且」、位元「或」、邏輯「互斥或」或位元「互斥或」
9	&&	邏輯「且」
10	||	邏輯「或」
11	=、+=、-=、*=、 /=、%=	指定運算及各種複合指定運算
12	++、--	後置型遞增、後置型遞減

2-6 資料型態轉換

運算式中的資料，若型態不同，那是如何處理的呢？資料處理的方式有下列兩種方式：

1. 資料型態自動轉換（或隱式型態轉換：Implicit Casting）：由編譯器來決定轉換成何種資料型態。編譯器會將數值範圍較小的資料態型轉換成數值範圍較大的資料型態。數值型態的範圍，由小到大依序為 char，short，int，float 及 double。

   例：（程式片段）

```
int i = 1;
float j = 1.2345678f;
double d;
d = i + j;
cout << "d = " << d;
```

[程式說明]

- 程式執行到「d = i + j ;」時，因 i 與 j 的資料型態不同，會先將（i 的值）1 轉換為 1.0f，再與 j 相加得到 2.2345678f。
  又因 d 與 2.2345678f 的資料型態不同，最後將 2.2345678f 轉換為倍精度浮點數 2.2345678，並指定給 d。
- 執行結果 d = **2.23457**

[註] 多數的浮點數型態資料，無法以有限的 0 或 1 儲存在記憶體中。因此，浮點數資料與實際儲存在記憶體中的浮點數資料，兩者之間是有誤差存在的。

---

2. 資料型態強制轉換（或顯式型態轉換：Explicit Casting）：由設計者自行決定要轉成何種資料型態。當執行結果的資料型態不符合問題的要求時，設計者就必須對執行過程中的資料型態做強制轉換。

   資料型態強制轉換的語法如下：

```
(資料型態) 變數(或運算式);
```

[註] 資料型態可以是 char，short，int，long long，float 或 double。

例：（程式片段）

```
int a=1, b=2;

// 將變數a及變數b相加後的結果，轉成單精度浮點數，
// 然後將除以2的結果，再指定給變數avg
float avg=(float) (a + b) / 2;
```

大學程式設計先修檢測 (APCS) 試題解析

一、程式設計觀念題

1. 如果 X_n 代表 X 這個數字是 n 進位，請問 $D02A_{16} + 5487_{10}$ 等於多少？（105/10/29 第 22 題）

(A) $1100\ 0101\ 1001\ 1001_2$

(B) 162631_8

(C) 58787_{16}

(D) $F599_{16}$

解 答案：(B)

(1) $D02A_{16}$ 表示成 2 進位為 1101000000101010_2，表示成 10 進位為 53290。$D02A_{16} = 1101000000101010_2 >$ (A) 的數據，因此，$D02A_{16} + 5487_{10} >$ (A) 的數據。

(2) $D02A_{16} = 1101000000101010_2 = 150052_8$，$5487_{10} = 12557_8$
$D02A_{16} + 5487_{10} = 150052_8 + 12557_8 = 162631_8 =$ (B) 的數據

(3) $5487_{10} = 156F_{16}$
$D02A_{16} + 5487_{10} = D02A_{16} + 156F_{16} = E599_{16}$。

2. 程式執行時，程式中的變數值是存放在（106/3/4 第 23 題）

(A) 記憶體

(B) 硬碟

(C) 輸出入裝置

(D) 匯流排

解 答案：(A)

3. 程式執行過中，若變數發生溢位情形，其主要原因為何？（106/3/4 第 24 題）

(A) 以有限數目的位元儲存變數值

(B) 電壓不穩定

(C) 作業系統與程式不甚相容

(D) 變數過多導致編譯器無法完全處理

解 答案：(A)

以有限數目的位元儲存變數值，但變數值是不正確的。

（請參考「2-1-1　整數型態」及「2-1-2　浮點數型態」）

4. 若 a, b, c, d, e 均為整數變數，下列哪個算式計算結果與 a+b*c-e 計算結果相同？（106/3/4 第 25 題）

(A) (((a+b)*c) -e)

(B) ((a+b)*(c -e))

(C) ((a+(b*c)) -e)

(D) (a+((b*c) -e))

解 答案：(C)

乘法運算子的運算順序優於加減運算子，而加減運算子的運算順序是一樣，但由左而右依序處理。故 a+b*c-e 的運算順序為 ((a+(b*c)) -e)。

5. 若要邏輯判斷式 $!(X_1 \| X_2)$ 計算結果為真 (True)，則 X_1 與 X_2 的值分別應為何？（106/3/4 第 22 題）

(A) X_1 為 False，X_2 為 False

(B) X_1 為 True，X_2 為 True

(C) X_1 為 True，X_2 為 False

(D) X_1 為 False，X_2 為 True

解 答案：(A)

「$!(X_1 \| X_2)$」的結果要為真 (True)，則「$X_1 \| X_2$」的結果就要為假 (False)，則 X_1 要為假 (False)，且 X_2 也要為假 (False)。

6. 假設 x,y,z 為布林 (boolean) 變數，且 x=TRUE , y=TRUE, z=FALSE。請問下面各布林運算式的真假值依序為何？（TRUE 表真，FALSE 表假）？（105/10/29 第 14 題）

- !(y || z) || x
- !y || (z || !x)
- z || (x && (y || z))
- (x || x) && z

(A) TRUE FALSE TRUE FALSE

(B) FALSE FALSE TRUE FALSE

(C) FALSE TRUE TRUE FALSE

(D) TRUE TRUE FALSE TRUE

解 答案：(A)

(1) !(y || z) || x → !(TRUE) || x → FALSE || x → TRUE。

(2) !y || (z || !x) → !(TRUE) || (z || FALSE) → FALSE || FALSE FALSE。

(3) z || (x && y || z)) → z || (TRUE || z) → z || TRUE → TRUE。

(4) (x || x) && z → TRUE && z → FALSE。

[註]「( )」的運算順序優於「!」，「!」的運算順序優於「&&」及「||」，「&&」及「||」的運算順序由左而右。

Chapter 3
資料輸入與資料輸出

3-1 資料輸出

3-2 資料輸入

3-3 非標準輸入函式

3-4 浮點數之準確度

大學程式設計先修檢測 (APCS) 試題解析

資料是程式的核心，C++ 語言對於資料輸入與資料輸出處理，並不是直接下達一般指令敘述，而是藉由使用宣告在「iostream」標頭檔內的標準輸出物件及輸入物件來達成。其中「cout」為輸出物件，主要的作用是將資料顯示在螢幕（標準輸出裝置）上；而「cin」為輸入物件，主要的作用是從鍵盤（標準輸入裝置）輸入資料。

3-1 資料輸出

程式執行時，若要將資料呈現在螢幕上，則需使用「cout」（讀作 c-out）輸出資料流物件 (output stream object) 來達成。在程式中，只要使用到「cout」輸出物件，就必須在程式的前置處理指令區加入下列指令敘述：

```
#include <iostream>
using namespace std;
```

[註]

- 物件「cout」是宣告在「iostream」標頭檔的「std」命名空間 (namespace) 內的「ostream」的類別，使用「cout」前必須將宣告部分引入程式中，然後才可直接使用它，否則編譯時可能會出現下面錯誤訊息（切記）：
  「**'cout' was not declared in this scope**」。
- 若無「using namespace std;」敘述，則必須「std::cout」來代替「cout」，編譯時才不會出現下面錯誤訊息（切記）：
  「**'cout' was not declared in this scope**」。
- 「cout」結合「<<」（資料流插入運算子：stream insertion operator），將「<<」後的資料顯示在標準輸出裝置（即螢幕）上。

cout 的使用語法如下：

```
[ I/O 格式旗標; ]
cout [<< I/O 格式操縱器] << 常數或變數或運算式或函式或逸出序列
[ [ << I/O 格式操縱器] << 常數或變數或運算式或函式或逸出序列…]
;
```

[語法說明]

1. 設定 **I/O** 格式旗標的目的，是要將其設定處以後的所有資料，依據指定的格式輸出，並維持到下一次被變更前。設定格式旗標之語法如下：

```
(1) 設定指定的格式旗標：
cout.setf(指定的格式旗標);

(2) 解除指定的格式旗標：
cout.unsetf(指定的格式旗標);
```

[註]

- 「setf( )」及「unsetf( )」是定義在命名空間「std」中「ios_base」類別中的成員函式。
- 常用的格式旗標，請參考「表 3-1」。

表 3-1 常用的格式旗標

格式狀態	說明	語法：設定方式 取消設定	預設
ios::left	靠左	cout.setf(ios::left); cout.unsetf(ios::left);	靠右
ios::fixed	固定小數位數	cout.setf(ios::fixed); cout.unsetf(ios::fixed);	1. 只適用於浮點數 2. 預設小數 6 位 3. 若設定精確度「cout.precision(n) ;」，則小數部分為 n 位。[註]

[註]

設定浮點數資料輸出時最多 n 個數字或小數點後共 n 位數的語法如下：

```
cout.precision(n);
```

[說明]

- n 為正整數。
- 若只設定「cout.precision(n);」時，則浮點數資料輸出時，「整數位數」+「小數位數」最多只有 n 個數字。
- 若同時設定「cout.precision(n);」與「cout.setf(ios::fixed);」，則浮點數資料輸出時，小數點後有 n 位數。

2. 常用的 I/O 格式操縱器有「setw(n)」與「endl」兩種。

- 「setw(n)」的目的，是設定 n 個 Bytes 寬度的位置給其後的資料顯示。「setw( )」宣告在「iomanip」標頭檔中，要使用「setw( )」前，必須在前置處理指令區使用「#include <iomanip>」，將「iomanip」標頭檔含括到程度中，否則編譯時可能會出現下面錯誤訊息（切記）：

  「**'setw' was not declared in this scope**」。

- 「endl」的目的，是執行換列且清除緩衝區的資料。「endl」宣告在「iostream」標頭檔的「std」命名空間 (namespace) 內的「ostream」的類別中。
- **一個 I/O 格式操縱器，只影響其後的第一個資料，處理後即回復 C++ 預設的輸出格式。**

3. 「[ ]」，表示其內部的敘述可是選擇性，需要與否視情況而定。

「範例 1」的程式碼，是建立在「D:\C++程式範例\ch03」資料夾中的「範例 1.cpp」。以此類推，「範例 4」的程式碼，是建立在「D:\C++ 程式範例\ch03」資料夾中的「範例 4.cpp」。

範例 1　將資料輸出到螢幕上之應用練習。

```
#include <iostream>
#include <cstdlib>
#include <iomanip>
using namespace std;
int main()
 {
   string name = "Logic";
   int age=36;
   char blood='B';
   float height=168.56;
   int money=10000000;
   cout.setf(ios::fixed);
   cout.precision(1);
   cout << "12345678901234567890123456789012345678901234567890\n";
   cout << "我是" << name << "\t今年" << age << "歲" << endl;
   cout << "血型是" << blood << "\t身高" << height << "公分\t";
   cout << "銀行存款" << setw(9) << money << "元" << endl;

  return 0;
```

20	}
執行結果	12345678901234567890123456789012345678901234567890 我是Logic　　　今年36歲 血型是B 身高168.6公分　銀行存款 10000000元

[程式說明]

- 程式第 12 及 13 列的目的，是將浮點數資料四捨六入到小點後第 1 位。
- 程式第 15 及 16 列中的「\t」相當於水平定位鍵，預設的位置分別為 1、9、17、25、33、41、49、57、65、73。
- 程式第 15 及 17 列中的「endl」，是換列的意思。
- 程式第 17 列中的「setw(9)」的目的，是提供 9 個位置來顯示變數 money 的內容。
- 在預設的情況下，顯示浮點數時，最多為 6 位（整數位數+小數位數）。若浮點數的整數部分超過 6 位，則會以科學記號的方式表示。例如：「cout << 1234567.8;」，輸出結果為 1.23457e+06。

3-2 資料輸入

程式所取得的資料，來自程式的內部或外部。來自程式內部的資料，一種是資料直接寫在程式中，另一種是經由程式中的隨機亂數函式產生。而來自程式外部的資料，包括從鍵盤輸入、從檔案讀取等。本節只針對以下兩種取得資料的方式做介紹，其他方式，請自行參考其他相關資源。

1. 在程式撰寫階段，直接將資料寫入程式中：因資料固定，程式每次的執行結果相同。這是取得資料最簡單的方式，適合處理固定類型的問題。（參考「範例 2」）
2. 在程式執行階段，才從鍵盤輸入資料：依據使用者輸入不同的資料，執行結果也隨之不同。這種取得資料的方式，適合用於同類型的問題上。（參考「範例 3」）

3. 在程式執行階段，資料才由亂數隨機產生。其目的在自動產生資料，使資料內容無法事先被掌握並得知結果。（請參考「第 7 章 陣列」）
4. 在程式執行階段，才從檔案中讀取資料：當程式所需的資料量很多時，可事先將資料儲存在檔案中，程式執行時才從檔案中讀取出來。

程式執行時，若要從鍵盤輸入資料，則需使用「cin」（讀作 c-in）輸入資料流物件 (input stream object) 來達成。在程式中，只要使用到「cin」輸入物件，就必須在程式的前置處理指令區加入下列指令敘述：

```
#include <iostream>
using namespace std;
```

[註]

- 物件「cin」是宣告在「iostream」標頭檔的「std」命名空間 (namespace) 內的「istream」的類別，使用「cin」前必須將宣告部分引入程式中，然後才可直接使用它，否則編譯時可能會出現下面錯誤訊息（切記）：

  「**'cin' was not declared in this scope**」。
- 若無「using namespace std;」敘述，則必須「std::cin」來代替「cin」，編譯時才不會出現下面錯誤訊息（切記）：

  「**'cin' was not declared in this scope**」。
- 「cin」結合「>>」（資料流萃取運算子：stream extraction operator），將標準輸入裝置（即鍵盤）所輸入的資料萃取出來，分別存入「>>」後面所列的變數中。
- 例如：「cin >> x;」，表示將鍵盤所輸入的資料，存入變數 x 中。

範例 2 寫一程式，輸出8 * 8 = 64。

```cpp
#include <iostream>
#include <cstdlib>
using namespace std;
int main()
{
    int a=8, b=8;
    cout << a << " * " << b << " = " << a*b << endl;

    return 0;
}
```

執行結果

```
8 * 8 = 64
```

範例 3 寫一程式，經由鍵盤輸入直角三角形的兩股長，輸出其面積。

```cpp
#include <iostream>
#include <cstdlib>
using namespace std;
int main()
{
    float a, b;
    cout << "輸入直角三角形的兩股長，兩個長度之間以一個空白間隔:";
    cin >> a >> b;
    cout << "直角三角形的面積 = " << (a * b) / 2 << endl;

    return 0;
}
```

執行結果

```
直角三角形的兩股長，兩個長度之間以一個空白間隔:10 20
直角三角形的面積 = 100.000000
```

寫一程式，經由鍵盤輸入正方形的邊長，輸出其面積。

3-3　非標準輸入函式

呼叫非標準輸入函式有「getche()」、「getch()」及「kbhit()」，它們三者的目的，都是從鍵盤輸入一個字元資料，且它們三者都屬於非緩衝區型的輸入函式。非緩衝區輸入函式在輸入字元資料輸入後，立刻將該字元從鍵盤緩衝區讀進來且不須按「Enter」鍵，就完成輸入的程序。非標準輸入函式說明，請參考「表 3-2」至「表 3-4」。

表 3-2　非標準字元輸入函式 getche

函式名稱	getche()
函式原型	int getche(void);
功能	從鍵盤輸入一個字元
回傳值	輸入字元所對應之 ASCII 值
宣告函式原型所在的標頭檔	conio.h

[說明]

- 「void」表示「getche()」函式被呼叫時，不需傳入任何引數。呼叫函式時，所給予的資料，稱之為引數。
- 「getche()」函式被執行時，會等待使用者輸入一個字元，但不需按「Enter」鍵。
- 非標準字元輸入函式「getche()」宣告在「conio.h」標頭檔中，要呼叫它之前，必須先在程式的開頭處使用「#include <conio.h>」敘述。
- 參考「第 5 章　迴路結構」之「範例 5」。

表 3-3 非標準字元輸入函式 getch

函式名稱	getch()
函式原型	int getch(void);
功能	從鍵盤輸入一個字元，但不會顯示在螢幕上
回傳值	輸入字元所對應之 ASCII 值
宣告函式原型所在的標頭檔	conio.h

[說明]

- 「void」表示「getch()」函式被呼叫時，不需傳入任何引數。
- 「getch()」函式被執行時，會等待使用者輸入一個字元，但不需按「Enter」鍵。
- 非標準字元輸入函式「getch()」宣告在「conio.h」標頭檔中，要呼叫它之前，必須先在程式的開頭處使用「#include < conio.h>」敘述。
- 參考「第 5 章　迴路結構」之「範例 5」。

表 3-4 非標準字元輸入函式 kbhit

函式名稱	kbhit()
函式原型	int kbhit(void);
功能	從鍵盤輸入一個字元，但不會顯示在螢幕上
回傳值	• 若使用者有按下任何鍵，則傳回 1 • 若使用者沒有按下任何鍵，則傳回 0
宣告函式原型所在的標頭檔	conio.h

[說明]

- 「void」表示「kbhit()」函式被呼叫時，不需傳入任何引數。
- 「kbhit()」函式被執行時，會等待使用者輸入一個字元，但不需按「Enter」鍵。
- 非標準字元輸入函式「kbhit()」宣告在「conio.h」標頭檔中，要呼叫它之前，必須先在程式的開頭處使用「#include < conio.h>」敘述。

- 參考「第 5 章　迴路結構」之「範例 11」。

3-4 浮點數之準確度

多數的浮點數型態資料，無法以有限的 0 或 1 儲存在記憶體中。因此，造成浮點數型態資料在判斷上或顯示時，與一般人正常的認知會有所出入。「float」型態的數值資料，儲存在記憶體中只能準確 7~8 位（整數位數+小數位數），而「Double」型態的數值資料，儲存在記憶體中只能準確 16~17 位（整數位數+小數位數）。

範例 4　浮點數之準確度問題。

```
#include <iostream>
#include <cstdlib>
using namespace std;
int main()
  {
    cout.setf(ios::fixed);
    cout.precision(20);
    float  a=1.23456789012345678 90f;
    cout << "a=" << a << endl;

    a=12.34567890123456789 0f;
    cout << "a=" << a << endl;

    double b;
    b=1.2345678901234567890;
    cout << "b=" << b << endl;

    b=12.345678901234567890;
    cout << "b=" << b << endl;

    return 0;
  }
```

執行結果	a=1.23456788063049316406 a=12.34567928314208984375 b=1.23456789012345669043 b=12.34567890123456734841 （有網底的部分，表示準確的數字）

[程式說明]

程式第 6 及 7 列的目的，是將浮點數資料四捨六入到小點後第 20 位。

大學程式設計先修檢測 (APCS) 試題解析

一、程式設計觀念題

1.

```
int a=2, b=3;
int c=4, d=5;
int val;

val = b/a + c/b + d/b;
cout << val << endl;
```

C++ 語言寫法

```
int a=2, b=3;
int c=4, d=5;
int val;

val = b/a + c/b + d/b;
printf("%d\n", val);
```

C 語言寫法

上方程式碼執行後輸出數值為何？（105/10/29 第 4 題）

(A) 3

(B) 4

(C) 5

(D) 6

解 答案：(A)

val = 3/2 + 4/3 + 5/3 = 1 + 1 + 1 = 3。整數相除的結果為整數。

2.

```
int Total, Paid, Change;
    …
Change = Paid - Total;
cout << "500 : " << (Change - Change % 500) / 500 << " pieces" << endl;
Change = Change % 500;
cout << "100 : " << (Change - Change % 100) / 100 << " coins" << endl;
Change = Change % 100;
// A 區
cout << "50 : " << (Change - Change % 50) / 50 << " coins" << endl;
Change = Change % 50;
// B 區
cout << "10 : " << (Change - Change % 10) / 10 << " coins" << endl;
Change = Change % 10;
// C 區
cout << "5 : " << (Change - Change % 5) / 5 << " coins" << endl;
Change = Change % 5;
// D 區
cout << "1 : " << (Change - Change % 1) / 1 << " coins" << endl;
Change = Change % 1;
```

C++ 語言寫法

```
int Total, Paid, Change;
      …
Change = Paid - Total;
printf("500 : %d pieces\n", (Change - Change % 500) / 500);
Change = Change % 500;
printf("100 : %d coins\n", (Change - Change % 100) / 100);
Change = Change % 100;
// A 區
printf("50 : %d coins\n", (Change - Change % 50) / 50);
Change = Change % 50;
// B 區
printf("10 : %d coins\n", (Change - Change % 10) / 10);
Change = Change % 10;
// C 區
printf("5 : %d coins \n", (Change - Change % 5) / 5);
Change = Change % 5;
// D 區
printf("1 : %d coins \n", (Change - Change % 1) / 1);
Change = Change % 1;
```

C 語言寫法

上方程式碼是自動計算找零程式的一部分，程式碼中三個主要變數分別為 Total（購買總額），Paid（實際支付金額），Change（找零金額）。但是此程式片段有冗餘的程式碼，請找出冗餘程式碼的區塊。（105/10/29 第 19 題）

(A) 冗餘程式碼在 A 區

(B) 冗餘程式碼在 B 區

(C) 冗餘程式碼在 C 區

(D) 冗餘程式碼在 D 區

解 答案：(D)

冗餘程式碼是指多餘的程式碼。

1 元的個數在程式第 23 列已經輸出，故程式第 24 列「Change = Change % 1;」可省略。冗餘程式碼在 D 區。

Chapter 4
流程控制

C++

對任何發生的事件，人只要有在思考，都會想盡辦法去處理它。例如：2019 年出現的 Coronavirus (COVID-19) 事件，為了防止被傳染，大家都戴上口罩保護自己。汽機車上油表指針的所在位置，是駕駛人決定加油與否的關鍵因素。若決策不正確，則結果將不如預期或更糟。由此可見，事件的決策與事件的發展互為因果關係。

4-1 程式流程控制

世界的事物，總是變來變去的。季風，隨季節交替而變換方向。情緒，隨人的心境不同而有所起伏。同樣地，程式的執行流程，隨決策條件的結果不同而選擇不同的走向。C++ 語言的流程控制，有下列三種：

1. 循序結構：程式敘述由上往下逐一執行的架構。循序結構的執行流程，請參考「圖 4-1」。

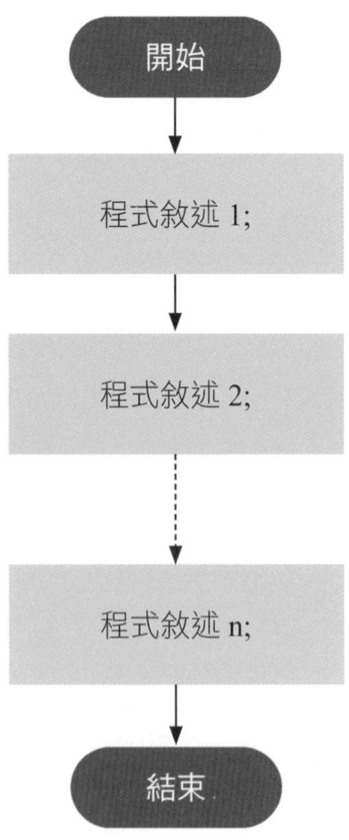

圖 4-1 循序結構流程圖

2. 選擇結構：包含一組條件的決策架構。若條件結果為「1」（true：真），則執行某一區塊的程式敘述；若條件結果為「0」（false：假），則執行另一區塊的程式敘述。請參考「4-2　選擇結構」。
3. 迴路結構：包含一組條件的重複架構。若條件結果為「1」（true：真），則會執行迴路內部的程式敘述；若條件結果為「0」（false：假），則不會進入迴路結構內部。若進入迴路結構的內部，則內部的程式敘述執行完後，會再次檢查條件，以決定能否再進入迴路內部。請參考「第 5 章　迴路結構」。

4-2　選擇結構

選擇就是決策，決策就是判斷，需有條件才能做出判斷。當一個事件有附帶條件時，用選擇結構來呈現條件是最合適的方式。C++ 語言的選擇結構有以下四種：

1. if …：用於單一條件的事件。
2. if … else …：用於有兩種條件的事件。
3. if … else if … else …：用於有三種（含）以上條件的事件。
4. switch：用於有三種（含）以上條件的事件。

4-2-1　if … 選擇結構

若一個事件只有一種條件，則用選擇結構「if …」來撰寫是最合適的。選擇結構「if …」的語法架構如下：

```
if (條件)
  {
   程式敘述區塊
  }
程式敘述 ;
…
```

[語法架構說明]

- 在「if ()」、「{」及「}」後面，都不能有「;」。
- 若「{ }」內只有一列敘述，則「{」及「}」可以省略；否則不能省略。

當程式流程執行到選擇結構「if…」的起始列時，會先檢查「條件」，若「條件結果」為「1」，則執行「if（條件）」底下的程式敘述區塊，接著執行選擇結構「if…」外的第一個程式敘述；若「條件結果」為「0」，則直接跳到選擇結構「if …」外的第一個程式敘述去執行。選擇結構「if …」之執行流程，請參考「圖 4-2」。

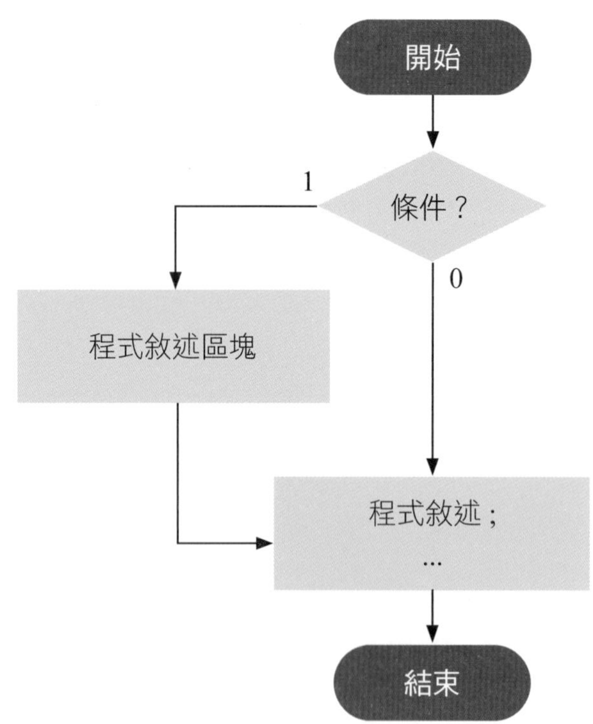

圖 4-2　if …選擇結構流程圖

「範例 1」的程式碼，是建立在「D:\C++ 程式範例\ch04」資料夾中的「範例 1.cpp」。以此類推，「範例 10」的程式碼，是建立在「D:\C++ 程式範例\ch04」資料夾中的「範例 10.cpp」。

範例 1	寫一程式，輸入本期的統一發票頭獎號碼及手中的統一發票號碼，輸出是否至少獲得 1000 元獎金。 [提示] 若手中的統一發票號碼末 4 碼與本期開獎的統一發票頭獎號碼末 4 碼一樣時，至少獲得 1000 元獎金。

```
#include <iostream>
#include <cstdlib>
using namespace std;
int main()
  {
    int topprize, num;
    cout << "輸入本期開獎的統一發票頭獎號碼(8碼):";
    cin >> topprize;
    cout << "輸入本期手中的統一發票號碼(8碼):";
    cin >> num;
    if (num % 10000 == topprize % 10000) //末4碼一樣時
      cout << "至少獲得1000元獎金";

   return 0;
  }
```

執行結果

```
輸入本期開獎的統一發票頭獎號碼:33657726
輸入本期手中的統一發票號碼:12357726
至少獲得1000元獎金
```

[程式說明]

流程圖如下：

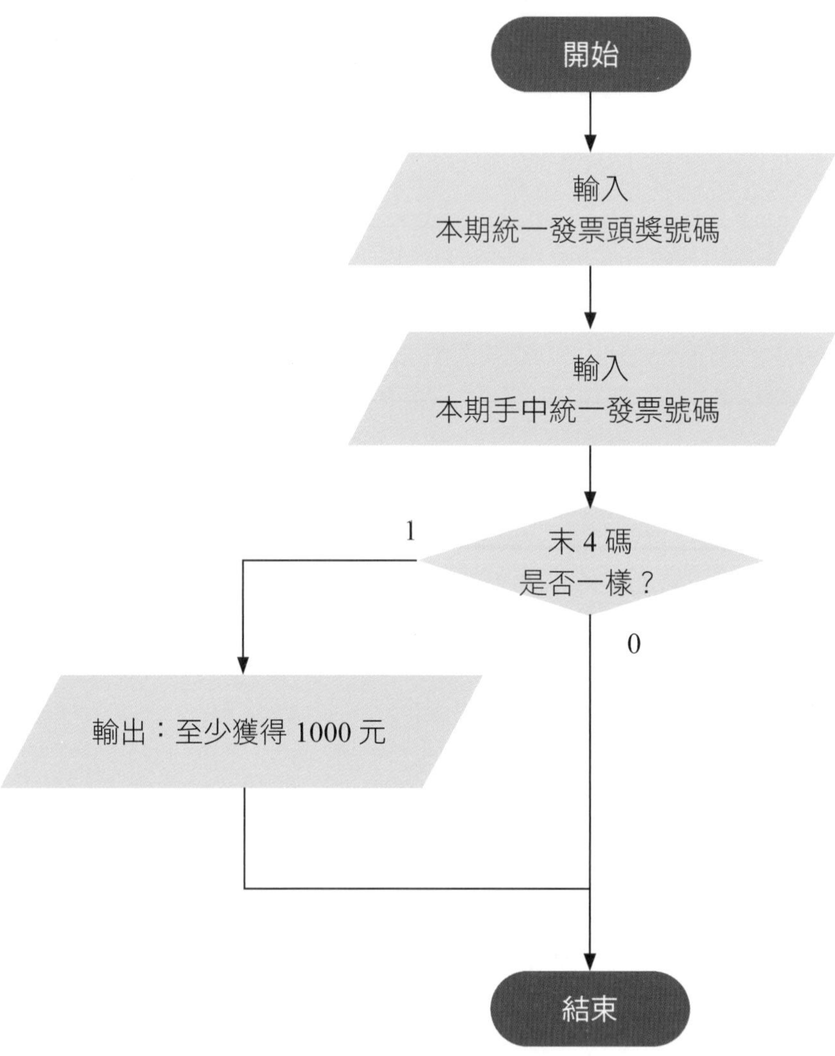

範例 1 流程圖

<table>
<tr><td>範例 2</td><td>寫一程式，輸入藥費，輸出其所對應的藥品部分負擔費用。（限用單一選擇結構 if⋯）
[提示] 全民健保自 108/03 起，藥品部分負擔費用對照表如下：

藥費	0~100	101~200	201~300	301~400	401~500	501~600
藥品部分負擔	0	20	40	60	80	100

</td></tr>
</table>

藥費	601~700	701~800	801~900	901~1000	1001 以上
藥品部分負擔	120	140	160	180	200

```
#include <iostream>
#include <cstdlib>
using namespace std;
int main( )
{
  int drug_money, drugselfpay;
  cout << "輸入藥費(>0):";
  cin >> drug_money;
  drugselfpay = (drug_money - 1) / 100 * 20;
  if (drugselfpay > 200)
      drugselfpay = 200;
  cout << "藥品部分負擔費用:" << drugselfpay << "元\n";

  return 0;
}
```

執行結果

```
輸入藥費(>0):105
藥品部分負擔費用:20元
```

練習 1：

寫一程式，輸入加油金額及是否持有 VIP 卡（若有 VIP 卡，則打 9 折），輸出應付金額。

4-2-2 if … else … 選擇結構

當一個事件有兩種條件時，使用選擇結構「if … else …」來撰寫是最合適的。選擇結構「if … else …」的語法架構如下：

```
if (條件)
  {
   程式敘述區塊1
  }
 else
  {
   程式敘述區塊2
  }
程式敘述 ;
…
```

[語法架構說明]

- 在「if ()」、「else」、「{」及「}」後面，都不能有「;」。
- 若「{ }」內只有一列敘述，則「{」及「}」可以省略；否則不能省略。

當程式流程執行到選擇結構「if … else …」的起始列時，會先檢查「條件」，若「條件結果」為「1」，則執行「if（條件）」底下的程式敘述區塊 1，然後跳到選擇結構「if … else …」外的第一個程式敘述去執行；若「條件結果」為「0」，則執行「else」底下的程式敘述區塊 2，接著執行選擇結構「if … else …」外的第一個程式敘述。選擇結構「if … else …」之執行流程，請參考「圖 4-3」。

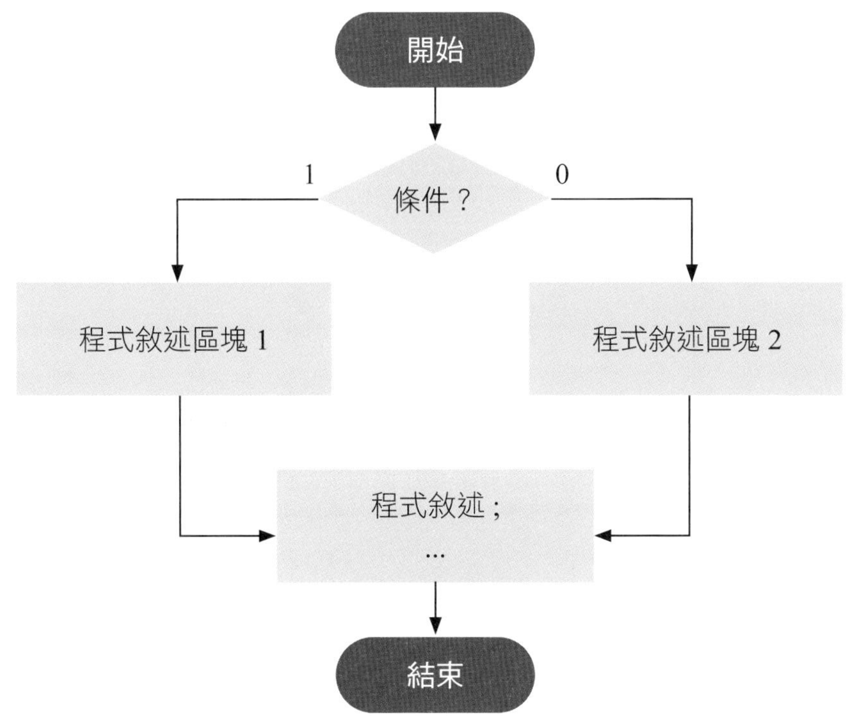

圖 4-3 if … else …選擇結構流程圖

範例 3	寫一程式，輸入體溫，輸出是否發燒。 [提示] 體溫若大於或等於 37.5 度，則表示發燒；否則表示正常。

```
#include <iostream>
#include <cstdlib>
using namespace std;
int main()
 {
  float temperature;
  cout << "輸入體溫:";
  cin >> temperature;
  if (temperature >= 37.5)
      cout << "發燒\n";
  else
      cout << "正常\n";

  return 0;
 }
```

執行 結果	輸入體溫:36.3 正常

[程式說明]

流程圖如下：

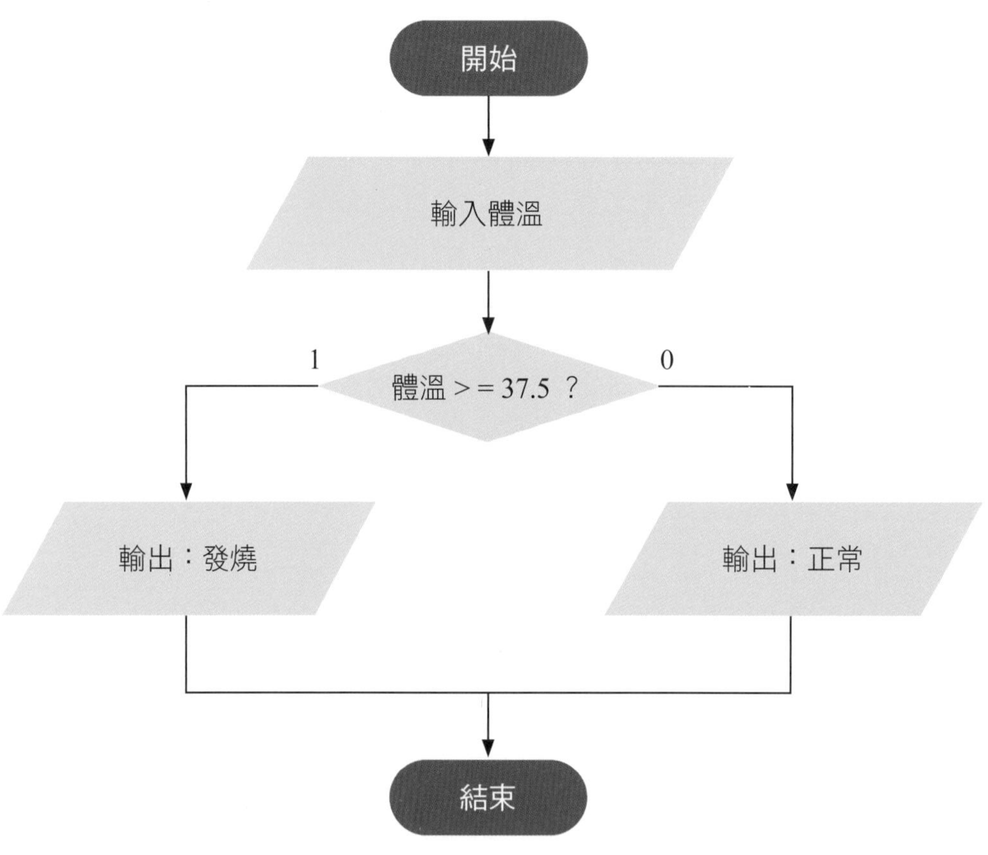

範例 3 流程圖

範例 4 寫一程式，輸入一正整數，判斷是否為四位數的正整數。

```
#include <iostream>
#include <cstdlib>
using namespace std;
int main( )
{
```

```
    int num;
    cout << "輸入一正整數:";
    cin >> num;
    if (num < 1000 || num > 9999)
        cout << num << "不是四位數的正整數\n";
    else
        cout << num << "為四位數的正整數\n";

    return 0;
}
```

執行結果	輸入一正整數:1234 1234為四位數的正整數

練習 2：

寫一程式，輸入三角形的三邊長 a，b 及 c，判斷是否可以構成一個三角形。

4-2-3 if … else if … else …選擇結構

當一個事件有三種（含）以上條件時，使用選擇結構「if … else if … else …」來撰寫是最合適的。選擇結構「if … else if … else …」的語法架構如下：

```
if (條件1)
 {
   程式敘述區塊1
 }
else if (條件2)
 {
   程式敘述區塊2;
```

```
  }
 .
 .
 .
else if (條件n)
 {
   程式敘述區塊n
 }
else
 {
   程式敘述區塊(n+1)
 }
程式敘述;
…
```

[語法架構說明]

- 在「if ()」、「else if」、「else」、「{」及「}」後面，都不能有「;」。
- 若「{ }」內只有一列敘述，則「{」及「}」可以省略；否則不能省略。

當程式流程執行到選擇結構「if … else if … else …」的起始列時，會先檢查「條件 1」，若「條件 1 結果」為「1」，則會執行「條件 1」底下的程式敘述區塊 1，接著跳到選擇結構「if … else if … else …」外的第一個程式敘述去執行；若「條件 1 結果」為「0」，則會去檢查「條件 2」，若「條件 2 結果」為「1」，則會執行「條件 2」底下的程式敘述區塊 2，接著然後跳到選擇結構「if … else if … else …」外的第一個程式敘述去執行；若「條件 2 結果」為「0」，則會去檢查「條件 3」；以此類推，若「條件 1」、「條件 2」、…及「條件 n」的結果都為「0」，則會執行「else」底下的程式敘述區塊 (n+1)，接著執行下面的程式敘述。選擇結構「if … else if … else …」之執行流程，請參考「圖 4-4」。

選擇結構「if … else if … else …」中的「else 程式敘述區塊 (n+1) ;」是選擇性的。若省略，則選擇結構「if … else if … else …」內的程式敘述區塊，有可能全部都沒被執行到。

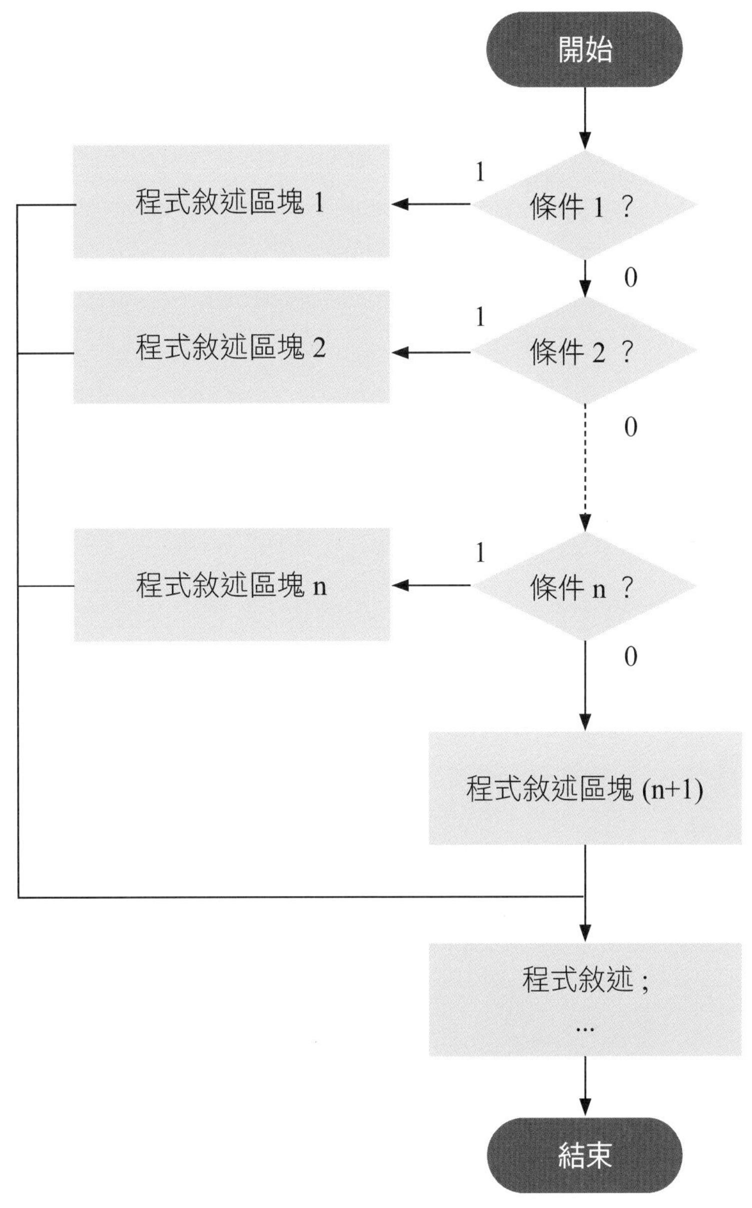

圖 4-4 if … else if … else …選擇結構流程圖

範例 5	寫一程式，輸入冷氣溫度，輸出冷氣風速。 [假設]冷氣溫度 24（含）度以下：自動設為微風，25~28 度：自動設為弱風，29（含）度以上：自動設為強風。

```cpp
#include <iostream>
#include <cstdlib>
using namespace std;
int main()
 {
   int temperature;
   cout << "輸入冷氣溫度:";
   cin >> temperature;
   if (temperature >= 29)
      cout << "冷氣風速:強風\n";
   else if (temperature >= 25)
      cout << "冷氣風速:弱風\n";
   else
      cout << "冷氣風速:微風\n";

   return 0;
 }
```

執行結果	輸入冷氣溫度:25 冷氣風速:弱風

[程式說明]

流程圖如下：

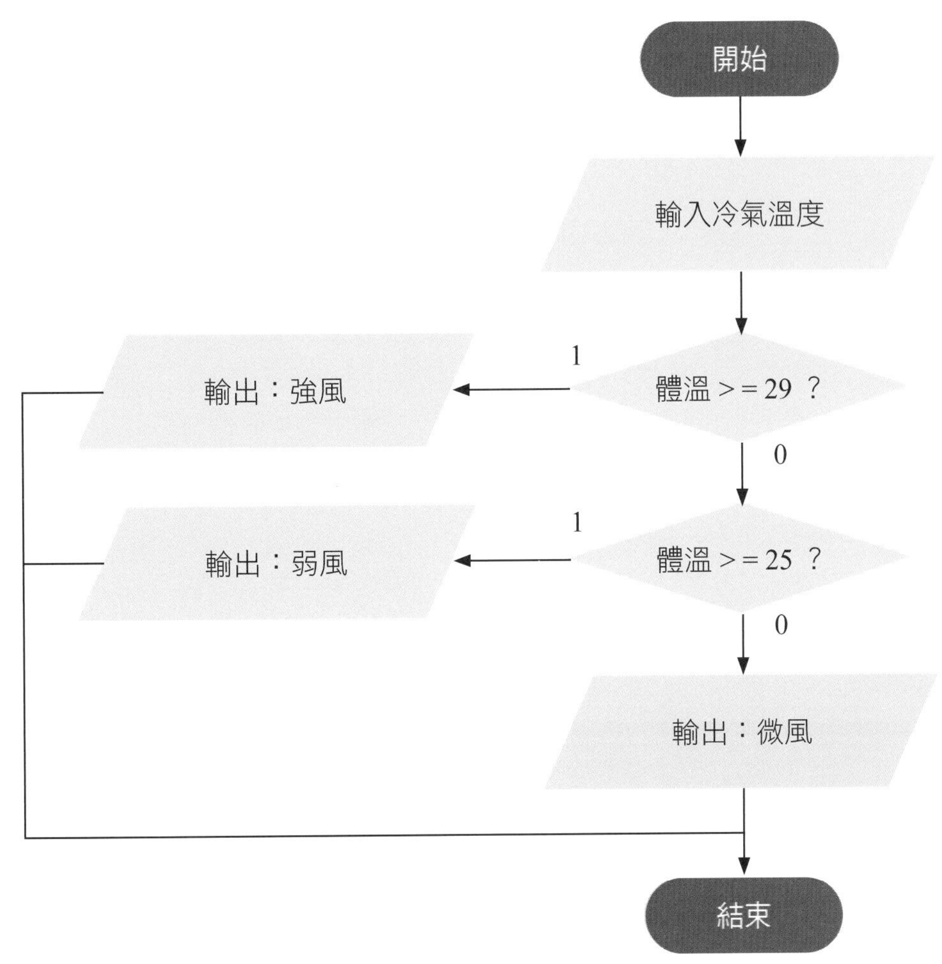

範例 5 流程圖

範例 6	寫一程式，輸入平面座標上的一點 (x,y)，判斷 (x,y) 是位於哪一個象限內或 x 軸上或 y 軸上。

```
#include <iostream>
#include <cstdlib>
using namespace std;
int main()
  {
    int x, y;
    cout << "輸入平面座標上的一點(x,y)(以空白間隔):";
    cin >> x >> y;
```

```
    if (x == 0 && y == 0)
        cout << "(" << x << "," << y << ")位於原點上\n";
    else if (x == 0)
        cout << "(" << x << "," << y << ")位於y軸上\n";
    else if (y == 0)
        cout << "(" << x << "," << y << ")位於x軸上\n";
    else if (x > 0 && y > 0)
        cout << "(" << x << "," << y << ")位於第一象限內\n";
    else if (x < 0 && y > 0)
        cout << "(" << x << "," << y << ")位於第二象限內\n";
    else if (x < 0 && y < 0)
        cout << "(" << x << "," << y << ")位於第三象限內\n";
    else if (x > 0 && y < 0)
        cout << "(" << x << "," << y << ")位於第四象限內\n";

    return 0;
}
```

執行結果	輸入平面上一點的x座標及y座標，x與y之間以一個空白間隔:3 0 (3,0)位於x軸上

練習 3：

寫一程式，輸入電台編號，輸出電台名稱。

[假設] 編號 1：中廣，編號 2：警廣，編號 3：漢聲，其他：輸入錯誤。

4-2-4 switch 選擇結構

當一個事件有三種（含）以上條件時，除了可用選擇結構「if … else if … else」來撰寫外，有時還可使用「switch」結構來撰寫。

選擇結構「switch」的語法架構如下：

```
switch (運算式)
 {
  case 常數1:
    程式敘述區塊1
    break;
  case 常數2:
    程式敘述區塊2
    break;
    .
    .
    .
  case 常數n:
    程式敘述區塊n
    break;
  default:
    程式敘述區塊(n+1)
 }
 程式敘述;
 …
```

[語法架構說明]

- 在「switch ()」、「{」及「}」後面，都不能有「;」。
- 「switch（運算式）」中的運算式之型態，必須是整數或字元，否則編譯時會出現下列錯誤訊息：
  「**switch quantity not an integer**」。
- 在「case 常數值」後面，記得要加上「:」（冒號）。

當程式流程執行到選擇結構「switch」的起始列時，會先計算「運算式」的結果。若結果符合某個「case」後的常數值，則直接執行該「case」底下的程式敘述區塊，接著執行「break;」，使程式流程跳去執行選擇結構「switch」外的第一個程式敘述；若運算式結果不符合任何一個「case」後的常數值，則執行「default:」底下的程式敘述區塊 (n+1)。選擇結構「switch」之執行流程，請參考「圖 4-5」。

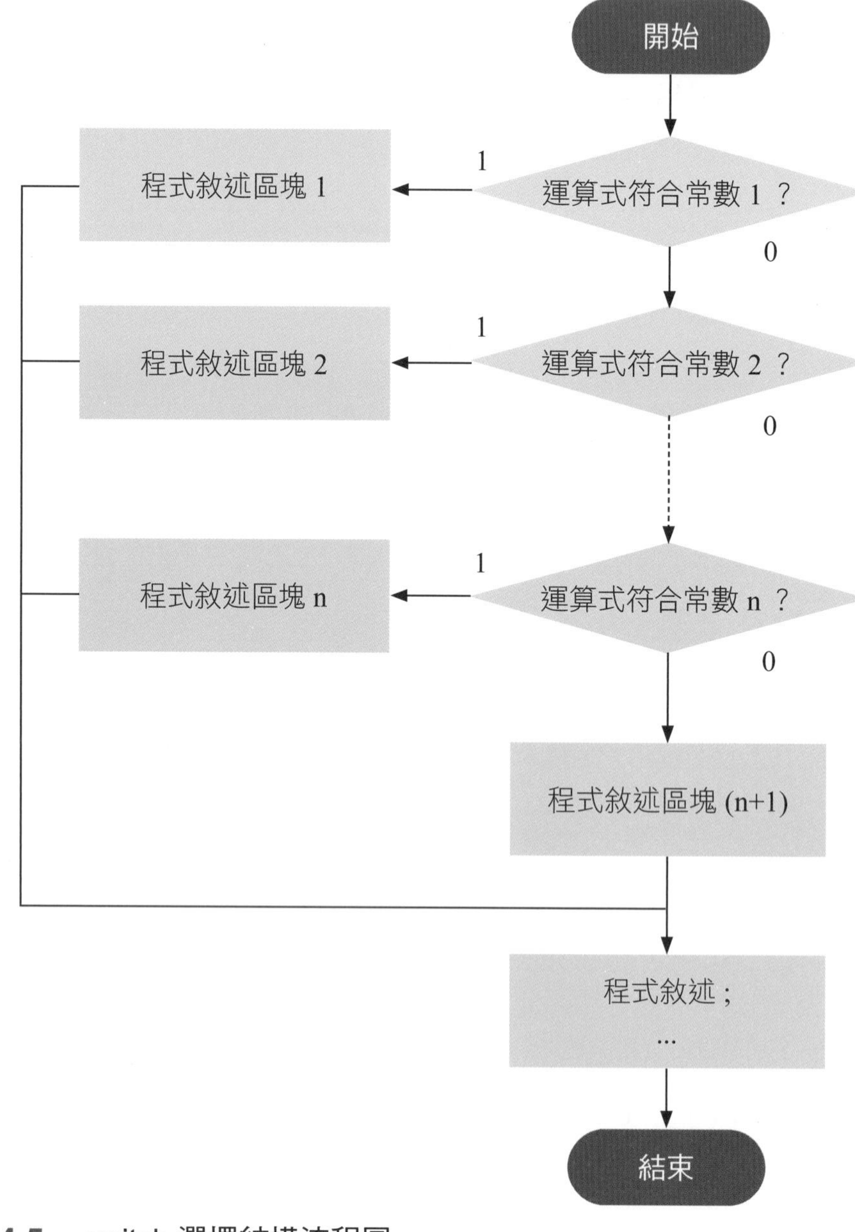

圖 4-5　switch 選擇結構流程圖

在選擇結構「switch」中，每一個「case」後的常數值，一次只能寫一個整數常數或字元常數。若想以連續的整數（或字元）常數呈現，則必須使用「 ... 」將起始值及終止值連接起來。**[注意]：「 ... 」符號的前面及後面各有一個空白，若缺少一個，則編譯時會出現「too many decimal points in number」錯誤訊息**。常數值有以下 2 種表示方式：

1. 單一常數值。例如：1 或 'A'。
2. 連續常數值。例如：1 … 3 或 'A' … 'C'。

選擇結構「switch」中的「default: 程式敘述區塊 (n+1) ;」這部分是選擇性的。若省略，則選擇結構「switch」內的程式敘述區塊，有可能全部都沒被執行到。

範例 7	寫一程式，輸入電燈按鈕編號，輸出亮幾盞燈。 [假設] 電燈按鈕編號 0：自動關燈，電燈按鈕編號 1：自動亮一盞燈，電燈按鈕編號 2：自動亮兩盞燈，電燈按鈕編號 3：自動亮三盞燈，其他：輸入錯誤。

```
#include <iostream>
#include <cstdlib>
using namespace std;
int main()
 {
  int no;
  cout << "輸入電燈按鈕編號(0~3):";
  cin >> no;
  switch(no)
   {
     case 0 :
          cout << "關燈\n";
          break;
     case 1:
          cout << "亮一盞燈\n";
          break;
     case 2:
          cout << "亮兩盞燈\n";
```

```
            break;
        case 3:
            cout << "亮三盞燈\n";
            break;
        default:
            cout << "輸入錯誤\n";
    }

    return 0;
}
```

執行結果

```
輸入電燈按鈕編號(0~3):2
亮兩盞燈
```

[程式說明]

流程圖如下：

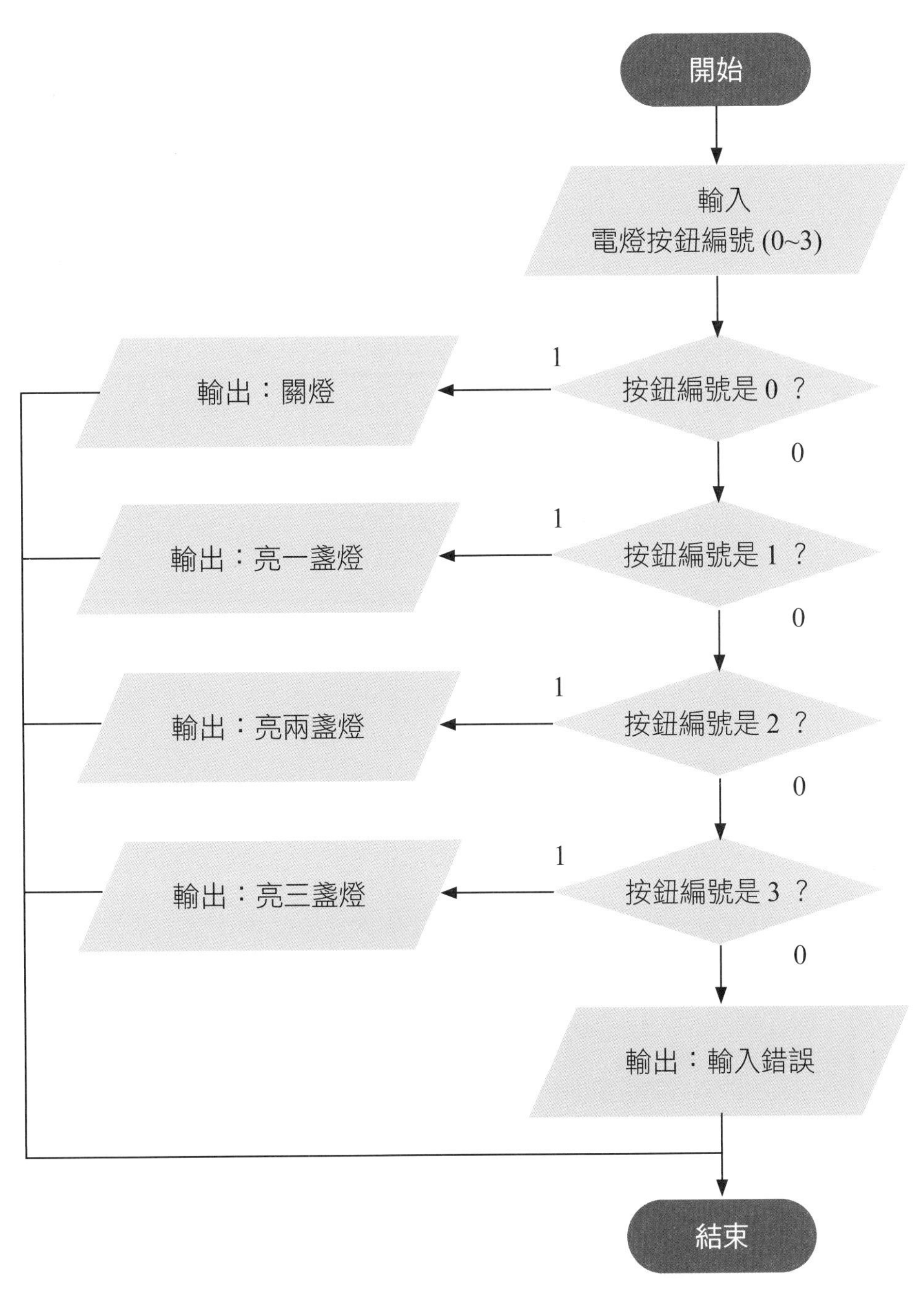

範例 7　流程圖

練習 4：

寫一程式，輸入一個算術運算符號（+，-，*，/）及兩個整數，輸出運算式的結果。

範例 8 寫一程式，輸入數字成績，印出對應於美國的成績等級。
[提示] 美國大學成績分數與成績等級的關係如下：

分數	0-59	60-69	70-79	80-89	90-100
等級	F	D	C	B	A
表現	不及格	差	平均	佳	極佳

```
#include <iostream>
#include <cstdlib>
using namespace std;
int main()
 {
  int score;
  cout << "輸入成績(0~100):";
  cin >> score;
  switch (score)
   {
    case 90 ... 100:
       cout << "等級:A.\n";
       break;
    case 80 ... 89:
       cout << "等級:B\n";
       break;
    case 70 ... 79:
       cout << "等級:C.\n";
       break;
    case 60 ... 69:
       cout << "等級:D.\n";
```

```
        break;
    default:
        cout << "等級:F.\n";
    }

  return 0;
}
```

執行結果	輸入成績(0~100):**88** 等級:B

[程式說明]

流程圖如下：

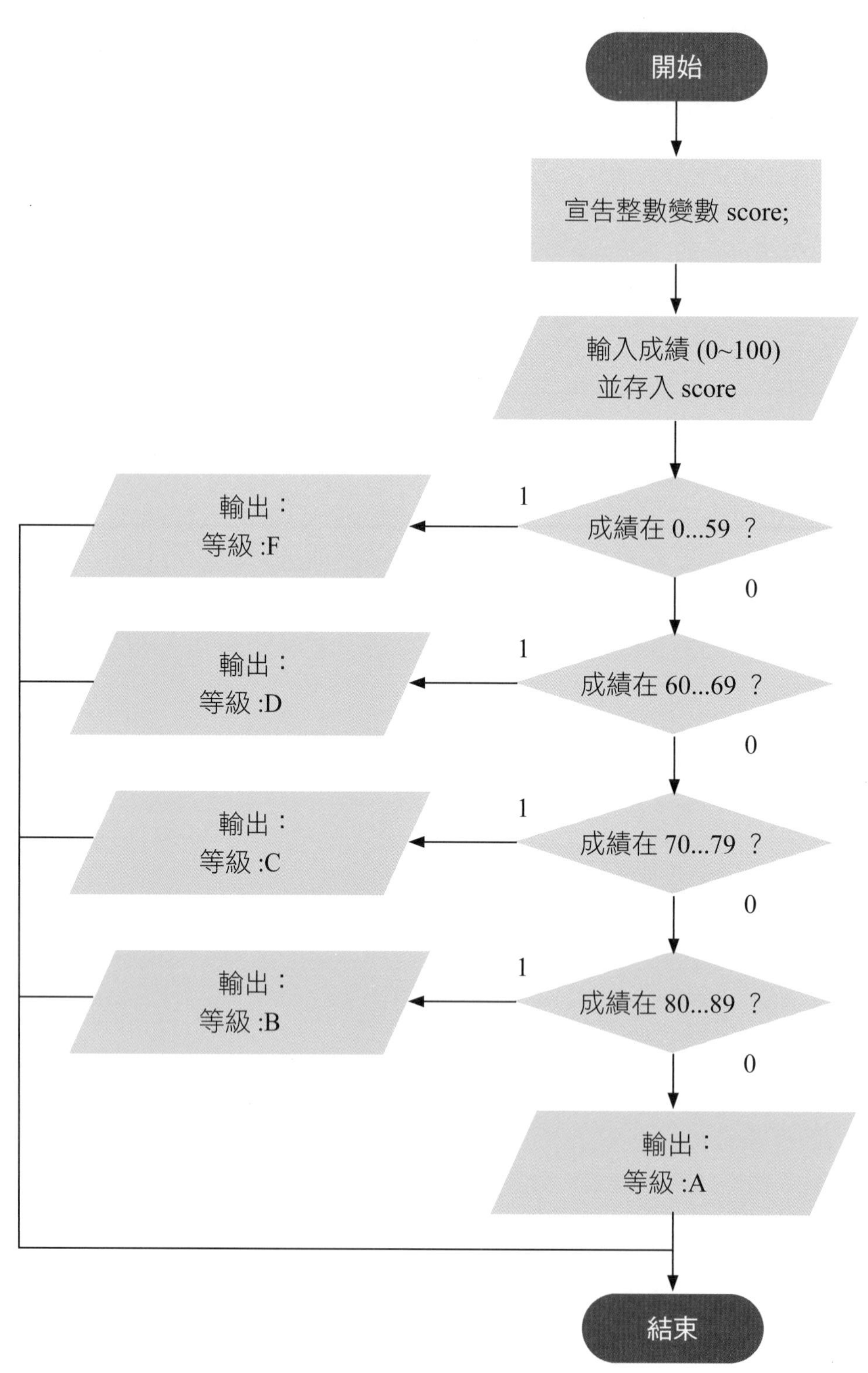
開始
宣告整數變數 score;
輸入成績 (0~100)
並存入 score
成績在 0...59 ?
1
0
輸出：
等級 :F
成績在 60...69 ?
1
0
輸出：
等級 :D
成績在 70...79 ?
1
0
輸出：
等級 :C
成績在 80...89 ?
1
0
輸出：
等級 :B
輸出：
等級 :A
結束

範例 8　流程圖

範例 9	寫一程式，輸入農曆月分，利用 switch 結構，輸出其所屬的季節。 [提示] 農曆 2~4 月為春季，5~7 月為夏季，8~10 月為秋季，11~1 月為冬季。

```
1  #include <iostream>
2  #include <cstdlib>
3  using namespace std;
4  int main( )
5  {
6   int month;
7   cout << "輸入農曆月分:";
8   cin >> month;
9   switch ((month-2) / 3)
10   {
11     case 0:
12       cout << month << "月是屬於春季\n";
13       break;
14     case 1:
15       cout << month << "月是屬於夏季\n";
16       break;
17     case 2:
18       cout << month << "月是屬於秋季\n";
19       break;
20     default:
21       cout << month << "月是屬於冬季\n";
22   }
23
24   return 0;
25 }
```

執行結果	輸入農曆月分:5 5月是屬於夏季

[程式說明]

- 程式第 9 列「(month - 2) / 3」中的「2」是 2~4 的「2」，而「3」則是 2~4，5~7 及 8~10 三個區間個數的最大公因數，(4-2+1, 7-5+1, 10-

8+1)=(3, 3, 3)=3。

- 將 2~4，5~7 及 8~10 三個區間的數值代入「(month - 2) / 3」中，分別得到 0，1 及 2。
- 11~1 區間不是連續性的數值，故直接將它當作其他狀況來處理。

4-3 巢狀選擇結構

在一個選擇結構中，若包含其他選擇結構，則這種架構稱之為巢狀選擇結構。當一個問題涉及兩個（含）以上條件且同時要成立，就可用巢狀選擇結構來撰寫。

範例 10	寫一程式，輸入西元年分，輸出是否為閏年。 [提示] 西元年分符合下列兩個條件之一，則為閏年。 (1)若年分為 400 的倍數。 (2)若年分不是 100 的倍數，但為 4 的倍數。

```
#include <iostream>
#include <cstdlib>
using namespace std;
int main()
  {
   int year;
   cout << "輸入西元年分:";
   cin >> year;
   if (year % 400 == 0)      // 年分為400的倍數
      cout << "西元" << year << "年是閏年" << endl;
   else
      if (year % 100 != 0)  // 年分不是100的倍數
         if (year % 4 == 0)       // 年分為4的倍數
            cout << "西元" << year << "年是閏年" << endl;
         else
            cout << "西元" << year << "年不是閏年" << endl;
```

```
17        else  //年分不是4的倍數
18            cout << "西元" << year << "年不是閏年" << endl;
19
20    return 0;
21  }
```

執行結果

```
請輸入西元年分:2020
西元2020年是閏年
```

[程式說明]

- 巢狀選擇結構，也可改用一般的選擇結構結合邏輯運算子來撰寫。
- 本例雖然只提到兩條件，但其實隱藏了「在其他條件下為非閏年」的第 3 個條件。因此，程式的第 9~18 列，可以改成下列寫法：

```
// (年分為400的倍數) 或 (年分為4的倍數，且不為100的倍數)
if (year % 400 == 0)
    cout << "西元" << year << "年是閏年" << endl;
else if (year % 100 != 0 && year % 4 == 0)
    cout << "西元" << year << "年是閏年" << endl;
else
    cout << "西元" << year << "年不是閏年" << endl;
```

- 流程圖如下：

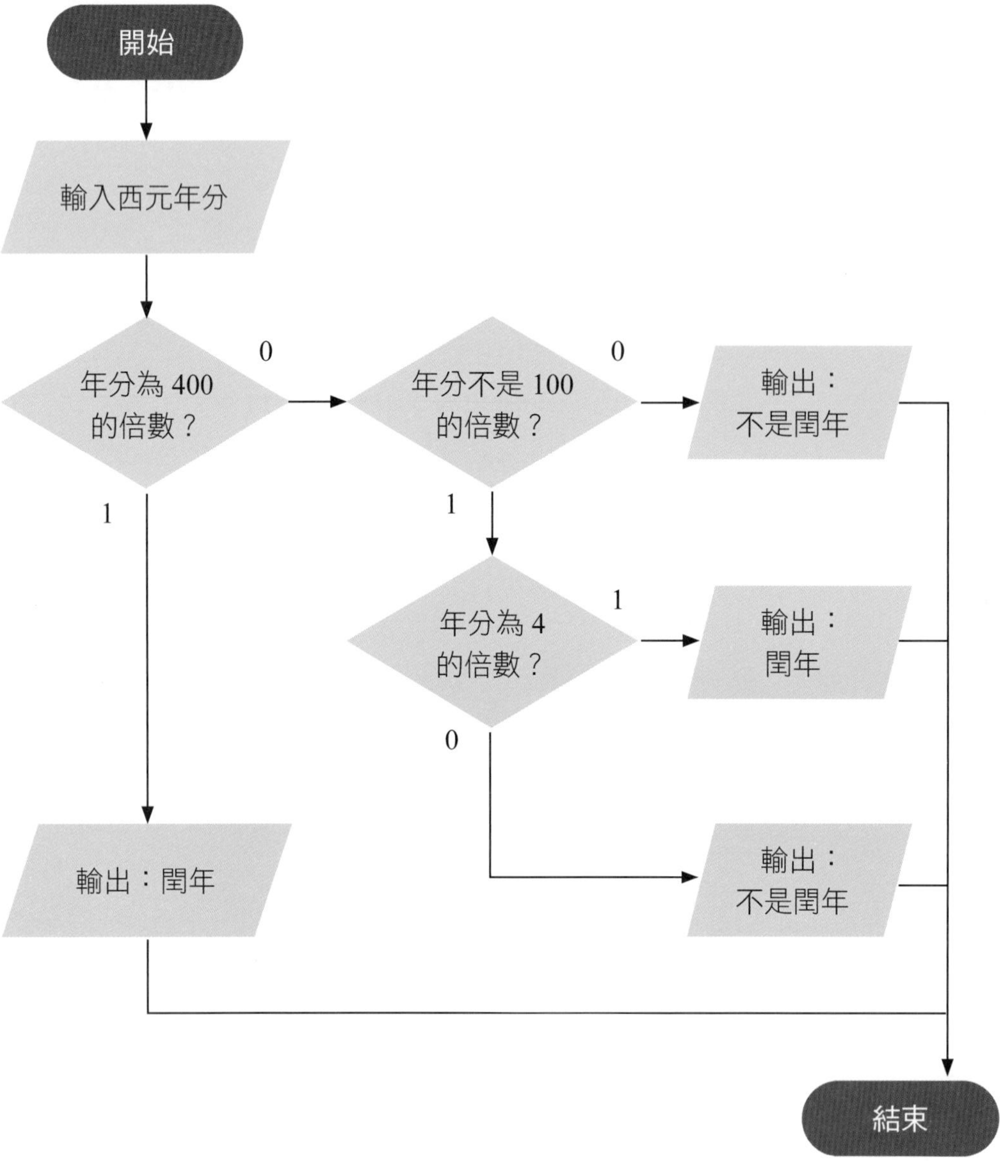

開始

輸入西元年分

年分為 400 的倍數？

0

年分不是 100 的倍數？

0

輸出：不是閏年

1

1

年分為 4 的倍數？

1

輸出：閏年

0

輸出：閏年

輸出：不是閏年

結束

範例 10 流程圖

練習 5：

寫一程式，輸入一個正整數，輸出是否為 2 或 5 或 10 的倍數？

大學程式設計先修檢測 (APCS) 試題解析

一、程式設計觀念題

1. 下方程式執行過後所輸出數值為何？（105/3/5 第 16 題）

```
void main( ) {
    int count = 10;
    if (count > 0) {
        count = 11;
    }
    if (count > 10) {
        count = 12;
        if (count % 3 == 4) {
            count = 1;
        }
        else {
            count = 0;
        }
    }
    else if (count > 11) {
        count = 13;
    }
    else {
        count = 14;
    }
    if (count) {
        count = 15;
    }
```


```
void main( ) {
    int count = 10;
    if (count > 0) {
        count = 11;
    }
    if (count > 10) {
        count = 12;
        if (count % 3 == 4) {
            count = 1;
        }
        else {
            count = 0;
        }
    }
    else if (count > 11) {
        count = 13;
    }
    else {
        count = 14;
    }
    if (count) {
        count = 15;
    }
```

```
24     else {
25         count = 16;
26     }
27
28     cout << count << endl;
29 }
```

C++ 語言寫法

```
24     else {
25         count = 16;
26     }
27
28     printf("%d\n", count);
29 }
```

C 語言寫法

(A) 11

(B) 13

(C) 15

(D) 16

解 答案：(D)

(1) 程式第 3~5 列的條件為真，所以 count=11。

(2) 程式第 6~20 列的條件「count > 10」為真，且第 8~13 列的條件「count % 3 == 4」為假，所以 count=0。

(3) 程式第 21~26 列的條件「count」為假，所以 count=16。

[註] if (count) 就是 if (count != 0)。

所以，最後輸出 16。

2.

```
if (s >= 90) {
    cout << "A" << endl;
}
else if (s >= 80) {
    cout << "B" << endl;
}
else if (s > 60) {
    cout << "D" << endl;
```

```
if (s >= 90) {
    printf("A\n" );
}
else if (s >= 80) {
    printf("B\n" );
}
else if (s > 60) {
    printf("D\n");
```

```
9 }
10 else if (s > 70) {
11     cout << "C" << endl;
12 }
13 else {
14     cout << "F" << endl;
15 }
```

C++ 語言寫法

```
9 }
10 else if (s > 70) {
11     printf( "C\n" );
12 }
13 else {
14     printf("F\n" );
15 }
```

C 語言寫法

上方是依據分數 s 評定等第的程式碼片段，正確的等第公式應為：

90~100 判為 A 等

80~89 判為 B 等

70~79 判為 C 等

60~69 判為 D 等

0~59 判為 F 等

這段程式碼在處理 0~100 的分數時，有幾個分數的等第是錯的？（105/10/29 第 9 題）

(A) 20

(B) 11

(C) 2

(D) 10

解 答案：(B)

程式第 7~9 列的條件「s>60」與第 10~12 列的條件「s>70」的順序寫顛倒，造成分數在 79~70 對應的等第是 D，60 對應的等第是 F。所以，有 11 個分數的等第是錯。

3. 下方 switch 敘述程式碼可以如何以 if - else 改寫？（105/10/29 第2）

```
1 switch (x) {
2   case 10: y = 'a'; break;
3   case 20:
4   case 30: y = 'b'; break;
5   default: y = 'c';'
6 }
```

C++ 語言及 C 語言寫法

(A) if (x == 10) y = 'a';
if (x == 20 || x == 30) y = 'b';
y = 'c';

(B) if (x == 10) y = 'a';
else if (x == 20 || x == 30) y = 'b';
else y = 'c';

(C) if (x == 10) y = 'a';
if (x >= 20 && x <= 30) y = 'b';
y = 'c';

(D) if (x == 10) y = 'a';
else if (x >= 20 && x <= 30) y = 'b';
else y = 'c';

解 答案：(B)

(1) 當 x=20 時，會執行程式第 3 列「case 20:」後的敘述，但因無「break;」，所以會繼續往下執行「case 30:」後的敘述。因此，當 x=20 或 30 時，都執行一樣的敘述「y = 'b'; break;」。x=20 或 30 的語法，為「x==20 || x==30」。

(2)「switch」選擇結構，共有 4 個條件（或狀況），但「case 20:」與「case 30:」執行一樣的敘述，實際上只有 3 個條件。因此，「switch」選擇結構的程式碼，可使用選擇結構「if…

else if… else…」改寫。

二、程式設計實作題

1. 問題描述〔106/10/28 第 1 題邏輯運算子 (Logic Operators)〕

小蘇最近在學三種邏輯運算子 AND、OR 和 XOR。這三種運算子都是二元運算子，也就是說在運算時需要兩個運算元，例如 a AND b。對於整數 a 與 b，以下三個二元運算子的運算結果定義如下列三個表格：

a AND b		
	b 為 0	b 不為 0
a 為 0	0	0
a 不為 0	0	1

a OR b		
	b 為 0	b 不為 0
a 為 0	0	1
a 不為 0	1	1

a XOR b		
	b 為 0	b 不為 0
a 為 0	0	1
a 不為 0	1	0

舉例來說：

(1) 0 AND 0 的結果為 0，0 OR 0 及 0 XOR 0 的結果也為 0。

(2) 0 AND 3 的結果為 0，0 OR 3 以及 0 XOR 3 的結果則為 1。

(3) 4 AND 9 的結果為 1，4 OR 9 的結果也為 1，但 4 XOR 9 的結果為0。

請撰寫一個程式，讀入 a、b 以及邏輯運算的結果，輸出可能的邏輯運算為何。

輸入格式

輸入只有一行，共三個整數值，整數間以一個空白隔開。第一個整數代表 a，第二個整數代表 b，這兩數均為非負的整數。第三個整數代表邏輯運算的結果，只會是 0 或 1。

輸出格式

輸出可能得到指定結果的運算，若有多個，輸出順序為 AND、OR、XOR，每個可能的運算單獨輸出一行，每行結尾皆有換行。若不可能得到指定結果，輸出 IMPOSSIBLE。（注意輸出時所有英文字母均為大寫字母。）

範例一：輸入
0 0 0

範例一：正確輸出
AND
OR
XOR

範例二：輸入
1 1 1

範例二：正確輸出
AND
OR

範例三：輸入
3 0 1

範例三：正確輸出
OR
XOR

範例四：輸入
0 0 1

範例四：正確輸出
IMPOSSIBLE

評分說明

輸入包含若干筆測試資料，每一筆測試資料的執行時間限制 (time limit) 均為 1 秒，依正確通過測資筆數給分。其中：

第 1 子題組 80 分，a 和 b 的值只會是 0 或 1。

第 2 子題組 20 分，$0 \le a, b < 10{,}000$。

Chapter 5
迴路結構

生活中常見的重複性事件，有洗衣服、存提款等。為了處理重複性事件，各種工具因此孕育而生。例如：發明洗衣機清洗衣物、發明存提款機處理貨幣交易等。

這種重複性的架構，在程式設計中，我們稱之為迴路結構。若一個問題重複處理同樣的敘述且使用的資料無論是否相同，則用迴路結構來描述這樣的現象是最合適的。C++ 語言提供的迴路結構，有「for」、「while」及「do while」三種。

5-1 迴路結構

迴路結構依據條件撰寫位置，分成前測式迴路及後測式迴路兩種。條件的形式可以是算術運算式、關係運算式或邏輯運算式的各種組合。

1. 前測式迴路：條件寫在迴路結構的起始列之迴路。當程式流程執行到迴路結構的起始列時，會先檢查進入迴路結構的條件：若條件結果為「1」（true：真），則會進入迴路中並執行內部的敘述，然後又回去檢查迴路結構起始列上的條件；若條件結果為「0」（false：假），則程式流程會直接跳到迴路結構外的第一列敘述並執行之。前測式迴路結構之執行流程，請參考「圖 5-1」。

   例：正常狀況下，學生在下課休息時間內是可以自由活動的，否則必須回教室上課。

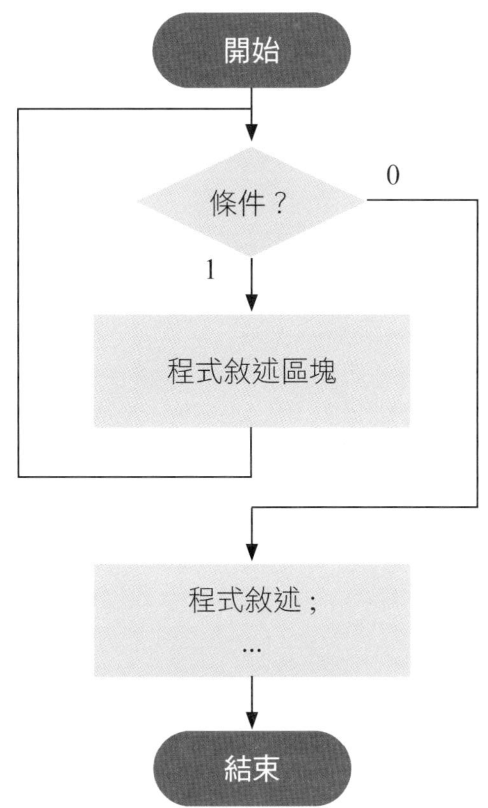

圖 5-1 前測式迴路結構流程圖

[註] 若前測式迴路的條件結果一開始就為「0」（false：假），則前測式迴路內部的敘述，一次都不會被執行。

2. 後測式迴路：條件寫在迴路結構的終止列之迴路。當程式流程執行到迴路結構的起始列時，會直接進入迴路內部並執行內部的敘述，並在離開迴路結構前檢查迴路結構終止列上的條件。若條件結果為「1」（true：真），則會回到迴路結構的起始列；若條件結果為「0」（false：假），則程式流程會跳到迴路結構外的第一列敘述並執行之。後測式迴路結構之執行流程，請參考「圖 5-2」。

   例：正常狀況下，人的頭髮在出生後會持續生長，直到掉光為止。

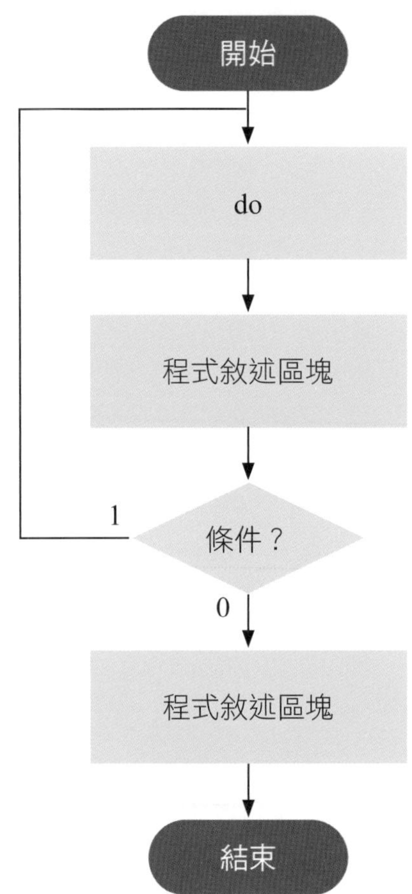

圖 5-2　後測式迴路結構流程圖

[註] 後測式迴路內部的敘述，至少被執行一次。

5-1-1　前測式迴路結構

C++語言常用的前測式迴路結構，有「for」及「while」兩種迴路。

一、「for」迴路結構

若問題需用迴路結構來撰寫，且迴路結構內的敘述會被重複執行幾次是確定的，則使用「for」迴路結構來撰寫是最合適的。從「for」迴路結構的起始列中，可以算出迴路內的敘述會被重複執行幾次，因此，「for」迴路又被稱為「計數」迴路。

「for」迴路結構的語法架構如下：

```
for (設定迴路變數的初始值;進入迴路的條件;變更迴路變數值)
{
   程式敘述區塊
}
```

[語法架構說明]

- 在「for」迴路結構的「( )」裡面，必須用「;」（分號）將三個運算式隔開。
- 在「for ( )」、「{」（左大括號）及「}」（右大括號）後面，都不能有「;」。
- 若「{ }」內只有一列敘述，則「{」及「}」可以省略；否則不能省略。
- 在「進入迴路的條件」中，通常會利用迴路變數當做能否進入迴路的關鍵因素。
- 若「進入迴路的條件」的限制式是「<」或「<=」，則在「迴路變數的初始值」<=「條件的終止值」及「變更迴路變數值」是增加迴路變數值的情況下，才有機會執行迴路內的敘述。若「進入迴路的條件」的限制式是「>」或「>=」，則在「迴路變數的初始值」>=「條件的終止值」及「變更迴路變數值」是減少迴路變數值的情況下，才有機會執行迴路內的敘述。

當程式流程執行到「for」迴路結構的起始列時，執行步驟如下：

步驟 1. 設定迴路變數的初始值。

步驟 2. 檢查進入「for」迴路結構的條件結果是否為「1」？若為「1」，則執行步驟 3；若為「0」，則直接跳到「for」迴路結構外的第一列敘述。

步驟 3. 執行「for」迴路結構內的程式敘述。

步驟 4. 變更迴路變數值，然後回到步驟 2。

接著以「範例 1」與「範例 2」為例，說明程式是否使用迴路結構來撰寫，對程式執行效率及記憶體使用有何差別。

「範例 1」的程式碼，是建立在「D:\C++程式範例\ch05」資料夾中的「範例 1.cpp」。以此類推，「範例 14」的程式碼，是建立在「D:\C++ 程式範例\ch05」資料夾中的「範例 14.cpp」。

範例 1　寫一程式，輸出 1+8+6+2+10 的結果。

```
#include <iostream>
#include <cstdlib>
using namespace std;
int main()
 {
   int i, sum=0;
   sum= sum+1;
   sum= sum+8;
   sum= sum+6;
   sum= sum+2 ;
   sum= sum+10;
   cout << "1+8+6+2+10=" << sum << "\n";

   return 0;
 }
```

執行結果

```
1+8+6+2+10=27
```

[程式說明]

程式第 7 列到第 11 列的敘述都類似，只是數字不同而已，這樣的做法是一種沒有效率的程式設計方式。若問題換成輸出 100 個數值相加，則必須再增加 95 列的類似敘述。這種做法是很沒效率的。

範例 2	寫一程式，使用「for」迴路結構，輸入 5 個數值，輸出這 5 個數值的總和。

```
#include <iostream>
#include <cstdlib>
using namespace std;
int main()
 {
   int i, data, sum=0;
   for (i=1 ; i<=5 ; i=i+1)
    {
     cout << "輸入第" << i << "個數值:";
     cin >> data;
     sum=sum + data ;
    }
   cout << "這5個數值相加=" << sum << "\n";

   return 0;
 }
```

執行結果

```
輸入第1個數值: 1
輸入第2個數值: 8
輸入第3個數值: 6
輸入第4個數值: 2
輸入第5個數值: 10
這5個數值相加=27
```

[程式說明]

- 由「for」迴路結構中，知道迴路變數「i」的初始值=1，進入迴路的條件為「i <= 5」，及變更迴路變數的內容為「i = i + 1」。利用這三

個資訊，可算出「for」迴路結構內部的敘述總共執行 5(=(5-1)/1+1) 次。直到 i=6 時，才會違反進入迴路的條件，且不會進入「for」迴路結構內部。

- 若題目改成輸出任意 100 個數值相加的結果，則程式只需將「i <= 5」改成「i <= 100」即可。
- 流程圖如下：

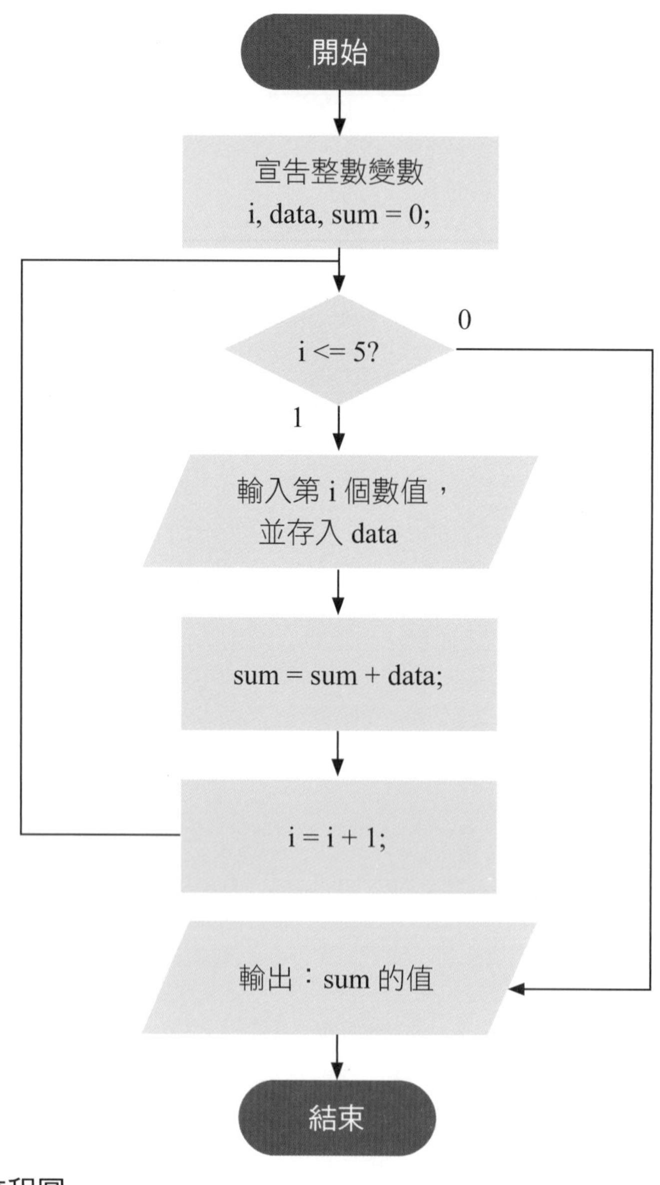

範例 2　流程圖

寫一程式，輸入購買的文具件數及每件文具的價格，輸出購買的文具總金額。

二、「while」迴路結構

若問題需用迴路結構來撰寫，但不確定迴路結構內部的敘述會被重複執行幾次，則使用「while」迴路結構來撰寫是最合適的。

「while」迴路結構的語法架構如下：

```
while (進入迴路結構的條件)
{
  程式敘述區塊
}
```

[語法架構說明]

- 在「while ( )」、「{」及「}」後面，都不能有「;」。
- 若「{ }」內只有一列敘述，則「{」及「}」可以省略；否則不能省略。

當程式執行到「while」迴路結構的起始列時，執行步驟如下：

步驟 1. 檢查進入「while」迴路結構的條件結果是否為「1」？若為「1」，則執行步驟 2；若為「0」，則跳到「while」迴路結構外的第一列敘述。

步驟 2. 執行「while」迴路結構內的敘述。

步驟 3. 回到步驟 1。

範例 3 寫一程式，輸入一正整數，輸出此整數的每個數字之和。
（例：1234 → 1+2+3+4=10）

```
#include <iostream>
#include <cstdlib>
using namespace std;
int main()
 {
   int  num, remainder, sum=0;
   cout << "輸入一正整數:";
   cin >> num;
   cout << num << "的每個數字之和=";
   while (num>0)
    {
      remainder = num % 10; //取出num的個位數,即num除以10的餘數
      sum = sum + remainder;
      num = num / 10; // 取得num除以10的商
    }
   cout << sum << "\n";

   return 0;
 }
```

執行結果

```
輸入一正整數:2345
2345的每個數字之和=14
```

[程式說明]

流程圖如下：

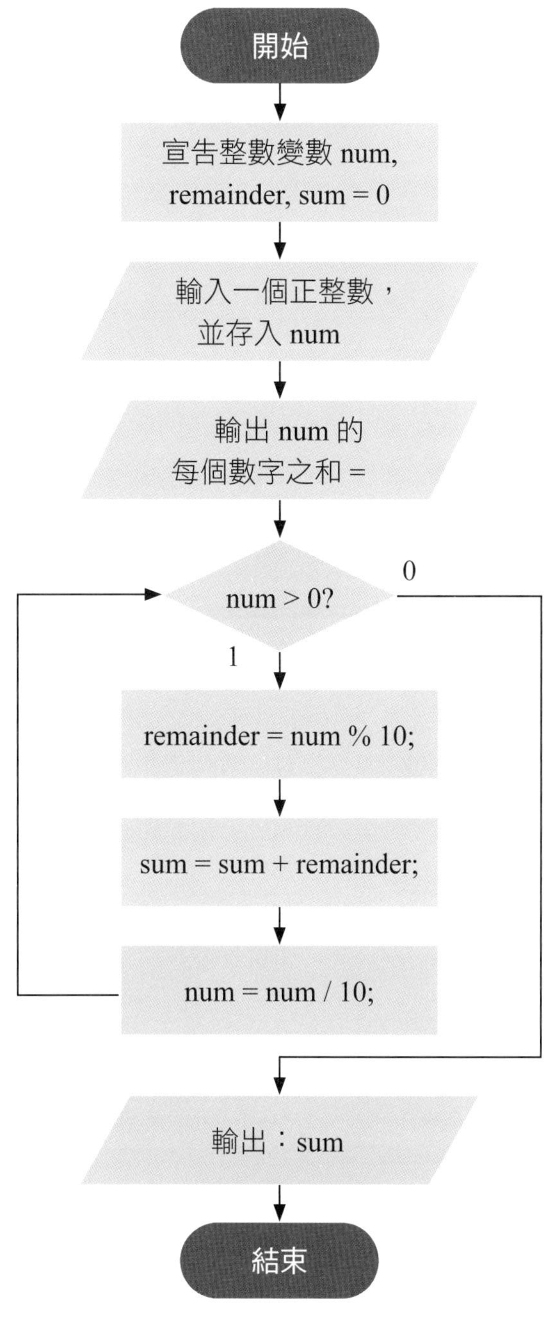

範例 3 流程圖

練習 2：

寫一程式，輸入一正整數，然後將它倒過來輸出。（例：516888 → 888615）。

範例 4	若球從 100 米高度自由落下，每次落地後反彈高度為原來的一半，直到停止。 寫一程式，輸出球停止前所經過的距離。

```
1  #include <iostream>
2  #include <cstdlib>
3  using namespace std;
4  int main( )
5   {
6    float height=100, distance=0;
7    while (height > 0)
8     {
9      distance += height;
10     height /= 2;
11     distance += height;
12    }
13
14   cout.setf(ios::fixed);
15   cout.precision(1);
16   cout << "球停止前所經過的距離=" << distance << "米" << endl;
17
18   return 0;
19  }
```

執行結果	球停止前所經過的距離=300.0米

[程式說明]

- 程式第 14 及 15 列的目的，是設定浮點數輸出時，只到小數點後 1 位。（參考「3-1　資料輸出」）

5-1-2 後測式迴路結構

「do while」，是 C++ 語言唯一的後測式迴路結構。若問題需用迴路結構來撰寫，且迴路結構內的敘述至少會被執行一次，但不確定被重複執行幾次，則使用後測式「do while」迴路結構來撰寫是最合適的。

「do while」迴路結構語法架構如下：

```
do
 {
  程式敘述區塊
 }
while (進入迴路的條件);
```

[語法架構說明]

- 在「do」、「{」及「}」後面，都不能有「;」。但「while ( )」後面必須加上「;」。
- 若「{ }」內只有一列敘述，則「{」及「}」可以省略；否則不能省略。

當程式執行到「do while」迴路結構的起始列時，執行步驟如下：

步驟 1. 程式會直接執行「do while」迴路結構內的敘述。

步驟 2. 檢查進入迴路的條件結果是否為「1」？若為「1」，則回到步驟1；若為「0」，則跳到「do while」迴路結構外的第一列敘述。

範例 5	寫一程式，輸入一個不顯示的英文字母，然後猜測此隱藏的英文字母。若答對，則輸出猜對了；否則輸出猜錯了，並繼續猜測直到正確為止。

```
1   #include <iostream>
2   #include <cstdlib>
3   #include <conio.h>
4   using namespace std;
5   int main()
6    {
7     char ch, guessch;
8     cout << "輸入一個不顯示的英文字母(A~Z):";
9     ch=getch();
10    do
11     {
12      cout << endl << "輸入此隱藏的英文字母為";
13      guessch=getche();
14      if (guessch != ch)
15         cout << endl << "猜錯了!" << endl;
16     }
17    while (guessch != ch);
18    cout <<  endl << "猜對了!" << endl;
19
20    return 0;
21   }
```

執行結果

```
輸入一個不顯示的英文字母(A~Z):V
輸入此隱藏的英文字母為:A
猜錯了!

輸入此隱藏的英文字母為:V
猜對了!
```

[程式說明]

- 程式第 9 列的「getch()」函式及程式第 13 列的「getche()」函式，請參考「3-3　非標準輸入函式」的說明。
- 程式第 10~17 列的敘述會不斷被執行，直到猜對才跳出「do while」

迴路結構。

- 流程圖如下：

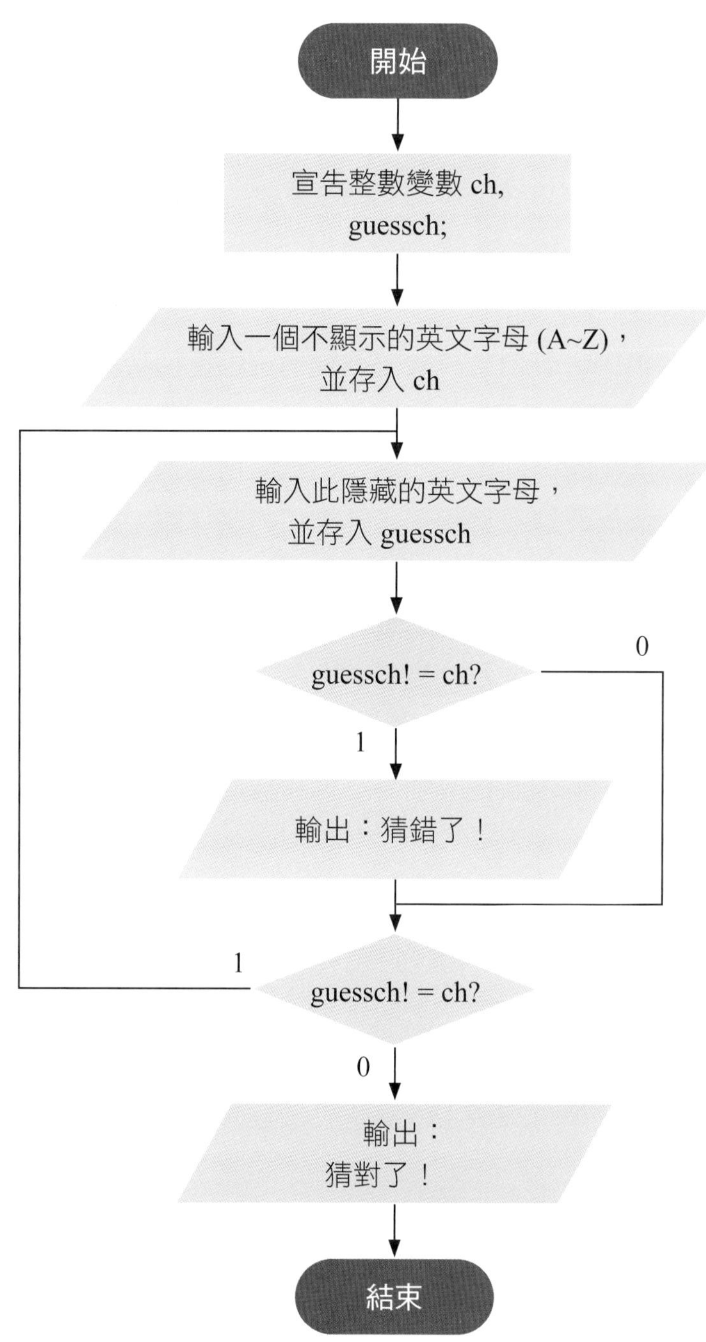

範例 5 流程圖

練習 3：

寫一程式，輸入整數 a 及 b，然後再讓使用者回答 a+b 的值。若答對，則輸出答對了；否則輸出答錯了，並讓使用者繼續回答直到正確為止。

5-1-3 巢狀迴路

在一層迴路結構中，若包含其他迴路結構，則這種架構被稱為巢狀迴路結構。若一個問題重複執行某些特定的敘述，且這些特定的敘述受到兩個（含）以上的因素影響，則用巢狀迴路結構來撰寫是最合適的。撰寫巢狀迴路時，先變的因素要寫在巢狀迴路結構的內層迴路；後變的因素要寫在巢狀迴路結構的外層迴路。

當一個問題需用迴路結構來撰寫時，那如何決定迴路結構的層數呢？可根據下列兩種概念來決定迴路結構的層數：

1. 若問題只有一個因素在改變時，則用一層迴路結構來撰寫是最合適的方式；若問題有兩個因素在改變時，則用雙層迴路結構來撰寫是最合適的。以此類推。
2. 若問題結果呈現的形式為直線形狀，則為一度空間，故用一層迴路結構來撰寫是最合適的。若問題結果呈現的形式為平面（或表格）形狀，則為二度空間，故用兩層迴路結構來撰寫是最合適的。若問題結果呈現的形式為立體形狀（或多層表格），則為三度空間，故用三層迴路結構來撰寫是最合適的。以此類推。

範例 6	寫一程式，輸出九九乘法表。

```
#include <iostream>
#include <cstdlib>
#include <iomanip>
using namespace std;
```

```
int main()
 {
  int i, j;
  for (i=1 ; i<=9 ; i=i+1)
   {
    for (j=1 ; j<=9 ; j=j+1)
        cout <<  i << "x" << j << "=" << setw(2) << i * j << "\t";
    cout << endl;
   }

  return 0;
 }
```

執行結果

```
1x1= 1  1x2= 2  1x3= 3  1x4= 4  1x5= 5  1x6= 6  1x7= 7  1x8= 8  1x9= 9
2x1= 2  2x2= 4  2x3= 6  2x4= 8  2x5=10  2x6=12  2x7=14  2x8=16  2x9=18
3x1= 3  3x2= 6  3x3= 9  3x4=12  3x5=15  3x6=18  3x7=21  3x8=24  3x9=27
4x1= 4  4x2= 8  4x3=12  4x4=16  4x5=20  4x6=24  4x7=28  4x8=32  4x9=36
5x1= 5  5x2=10  5x3=15  5x4=20  5x5=25  5x6=30  5x7=35  5x8=40  5x9=45
6x1= 6  6x2=12  6x3=18  6x4=24  6x5=30  6x6=36  6x7=42  6x8=48  6x9=54
7x1= 7  7x2=14  7x3=21  7x4=28  7x5=35  7x6=42  7x7=49  7x8=56  7x9=63
8x1= 8  8x2=16  8x3=24  8x4=32  8x5=40  8x6=48  8x7=56  8x8=64  8x9=72
9x1= 9  9x2=18  9x3=27  9x4=36  9x5=45  9x6=54  9x7=63  9x8=72  9x9=81
```

[程式說明]

- 九九乘法表的資料共有九列，每一列共有九行資料。列印時，先從第一列的第一行印到第九行，然後從第二列的第一行印到第九行，以此類推，到從第九列的第一行印到第九行。因有「行」與「列」兩個因素在改變，故用兩層巢狀迴路結構來撰寫是最合適的。因「行」先變且「列」後變，故「行」要寫在內層迴路，且「列」要寫在外層迴路。
- 以空間概念來說，二度空間平面（或表格）有「x」軸與「y」軸兩個因素在改變，就能了解列印九九乘法表用兩層巢狀迴路結構來撰寫是最合適的。
- 流程圖如下：

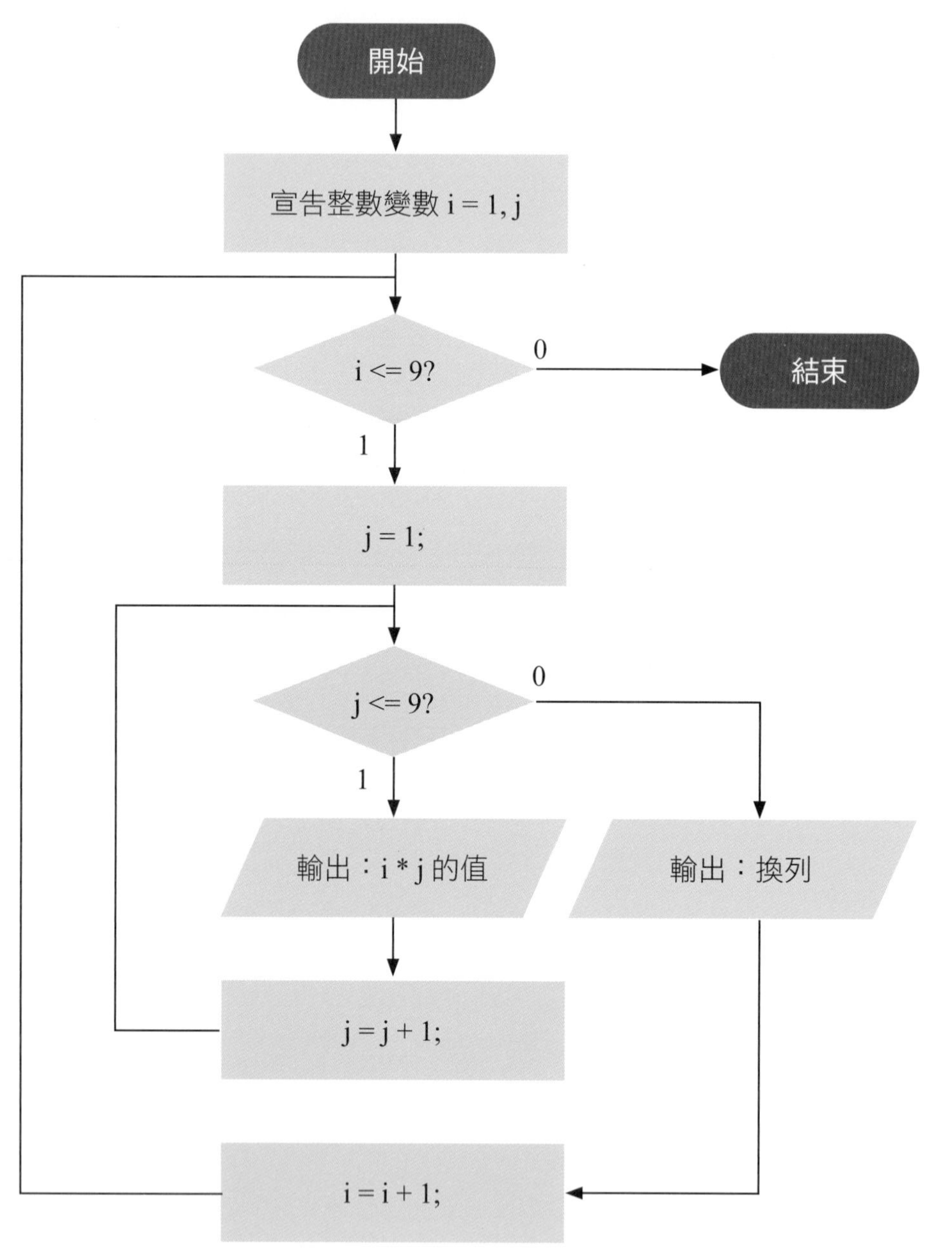

範例 6　流程圖

範例 7	寫一程式，輸出下列結果。 ***** *** *

```
1  #include <iostream>
2  #include <cstdlib>
3  using namespace std;
4  int main()
5  {
6    int i, j;
7    for (i=1; i<=3; i++)
8     {
9      for (j=1; j<=5; j++)
10      {
11        if ( (i == 1) || (i == j) || (j == 3) || (i+j == 6))
12               cout << "*";
13        else
14               cout << " ";
15      }
16     cout << endl;
17    }
18
19   return 0;
20 }
```

[程式說明]

- 程式第 7 列「for (i=1 ; i<=3 ; i++)」，表示共有 3 列。
- 第 9 列「for (j=1 ; j<=5 ; j++)，表示每一列有「5」個「位置」。
- 第 11 列中的「(i == 1) || (i == j) || (j == 3) || (i+j == 6)」，表示第 1 列或對角線或第 3 行或反對角線的位置上要輸出「*」。其他位置輸出「空格」。
- 流程圖如下：

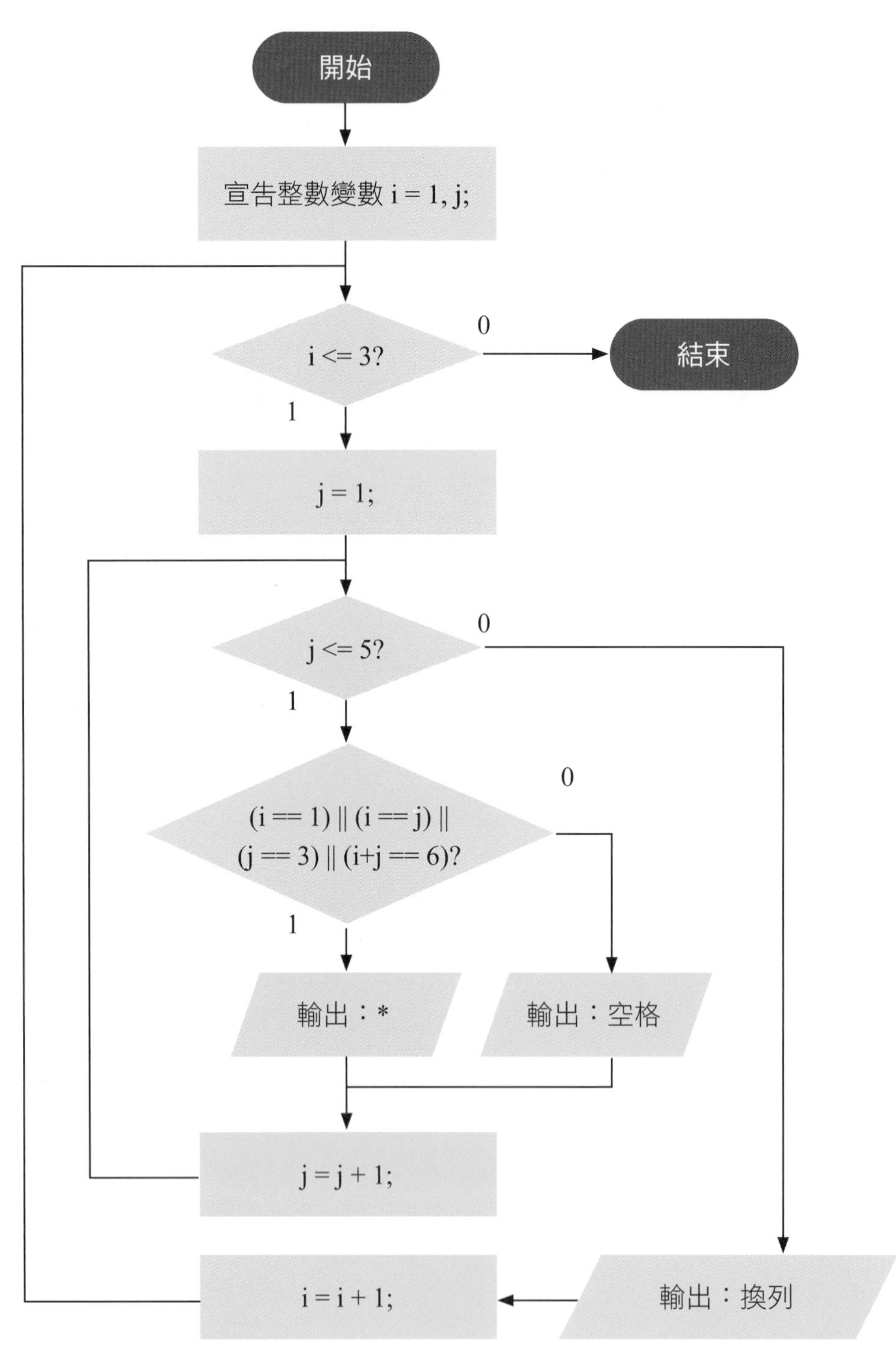
開始
宣告整數變數 i = 1, j;
i <= 3?
0
結束
1
j = 1;
j <= 5?
0
1
(i == 1) || (i == j) ||
(j == 3) || (i+j == 6)?
0
1
輸出：*
輸出：空格
j = j + 1;
i = i + 1;
輸出：換列

範例 7　流程圖

從實作「範例 6」及「範例 7」中，歸納出撰寫巢狀迴路架構的兩個要點：

1. 先變的因素寫在巢狀迴路的內層迴路，後變的因素寫在巢狀迴路的外層迴路。
2. 若先變的因素與後變的因素互相影響時，則外層迴路的迴路變數要出現在內層迴路的條件中。

練習 4：

寫一程式，輸出下列結果。

B
CD
EFG
HIJK
LMNOP

5-2 break 與 continue 敘述

在一般情況下，程式流程只要進入迴路結構內，內部的所有敘述都會被執行。若希望在特定狀況下跳出迴路結構或跳過迴路結構內的某些敘述，則在迴路結構中必須加入「break;」跳出迴路結構，或加入「continue;」跳過某些敘述。「break;」及「continue;」必須撰寫在選擇結構的敘述中，否則違反了迴路結構被重複執行的精神。

5-2-1 break 敘述

「break;」的作用，是跳出「for」、「while」及「do while」迴路結構的內部。當程式執行到迴路結構內的「break;」時，程式直接跳出迴路結構，並執行迴路結構外的第一列敘述。當「break;」用在巢狀迴路結構內時，它只能跳出它所在的那層迴路結構，而無法一次跳到整個巢狀迴路結構的外部。

範例 8	寫一程式，輸出對角線（含）以下的數字總和。 2 3 4 5 3 4 5 6 4 5 6 7 5 6 7 8 [提示] 使用「break;」敘述。

```
1  #include <iostream>
2  #include <cstdlib>
3  using namespace std;
4  int main()
5   {
6     int i, j, sum=0;
7     for (i=1 ; i<=4 ; i++)
8      {
9       for (j=1 ; j<=4 ; j++)
10        {
11         if (i < j )
12              break;
13         sum = sum + (i + j);
14        }
15      }
16      cout << "對角線(含)以下的數字總和=" << sum << endl;
17
18    return 0;
19   }
```

執行結果	對角線(含)以下的數字總和=50

[程式說明]

- 程式第 9~14 列，可以改成下列寫法：

  for (j=1 ; j<=i ; j++)

  　　sum = sum + (i + j);

• 流程圖如下：

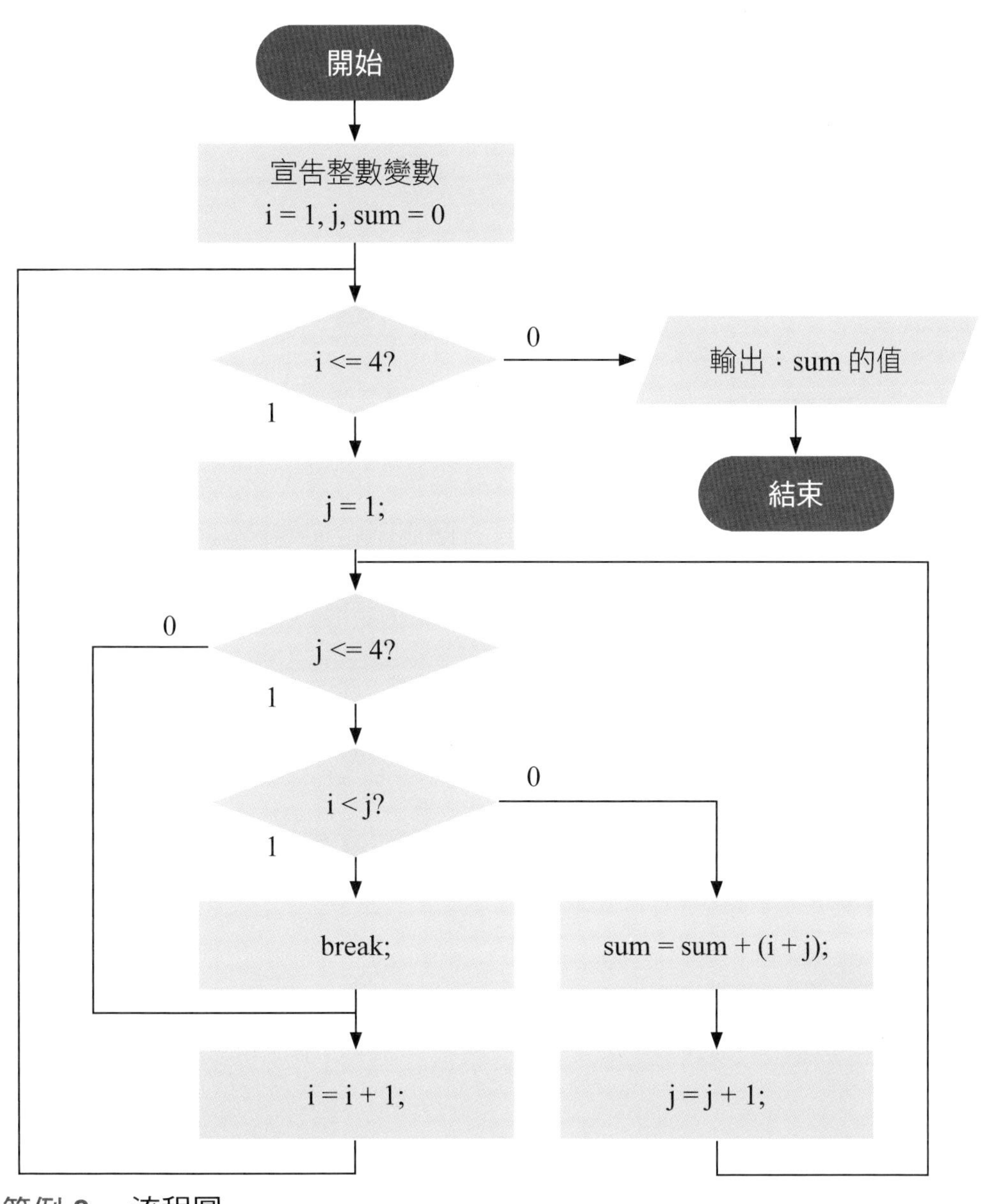

範例 8 流程圖

練習 5：

寫一程式，輸入密碼，若密碼正確，則輸出密碼正確，否則輸出密碼錯誤。

[提示]

- 使用「break;」。
- 密碼輸入，最多有三次機會。密碼假設為 202020。

5-2-2 continue 敘述

「continue;」的目的，是跳過迴路結構內的某些敘述。「continue;」在「for」、「while」及「do while」三種迴路結構內被執行時，程式的執行流程是有所差異的。

1. 在「for」迴路結構內使用「continue;」：
   執行到「continue;」，程式會跳到該層「for」迴路結構的第三部分「變更迴路變數值」，變更迴路變數的內容。
2. 在「while」迴路結構內使用「continue;」：
   執行到「continue;」，程式會跳到該層「while」迴路結構的起始列，檢查進入迴路結構的條件結果是否為「1」。
3. 在「do while」迴路結構內使用「continue;」：
   執行到「continue;」，程式會跳到該層「do while」迴路結構的終止列，檢查進入迴路結構的條件結果是否為「1」。

範例 9　寫一程式，輸入 5 位學生的數學成績，輸出數學成績及格的人數。
[提示] 使用「continue;」敘述。

```
#include <iostream>
#include <cstdlib>
using namespace std;
int main()
 {
```

```
  int i, score, pass=0;
  for (i=1 ; i<=5 ; i++)
    {
      cout << "輸入第" << i << "位學生的數學成績:";
      cin >> score;
      if (score < 60)
          continue;
      pass=pass+1;
    }
  cout << "數學成績及格的人數=" <<  pass << endl;

  return 0;
}
```

執行結果

```
輸入第1位學生的數學成績:80
輸入第2位學生的數學成績:70
輸入第3位學生的數學成績:55
輸入第4位學生的數學成績:75
輸入第5位學生的數學成績:52
數學成績及格的人數=3
```

[程式說明]

流程圖如下：

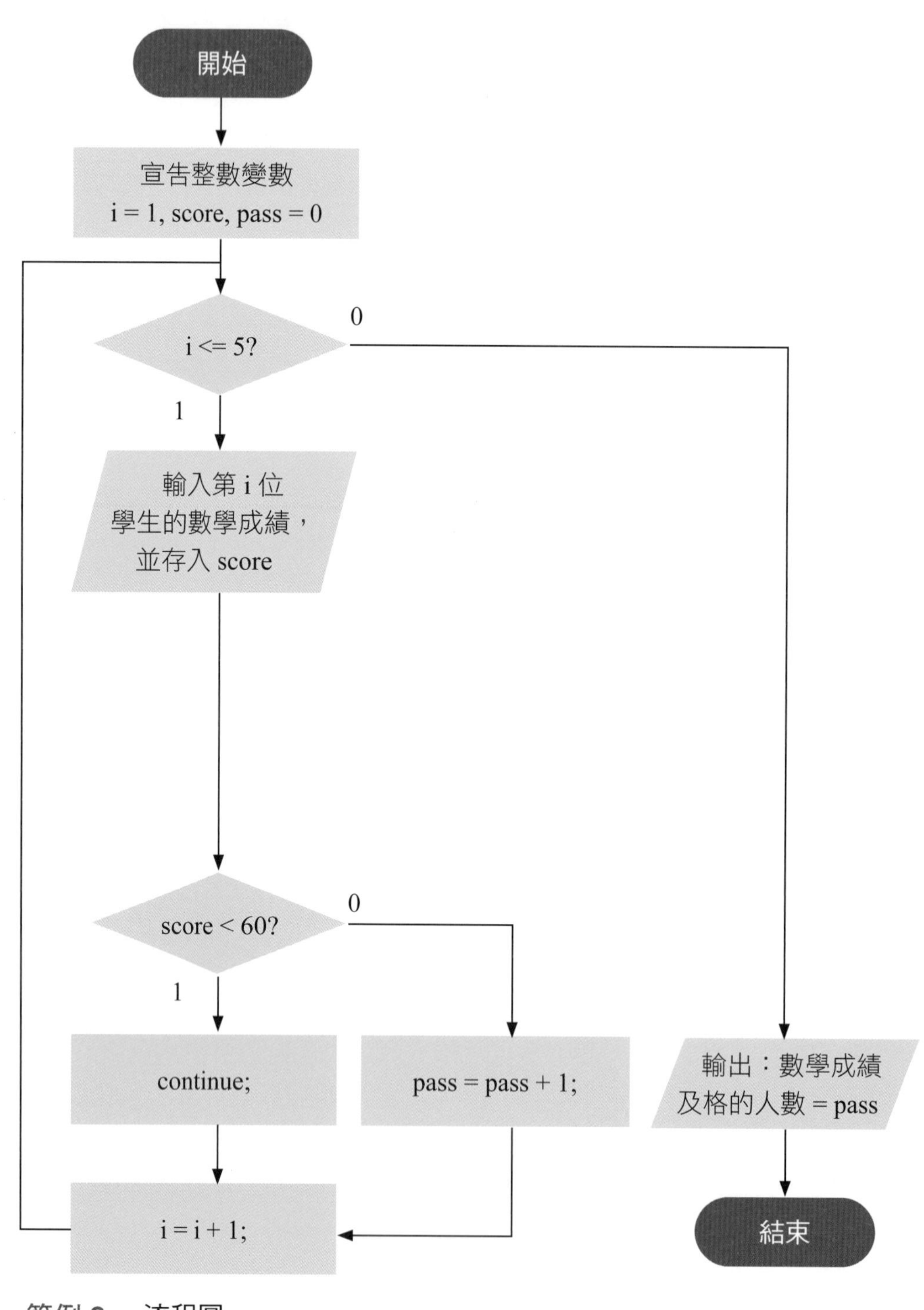
開始
宣告整數變數
i = 1, score, pass = 0
i <= 5?
0
1
輸入第 i 位
學生的數學成績，
並存入 score
score < 60?
0
1
continue;
pass = pass + 1;
i = i + 1;
輸出：數學成績
及格的人數 = pass
結束

範例 9　流程圖

練習 6：

寫一程式，利用「continue;」的特性，輸出 1 到 100 之間的奇數和。

[提示] 使用「continue;」敘述。

5-3 其他迴路應用範例

範例 10

寫一程式，輸入兩個正整數，輸出兩個正整數的最大公因數。（限用「while」迴路結構）

[提示] 輾轉相除法的演算法程序如下：

步驟 1：計算兩個正整數相除的餘數

步驟 2：若餘數=0，則除數為最大公因數，結束；

否則將除數當新的被除數，餘數當新的除數，回到步驟 1。

```
#include <iostream>
#include <cstdlib>
using namespace std;
int main()
 {
  int a, b;
  int divisor, dividend, remainder, gcd;
  cout << "輸入第1個整數:";
  cin >> a;
  cout << "輸入第2個整數:";
  cin >> b;
  dividend = a;
  divisor = b;
  remainder = dividend % divisor;
  while (remainder != 0)
   {
    dividend = divisor;
    divisor = remainder;
```

```
19        remainder = dividend % divisor;
20      }
21      gcd = divisor;
22      cout << "(" << a << "," << b << ")=" << gcd;
23
24      return 0;
25    }
```

執行結果

```
輸入第1個整數:84
輸入第2個整數:38
(84, 38)=2
```

[程式說明]

- 程式第 15~20 列，為輾轉相除法的演算程序。
- 流程圖如下：

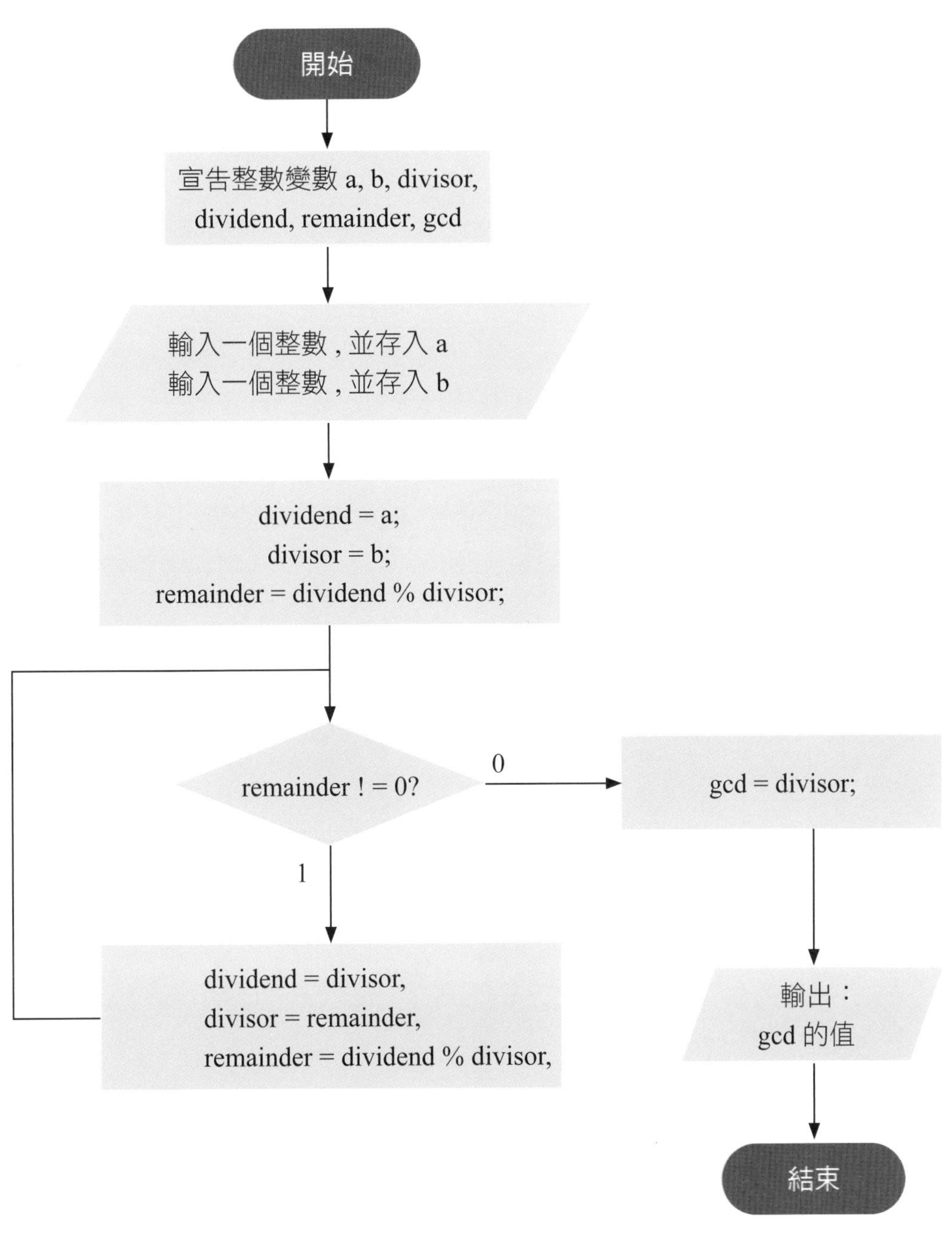
開始
宣告整數變數 a, b, divisor,
dividend, remainder, gcd
輸入一個整數，並存入 a
輸入一個整數，並存入 b
dividend = a;
divisor = b;
remainder = dividend % divisor;
remainder ! = 0?
0
gcd = divisor;
1
dividend = divisor,
divisor = remainder,
remainder = dividend % divisor,
輸出：
gcd 的值
結束

範例 10 流程圖

範例 11

寫一個程式，以跑馬燈方式來展示"歡迎進入 C++ 的世界"，直到按下任何按鍵，才結束。

[提示] 參考「3-3 非標準輸入函式」的「kbhit()」函式用法。

```
#include <iostream>
#include <cstdlib>
#include <conio.h>
using namespace std;
int main()
{
  string sentence="歡迎進入C++的世界"; // 參考7-4 字串
  int i=80, j;

  // 按下任何按鍵,結束跑馬燈(參考3-2-2的kbhit()函式說明)
  while (kbhit() == 0)
   {
    // 輸出"歡迎進入C++的世界"之前,先輸出i個空白
    for (j=1 ; j<=i ; j++)
         cout << " ";
    cout << sentence;

    // 執行100000000次的空轉迴圈,延緩程式往下執行,有短暫停止現象
    for (j=1; j<=100000000; j++);

    if (i>=1)
         i--;
    else
        i=80;

    system("cls"); // 清除螢幕畫面
   }

  return 0;
}
```

[程式說明]

- 程式第 26 列的「system( )」函式，是宣告在「cstdlib」標頭檔中。
- 流程圖如下：

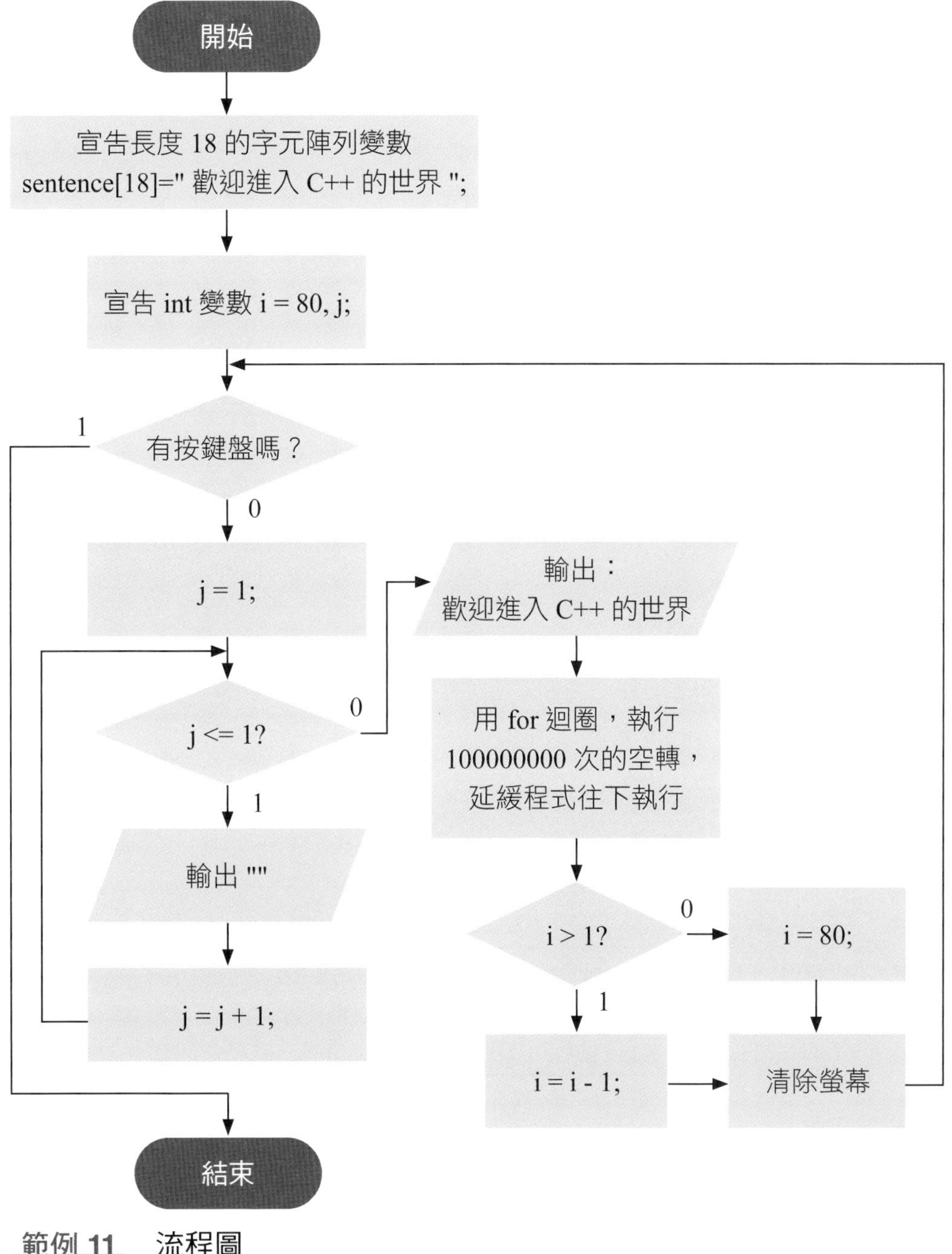

範例 11 流程圖

範例 12　寫一個程式，輸入 1~9 的整數a，輸出 a + a.a + a.aa + a.aaa + …+a.aaaaaaaaaa 的結果。

```
1  #include <iostream>
2  #include <cstdlib>
3  using namespace std;
4  int main()
5   {
6    int a;
7    double sum;
8    cout << "輸入1~9的整數a:";
9    cin >> a;
10   sum=a;
11   cout << a;
12   int i;
13   double j=1.0;
14   cout.setf(ios::fixed);
15
16   for (i=1 ; i<= 10 ;i++)
17   {
18      j=j/10+1;
19      sum += a*j;
20      cout.precision(i);
21      cout << "+" << a*j;
22   }
23   cout << "=" << sum;
24
25   return 0;
26  }
```

執行結果

```
輸入1~9的整數a:1
1+1.1+1.11+1.111+1.1111+1.11111+1.111111+1.1111111+1.11111111+
1.111111111+1.1111111111=12.0987654321
```

[程式說明]

- 程式第 18 列的「j」，在 i=1~10 時，分別為 1.1，1.11，…及 1.1111111111。

• 程式第 20 列「cout.precision(i);」的目的，是設定「a*j」輸出時的小數有 i 位。

範例 13

寫一個程式，輸入一正整數 n，在不使用除號 (/) 及餘數 (%) 運算子情況下，將 n 以 2 進位表示輸出。
[提示] 參考「2-4-6 位元運算子」。

```
#include <iostream>
#include <cstdlib>
using namespace std;
int main()
{
	int n;
	cout << "輸入一正整數n:";
	cin >> n;

	cout << n << "轉成2進位整數為";

	int num=0; // 記錄n轉成2進位後的位數
	while (n >> num != 0)
		num++;


	while (num > 0)
	{
		// 取得n轉成2進位整數的第num個數字,
		cout << ((n & (1 << (num-1))) >> (num-1));

		num--;
	}
	cout << endl;

	return 0;
}
```

執行結果

```
輸入一正整數n:20
20轉成2進位整數為10100
```

[程式說明]

在程式第 20 列「cout << ((n & (1 << (num-1))) >> (num-1));」中，「n & (1 << (num-1))」相當於「n & $2^{(num-1)}$」，代表 n 轉成 2 進位整數後的第 num 個數字乘以 $2^{(num-1)}$。而「(n & (1 << (num-1))) >> (num-1)」主要的作用，是取得 n 轉成 2 進位整數後的第 num 個數字。

練習 7：

寫一個程式，輸入一正整數 n，在不使用除號 (/) 及餘數 (%) 運算子情況下，將 n 以 8 進位表示輸出。

[提示] 參考「2-4-6　位元運算子」。

範例 14	寫一程式，輸出最少需要幾個大小不同的正方形，才能排列成長為 38，寬為 8 的長方形。 [提示] 使用輾轉相除法。

```
#include <iostream>
#include <cstdlib>
using namespace std;
int main( )
{
 int divisor=8, dividend=38, remainder, number=0 ;
 do
  {
    number = number + dividend / divisor ;
    printf("邊長為%d的正方形%d個\n", divisor, dividend / divisor) ;
    remainder = dividend % divisor;
    if (remainder != 0)
     {
      dividend = divisor;
      divisor = remainder;
     }
```

17
18
19
20
21
22
	}
	while (remainder != 0);
	cout << "合計最少需要" << number << "個大小不同的正方形\n" ;
	
	return 0 ;
	}

執行 結果	邊長為8的正方形4個 邊長為6的正方形1個 邊長為2的正方形3個 合計最少需要8個大小不同的正方形

[程式說明]

- 本範例的求解過程，與計算 38 與 8 的最大公因數之輾轉相除法過程相同。兩者的差別，在於 38 與 8 的最大公因數等於輾轉相除法過程中的最後一個除數「2」，而本範例的結果等於輾轉相除法過程中的所有商的總和「4+1+3」。

  38 ÷ 8 = 4 (商) ... 6 (餘數)

  8 ÷ 6 = 1 (商) ... 2 (餘數)

  6 ÷ 2 = 3 (商) ... 0 (餘數)

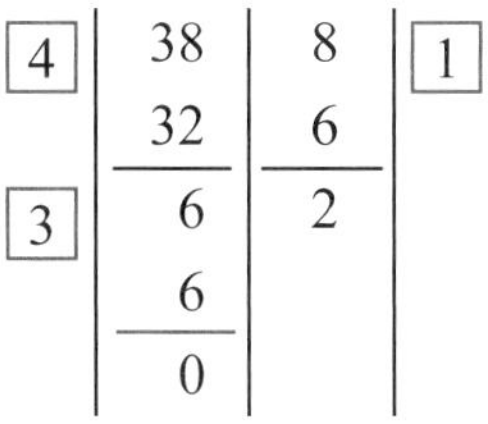

4	38	8	1
	32	6	
3	6	2	
	6		
	0		

圖 5-3 38 與 8 的輾轉相除法示意圖

- 程式第 9 列「number = number + dividend / divisor ;」中的「dividend / divisor」，代表邊長為「divisor」的正方形之個數。
- 邊長為 8 的正方形 4 個、邊長為 6 的正方形 1 個及邊長為 2 的正方形 3 個。

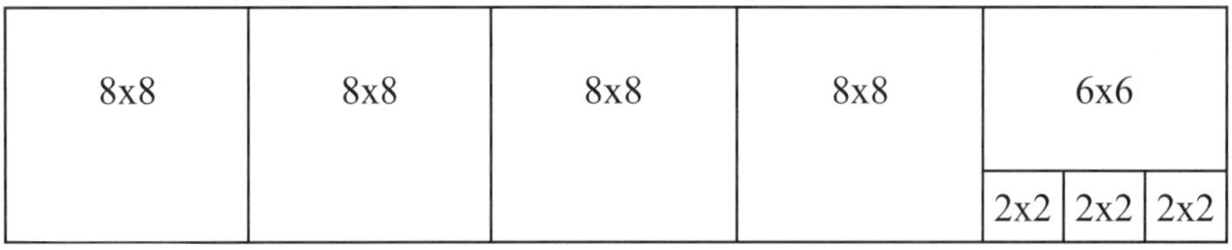

8x8 8x8 8x8 8x8 6x6
2x2 2x2 2x2

圖 5-4 形成長為 38 寬為 8 的長方形最少需要的正方形大小及個數示意圖

大學程式設計先修檢測 (APCS) 試題解析

一、程式設計觀念題

1. 下方程式片段無法正確列印 20 次的 "Hi!"，請問下列哪一個修正方式仍無法正確列印 20 次的 "Hi!"？（106/3/4 第 13 題）

```
for (int i=0; i<=100; i=i+5) {
    cout << "Hi!" << endl;
}
```

C++ 語言寫法

```
for (int i=0; i<=100; i=i+5) {
    printf("%s\n", "Hi!");
}
```

C 語言寫法

(A) 需要將 i<=100 和 i=i+5 分別修正為 i<20 和 i=i+1

(B) 需要將 i=0 修正為 i=5

(C) 需要將 i<= 100 修正為 i< 100；

(D) 需要將 i=0 和 i<=100 分別修正為 i=5 和 i<100

解 答案：(D)

(1) (A) i=0；i<20；i=i+1，表示 i 的值在 0~19 之間，每次變化 1。因此，for 迴圈執行 20 次，共輸出 20 次 "Hi!"。

(2) (B) i=5；i<=100；i=i+5，表示 i 的值在 5~100 之間。每次變化 5，因此，for 迴圈執行 20 次，共輸出 20 次 "Hi!"。

(3) (C) i=0；i<100；i=i+5，表示 i 的值在 0~99 之間，每次變化 5。因此，for 迴圈執行 20 次，共輸出 20 次 "Hi!"。

(4) (D) i=5；i<100；i=i+5，表示 i 的值在 5~99 之間，每次變化 5。因此，for 迴圈執行 19 次，共輸出 19 次 "Hi!"。

2.

```
1  int k = 4;
2  int m = 1;
3  for (int i=1; i<=5; i=i+1) {
4      for (int j=1; j<=k; j=j+1) {
5          cout << " ";
6      }
7      for (int j=1; j<=m; j=j+1) {
8          cout << "*";
9      }
10     cout << endl;
11     k = k – 1;
12     m = m + 1;
13 }
```

C++ 語言寫法

```
1  int k = 4;
2  int m = 1;
3  for (int i=1; i<=5; i=i+1) {
4      for (int j=1; j<=k; j=j+1) {
5          printf(" ");
6      }
7      for (int j=1; j<=m; j=j+1) {
8          printf("*");
9      }
10     printf("\n");
11     k = k – 1;
12     m = m + 1;
13 }
```

C 語言寫法

上方程式正確的輸出應該如下：

```
    *
   ***
  *****
 *******
*********
```

在不修改上方程式之第 4 行及第 7 行程式碼的前提下，最少需修改幾行程式碼以得到正確輸出？（105/3/5 第 1 題）

(A) 1

(B) 2

(C) 3

(D) 4

解 答案：(A)

(1) 程式第 3~13 列會執行 5 次，與題目要輸出 5 列資料吻合。

(2) 程式第 4~6 列會執行 k 次，一開始 k=4，所以輸出 4 個空白，配合程式第 11 列，k 值會由 4 遞減到 0，輸出空白個數由 4 個遞減到 0 個，與輸出*之前，先輸出空白資料個數吻合。

(3) 程式第 7~9 列會執行 m 次，一開始 m=1，所以輸出 1 個 *，配合程式第 11 列，m 值會由 1 遞增到 5，輸出 * 個數由 1 個遞增到 5 個，與題目要輸出的 * 個數不同。因此，此列要修正為「m = m + 2;」。

3. 一個費式數列定義第一個數為 0 第二個數為 1 之後的每個數都等於前兩個數相加，如下所示：

0、1、1、2、3、5、8、13、21、34、55、89…。

下方的程式用以計算第 N 個 (N≥2) 費式數列的數值，請問 (a) 與 (b) 兩個空格的敘述 (statement) 應該為何？（105/3/5 第 8 題）

(A) (a) f[i]=f[i-1]+f[i-2]　　(b) f[N]

(B) (a) a = a + b　　(b) a

(C) (a) b = a + b　　(b) b

(D) (a) f[i]=f[i-1]+f[i-2]　　(b) f[i]

```
int a=0;
int b=1;
int i, temp, N;
  …
for (i=2 ; i<=N ; i=i+1) {
   temp = b;
   _____(a)_____;
   a = temp;
   cout << _(b)_ << endl;
}
```

C++ 語言寫法

```
int a=0;
int b=1;
int i, temp, N;
  …
for (i=2 ; i<=N ; i=i+1) {
   temp = b;
   _____(a)_____;
   a = temp;
   printf("%d\n", _(b)_ );
}
```

C 語言寫法

解 答案：(C)

(1) 由 0、1、1、2、3、5、8…等資料發現：從第 3 個（含）數值以後，每一個數值等於前面兩個數值之和。

(2) 當 i=2 時，是求第 3 個數；當 i=3 時，是求第 4 個數；以此類推。

(3) 變數 a 代表第 1 個數值，變數 b 代表第 2 個數值，也代表後續的每一個數值。由於每一個數值等於是前面兩個數值之和， 因此 (a) 的答案應填「b=a+b;」，「a+b」的值就成為計算下一個數值時的「b」。

(4) 在求每個數值時，程式第 6 列先將 b 存入變數 temp，然後程式第 8 列將 temp 指定給 a。第 6 列及第 8 列的目的，是將前一次的「b」值指定給「a」，當作計算下一個數值時的「a」。變數「b」代表後續的每一個數值，程式第 9 列是要輸出後續的每一個數值，故 (b) 的答案，應填「b」。

4.

```
for (int i=0; i<=3; i=i+1) {
   for (int j=0; j<i; j=j+1)
      cout << " ";
   for (int k=6-2*i; ____(a)____;k=k-1)
      cout << "*";
   cout << endl;
}
```

C++ 語言寫法

```
for (int i=0; i<=3; i=i+1) {
   for (int j=0; j<i; j=j+1)
      printf(" ");
   for (int k=6-2*i; ____(a)____;k=k-1)
      printf("*");
```

```
6     printf("\n");
7 }
```

C 語言寫法

上方程式片段中執行後若要印出下列圖案，(a) 的條件判斷式該如何設定？（105/10/29 第 17 題）

```
******
 ****
  **
```

(A) k > 2

(B) k > 1

(C) k > 0

(D) k > -1

解 答案：(C)

(1) 第 1 列輸出 6 個 *；第 2 列輸出 4 個 *；第 3 列輸出 2 個 *；第 4 列輸出 0 個 *。代表程式第 4~5 列的迴圈，在 i= 0 時，執行 6 次；i=1 時，執行 4 次；i=2 時，執行 2 次；i=3 時，執行 0 次。

(2) 當 i=0 時，程式第 4~5 列迴圈內的 k=6-2*0=6，要使程式第 4~5 列迴圈執行 6 次，則必須在 k>0 的情況下；當 i=1 時，程式第 4~5 列迴圈內的 k=6-2*1=4，要使程式第 4~5 列迴圈執行 4 次，則必須在 k>0 的情況下；當 i=2 時，程式第 4~5 列迴圈內的 k=6-2*2=2，要使程式第 4~5 列迴圈執行 2 次，則必須在 k>0 的情況下；當 i=0 時，程式第 4~5 列迴圈內的 k=6-2*3=0，要使程式第 4~5 列迴圈執行 0 次，則必須在 k>0 的情況下。

5.

```
i = 76;
j = 48;
```

```
i = 76;
j = 48;
```

```
while ((i % j) != 0) {
    ____________________
    ____________________
    ____________________
}
cout << j << endl;
```

C++ 語言寫法

```
while ((i % j) != 0) {
    ____________________
    ____________________
    ____________________
}
printf("%d\n", j);
```

C 語言寫法

上方程式片段擬以輾轉相除法求 i 與 j 的最大公因數。請問 while 迴圈內容何者正確？（105/3/5 第 13 題）

(A) k = i % j;
　　i = j;
　　j = k;

(B) i = j;
　　j = k;
　　k = i % j;

(C) i = j;
　　j = i % k;
　　k = i;

(D) k = i;
　　i = j;
　　j = i % k;

解 答案：(A)

(1) i 相當於被除數，j 相當於除數。

(2) while 迴圈是否繼續重複執行，取決於「(i % j) != 0」，即餘數不等於 0 時。

(3) while 迴圈內的程式碼，是求最大公因數的輾轉相除法步驟。

(4) 此程式片段，類似「範例 10」。

6.

```
1 void main( ) {
2     for (int i=0 ; i<=10 ; i=i+1) {
3         printf("%d ", i);
4         i = i + 1;
5     }
6     printf("\n");
7 }
```

C++ 語言寫法

```
1 void main( ) {
2     for (int i=0 ; i<=10 ; i=i+1) {
3         cout << i << " ";
4         i = i + 1;
5     }
6     cout << endl;
7 }
```

C 語言寫法

上方程式碼，執行時的輸出為何？（105/3/5 第 21 題）

(A) 0 2 4 6 8 10

(B) 0 1 2 3 4 5 6 7 8 9 10

(C) 0 1 3 5 7 9

(D) 0 1 3 5 7 9 11

解 答案：(A)

(1) 程式第 2~5 列的迴圈會重複執行 11(=(11-0) / 1) 次，但第 4 列「i=i+1;」使迴圈只會重複執行 6 次。i 為偶數時，才會輸出。

(2) C++ 程式寫法的第 2~5 列可改寫成：

```
for (int i=0; i<=10; i=i+2)
    cout << i;
```

7.

```
int a = 5;
  …
for (int i=0; i<20; i=i+1){
   i = i + a;
   cout << i << " ";
}
```

C++ 語言寫法

```
int a = 5;
  …
for (int i=0; i<20; i=i+1){
   i = i + a;
   printf("%d ", i);
}
```

C 語言寫法

上方程式片段執行過程中的輸出為何？（105/10/29 第 12 題）

(A) 5 10 15 20

(B) 5 11 17 23

(C) 6 12 18 24

(D) 6 11 17 22

解 答案：(B)

第 1 次執行迴圈 i=0，輸出 5(=0+5)；

第 2 次執行迴圈 i=6(=5+1)，輸出 11(=6+5)；

第 3 次執行迴圈 i=12(=11+1)，輸出 17(=12+5)；

第 4 次執行迴圈 i=18(=17+1)，輸出 23(=18+5)。

8. 下方程式片段執行過程的輸出為何？（105/10/29 第 15 題）

```
int i, sum, arr[10];
for (int i=0; i<10; i=i+1)
    arr[i] = i;
sum = 0;
for (int i=1; i<9; i=i+1)
    sum = sum - arr[i-1] + arr[i] + arr[i+1];
cout << sum;
```

C++ 語言寫法

```
int i, sum, arr[10];
for (int i=0; i<10; i=i+1)
    arr[i] = i;
sum = 0;
```

```
7 for (int i=1; i<9; i=i+1)
8     sum = sum - arr[i-1] + arr[i] + arr[i+1];
9 printf("%d", sum);
```

C 語言寫法

(A) 44

(B) 52

(C) 54

(D) 63

解 答案：(B)

(1) 程式第 3~4 列的迴圈執行後，a[0]=0，a[1]=1，…，a[9]=9。

(2) 程式第 7~8 列的迴圈執行

i=1 時，sum=0-0+1+2=3

i=2 時，sum=3-1+2+3=7

i=3 時，sum=7-2+3+4=12

i=4 時，sum=12-3+4+5=18

i=5 時，sum=18-4+5+6=25

i=6 時，sum=25-5+6+7=33

i=7 時，sum=33-6+7+8=42

i=8 時，sum=42-7+8+9=52

9.

```
int i=2, x= 3;
int N=65536;

 while (i <= N) {
    i = i * i * i;
    x = x + 1;
 }
```

```
int i=2, x= 3;
int N=65536;

 while (i <= N) {
    i = i * i * i;
    x = x + 1;
 }
```

```
8 cout << i << " " << x << endl;
```

C++ 語言寫法

```
8      printf("%d %d \n", i, x);
```

C 語言寫法

請問上方程式，執行完後輸出為何？（105/10/29 第 23 題）

(A) 2417851639229258349412352 7

(B) 68921 43

(C) 65537 65539

(D) 134217728 6

解 答案：(D)

(1) N=65536=2^{16}。

(2) 程式第 4~7列的迴圈在第 1 次執行後，i=2*2*2=8=2^3，x=4；第 2 次執行後，i=8*8*8=512=2^9，x=5；第 3 次執行後，i=512*512*512=2^9*2^9*2^9=2^{27}>2^{16}，已無法再進入迴圈內。最後，i=512*512*512=134217728，x=6。

10. 若 n 為正整數，下方程式三個迴圈執行完畢後 a 值將為何？（105/10/29 第 7 題）

```
int a=0, n;
  …
for (int i=1; i<=n; i=i+1)
   for (int j=i; j<=n; j=j+1)
      for (int k=1; k<=n; k=k+1)
         a = a + 1;
```

C++ 語言及 C 語言寫法

(A) n(n+1)/2

(B) n^3/2

(C) n(n-1)/2

(D) $n^2(n+1)/2$

解 答案：(D)

(1) 程式第 4 列 for 迴圈的迴圈變數 j 的初始值等於 i，表示第 4 列 for 迴圈要執行幾次會受程式第 3 列 for 迴圈的迴圈變數 i 影響。當 i=1 時，第 4 列 for 迴圈要執行 n 次，當 i=2 時，第 4 列 for 迴圈要執行 n-1 次，以此類推，當 i=n 時，第 4 列 for 迴圈要執行 1 次。因此，第 4 列 for 迴圈總執行次數為 n+(n-1)+⋯+1=n(n+1)/2。

(2) 程式第 5 列的 for 迴圈，每次都會執行 n 次，故 a=n。

(3) 由 (1) 及 (2) 可知，三個迴圈執行完畢後 a 值為 n*n(n+1)/2 = $n^2(n+1)/2$。

11.

```
int main( ) {
    int x = 0, n = 5;
    for (int i=1; i<=n; i=i+1)
        for (int j=1; j<=n; j=j+1) {
            if ((i+j) == 2)
                x = x + 2;
            if ((i+j) == 3)
                x = x + 3 ;
            if ((i+j) == 4)
                x = x + 4;
        }
    cout << x << endl;
    return 0;
}
```

C++ 語言寫法

```
int main( ) {
    int x = 0, n = 5;
    for (int i=1; i<=n; i=i+1)
        for (int j=1; j<=n; j=j+1) {
            if ((i+j) == 2)
                x = x + 2;
            if ((i+j) == 3)
                x = x + 3 ;
            if ((i+j) == 4)
                x = x + 4;
        }
    printf("%d\n", x);
    return 0;
}
```

C 語言寫法

上方程式執行完畢後所輸出值為何？（106/3/4 第 18 題）

(A) 12

(B) 24

(C) 16

(D) 20

解 答案：(D)

(1) 當 i=1，j=1 時，i+j=2，程式第 5 列的條件才會成立，「x=x+2;」會執行 1 次，所以 x=0+2=2。

(2) 當 i=1，j=2，及 i=2，j=1 時，i+j=3，程式第 7 列的條件才會成立，「x=x+3;」會執行 2 次，所 以 x=2+3+3=8。

(3) 當 i=1，j=3；i=2，j=2；及 i=3，j=1 時，i+j=4，程式第 9 列的條件才會成立，「x=x+4;」會執行 3 次，所以 x=8+4+4+4=20。

12. 若 A[ ][ ] 是一個 MxN 的整數陣列，下面程式片段用以計算 A 陣列每一列的總和，以下敘述何者正確？（106/3/4 第 6 題）

```
void main( ) {
  int rowsum = 0;
  for (int i=0; i<M; i=i+1) {
    for (int j=0; j<N; j=j+1) {
       rowsum = rowsum + A[i][j];
    }
    cout << "The sum of row " << i << " is " << rowsum << "." << endl;
  }
}
```

C++ 語言寫法

```
1 void main( ) {
2     int rowsum = 0;
3     for (int i=0; i<M; i=i+1) {
4         for (int j=0; j<N; j=j+1) {
5             rowsum = rowsum + A[i][j];
6         }
7         printf("The sum of row %d is %d.\n", i, rowsum);
8     }
9 }
```

C 語言寫法

(A) 第一列總和是正確，但其他列總和不一定正確

(B) 程式片段在執行時會產生錯誤 (run-time error)

(C) 程式片段中有語法上的錯誤

(D) 程式片段會完成執行並正確印出每一列的總和

解 答案：(A)

(1) 當 i=0 時，j 從 0 變化到 (N-1)，是計算第一列總和。

(2) 在計算第 1~(M-1) 各列總和時，並沒有在程式第 3 列與第 4 列之間，設定「rowsum=0;」，將 rowsum 歸 0，造成計算第 2~(M-1) 各列總和，無法得到正確的值。

Chapter 6
內建函式

6-1 常用的 C++ 語言內建函式

6-2 數學函式

6-3 字元函式

生活中的工具，都具備一些內建功能。譬如，冷氣機內建溫度調整功能，可以控制冷氣溫度高低；汽車內建煞車功能，可以減緩汽車引擎的轉速。

具有特定功能的方法，稱為函式(function)。經常使用的功能，就可將它定義成函式，方便日後重複使用。當程式呼叫某個函式時，程式的流程控制權就移轉到該函式上，等該函式執行完後，程式的流程控制權會回到原先呼叫該函式的地方，接著繼續往下執行其他程式敘述。

函式就好比是數學公式，初學者只要學會如何呼叫或使用它，就能快速完成自己希望的功能需求。以函式來替代特定功能的程式碼有以下優點：

1. 縮短整個程式的長度：相同的程式碼不用重複撰寫。
2. 提供重複呼叫：若要執行某個特定功能，就直接呼叫對應的函式即可。
3. 偵錯較容易：當程式出現狀況時，較容易找出問題是發生在「main ( )」主函式或其他函式中。
4. 提供跨檔案使用：可提供不同的程式來呼叫。

函式以是否存在於 C++ 語言中來區分，可分成下列兩類：

1. 內建函式：C++ 語言所提供的函式。
2. 自訂函式：使用者自訂的函式。（請參考「第 8 章　自訂函式」）

在程式中，要呼叫某個內建函式之前，必須在程式的開頭處使用「#include」，將宣告該函式所在標頭檔含括到程式中，否則編譯時可能會出現**未宣告識別字名稱**的錯誤訊息（切記）：

「**'識別字名稱' was not declared in this scope**」

本章主要是以介紹常用的內建函式為主，其他未介紹的內建函式，**請**讀者**自行參考相關的標頭檔**。

6-1 常用的 C++ 語言內建函式

C++ 語言提供的內建函式，就好像是數學公式。初學者只要學會如何呼叫內建函式，就能解決問題的需求。若能以呼叫內建函式的方式來替代一長串的程式碼，則程式碼的長度就會大大地降低，同時也能縮短程式的撰寫時程。

常用的 C++ 語言內建函式，分成下列三類：

1. 數學函式。
2. 字元函式。
3. 字串物件成員函式。（參考「第 7 章　陣列」）

6-2 數學函式

與數學運算有關的常用內建數學函式，是宣告在「cstdlib」或「cmath」標頭檔中。常用的內建數學函式，請參考「表 6-1」至「表 6-7」。

使用內建數學函式之前，記得在程式開頭處，使用「#include <cstdlib>」或「#include <cmath>」敘述，否則編譯時可能會出現**未宣告識別字名稱**的錯誤訊息（切記）：

「**'識別字名稱' was not declared in this scope**」。

6-2-1 絕對值函式 abs

涉及絕對值運算的問題，可用絕對值函式「abs」來處理。絕對值的意義是：在距離相等的位置上有相同的資料量。在程式設計上，只要屬於上下對稱的問題，使用絕對值函式「abs」來處理是最合適的。「abs」函式用法，參考「表 6-1」說明。

表 6-1 常用的內建數學函式 (一)

函式名稱	abs()
函式原型	int abs(int x);
功能	取得參數 x 的絕對值。 [註] x 的型態為 int
回傳值	參數 x 的絕對值。 [註] 回傳值的型態為 int
宣告函式原型所在的標頭檔	cstdlib

[註] 若要求浮點數的絕對值，則將「abs( )」改成「fabs( )」即可。

例：求 -5 的絕對值。

解：abs(-5)。

[註] 回傳值為 5。

「範例 1」的程式碼，是建立在「D:\C++ 程式範例\ch06」資料夾中的「範例 1.cpp」。以此類推，「範例 8」的程式碼，是建立在「D:\C++ 程式範例\ch06」資料夾中的「範例 8.cpp」。

範例 1　寫一程式，輸出上下對稱「*」資料。

```
*
***
*****
***
*
```

[提示] 使用絕對值函式「abs」來處理。

```
#include <iostream>
#include <cstdlib>
using namespace std;
int main()
 {
```

```
6	int i, j;
7	for (i=1 ; i<=5 ; i++)
8	 {
9	  for (j=1 ; j<=5 - 2 * abs(i - 3) ; j++)
10	       cout << "*";
11
12	  cout << endl;
13	 }
14
15	return 0;
16	}
```

[程式說明]

- 程式第 7 列「for (i=1 ; i<=5 ; i++)」，表示共有 5 列。
- 第 9 列「for (j=1 ; j<=5 - 2 * abs(i - 3) ; j++)」，表示第 i 列有「5 - 2 *abs(i - 3)」個「*」。其中，「5」表示中間那一列「*」的個數;「-2」(=1-3=3-5) 表示每一列相差幾個「*」;「3」表示中間那一列的編號。

  第 1 列印 1(=5-2*|3-1|) 個「*」

  第 2 列印 3(=5-2*|3-2|) 個「*」

  第 3 列印 5(=5-2*|3-3|) 個「*」

  第 4 列印 3(=5-2*|3-4|) 個「*」

  第 5 列印 1(=5-2*|3-5|) 個「*」
- 使用平面座標 (x, y) 的對稱關係來解析：

  y 軸= 2，x 軸 =1，輸出 1 個「*」；y 軸= 1，x 軸 =3，輸出 3 個「*」；

  y 軸= 0，x 軸 =5，輸出 5 個「*」；y 軸 =-1，x 軸 =3，輸出 3 個「*」；

  y 軸 =-2，x 軸 =1，輸出 1 個「*」。

  因此，程式第 6 ~ 13 列的寫法可改成：

```
int x, y;
for (y=2 ; y>-2 ; y--)
 {
  for (x=1 ; x<=5 - 2 * abs(y) ; x++)
   cout << "*";

  cout << endl;
 }
```

練習 1：

寫一程式，輸出左右對稱「*」資料。

```
  *
 ***
*****
 ***
  *
```

6-2-2 四捨五入函式 round

涉及小數取捨的問題，可用四捨五入函式「round」來處理。「round」函式用法，參考「表 6-2」說明。

表 6-2 常用的內建數學函式 (二)

函式名稱	round()
函式原型	double round(double x);
功能	取得參數 x 的十分位（為小數點右邊第一位）四捨五入後的數值 [註] x 的型態為 double
回傳值	參數 x 的十分位四捨五入後的數值 [註] 回傳值的型態為 double
宣告函式原型所在的標頭檔	cmath

例：求 262.9 的十分位（為小數點右邊第一位）四捨五入後的數值。

解：round(262.9)。

[註] 回傳值為 263。

範例 2　寫一程式，輸入購買的汽油公升數，輸出加油總金額。
[提示] 汽油 1 公升 23.9 元，加油總金額以四捨五入計算。

```
#include <iostream>
#include <cstdlib>
#include <cmath>
using namespace std;
int main()
 {
   double gasoline, money;
   cout << "輸入購買的汽油公升數:";
   cin >> gasoline;
   money=round(gasoline*23.9);
   cout.setf(ios::fixed);
   cout.precision(0);
   cout << "加油總金額:" << money << endl;

   return 0;
 }
```

執行結果	輸入購買的汽油公升數:11 加油總金額:263元

6-2-3 下高斯（或稱地板）函式 floor

屬於無條件捨去的問題，可用下高斯（或稱地板）函式「floor」來處理。「floor」函式用法，參考「表 6-3」說明。

表 6-3 常用的內建數學函式 (三)

函式名稱	floor()
函式原型	double floor(double x);
功能	取得不大於參數 x 的最大整數 [註] x 的型態為 double
回傳值	不大於參數 x 的最大整數 [註] 回傳值的型態為 double
宣告函式原型所在的標頭檔	cmath

例：求不大於 -3.18 的最大整數。

解：floor(-3.18)。

[註] 回傳值為 -4。

範例 3	寫一程式，持 109 年發放的振興券到 Logic 百貨公司消費，享有買 3 千現抵 3 百的優惠活動。金額未達 3 千，無法現抵 3 百。

```
#include <iostream>
#include <cstdlib>
#include <cmath>
using namespace std;
int main()
 {
   double totalmoney, discount;
   cout << "輸入消費總金額:";
```

```
    cin >> totalmoney;
    discount=floor(totalmoney / 3000) * 300;
    cout.setf(ios::fixed);
    cout.precision(0);
    cout << "共可現抵" << discount << "元" << endl;

    return 0;
}
```

執行結果	輸入消費總金額:5168 共可現抵300元

6-2-4 上高斯（或稱天花板）函式 ceil

屬於無條件進位的問題，可用上高斯（或稱天花板）函式「ceil」來處理。「ceil」函式用法，參考「表 6-4」說明。

表 6-4 常用的內建數學函式 (四)

函式名稱	ceil()
函式原型	double ceil(double x);
功能	取得不小於參數 x 的最小整數 [註] x 的型態為 double
回傳值	不小於參數 x 的最小整數 [註] 回傳值的型態為 double
宣告函式原型所在的標頭檔	cmath

例：求不小於 -3.18 的最小整數。

解：ceil(-3.18)。

[註] 回傳值為 -3。

範例 4	一程式，模擬路邊停放機車自動收費。假設 1 小時收費 10 元，不到 1 小時也收費 10 元。

```
#include <iostream>
#include <cstdlib>
#include <cmath>
using namespace std;
int main()
 {
   double stophour, paymoney;
   cout << "輸入路邊停放機車的時數:";
   cin >> stophour;
   paymoney = ceil(stophour)*10;
   cout.setf(ios::fixed);
   cout.precision(0);
   cout << "路邊停放機車" << stophour << "小時,共" << paymoney << "元";

   return 0;
 }
```

執行結果	輸入路邊停放機車的時數:1.3 路邊停放機車1.3小時,共20元

6-2-5 次方函式 pow

涉及次方運算的問題，可用次方函式「pow」來處理。「pow」函式用法，參考「表 6-5」說明。

表 6-5 常用的內建數學函式 (五)

函式名稱	pow()
函式原型	double pow(double x , double y);
功能	取得 x 的 y 次方 [註] 參數 x 與參數 y 的型態均為 double
回傳值	x 的 y 次方 [註] 回傳值的型態為 double
宣告函式原型所在的標頭檔	cmath

[函式說明]

- 若參數 x=0，則參數 y 必須大於 0；否則 pow(x, y) 的結果為「inf」或「-inf」，表示除以 0。
- 若參數 x<0，則參數 y 必須為整數；否則 pow(x,y) 的結果為 1.#IND00，表示根號中的數值為負數。

例：求 2 的 5 次方。

解：pow(2, 5)。

[註] 回傳值為 32。

6-2-6 根號函式 sqrt

涉及開根號運算的問題，可用根號函式「sqrt」來處理。「sqrt」函式用法，參考「表 6-6」說明。

表 6-6 常用的內建數學函式 (六)

函式名稱	sqrt()
函式原型	double sqrt(double x);
功能	取得參數 x 的 0.5 次方 [註] x 的型態為 double
回傳值	x 的 0.5 次方 [註] 回傳值的型態為 double
宣告函式原型所在的標頭檔	cmath

[函式說明]

參數 x 必須大於或等於 0，否則「sqrt(x)」的結果為「nan」，表示根號中的數值為負數。

例：求 36 的 0.5 次方。

解：sqrt(36)。

[註] 回傳值為 6。

範例 5	寫一程式，求一元二次方程式 $ax^2+bx+c=0$ 的兩個根，其中 $b^2-4ac >= 0$。

```
#include <iostream>
#include <cstdlib>
#include <cmath>
using namespace std;
int main()
 {
   double a, b, c, r1, r2;
   cout << "輸入一元二次方程式ax^2+bx+c=0的係數a,b,c:" << endl;
   cout << "a=";
   cin >> a;
   cout << "b=";
   cin >> b;
   cout << "c=";
   cin >> c;
   r1=(-b + sqrt(pow(b, 2) - 4*a*c)) / (2*a);
   r2=(-b - sqrt(pow(b, 2) - 4*a*c)) / (2*a);

   cout << "ax^2+bx+c=0的兩個根，分別為" << r1 << "及" << r2;

  return 0;
 }
```

執行結果

```
輸入一元二次方程式ax^2+bx+c=0的係數a,b,c:
a=1
b=-1
c=-6
ax^2+bx+c=0的兩個根，分別為3及-2
```

[程式說明]

當「a != 0」且「b^2 - 4ac >= 0」時，才會得到實數根；否則會輸出

「nan」或「inf」或「-inf」。

練習 2：

寫一程式，輸入一個正整數，輸出該正整數是否為某個整數的平方。

6-2-7 對數函式 log

在數學題目中，常會問到：2100 以 10 進位（或 2 進位）表示是幾位數？若某位同學現有體重為 55 公斤，且體重年增率固定為 0.1%，則至少要多少年後，其體重才會變成現有的 1.5 倍？像這類的問題，若用土法煉鋼的方式直接計算，是相當耗時且繁瑣，而最合適的方式則是選擇對數函式「log」來處理。「log」函式用法，參考「表 6-7」說明。

表 6-7 常用的內建數學函式 (七)

函式名稱	(1) log() (2) log2() (3) log10()
函式原型	(1) double log(double x); (2) double log2(double x); (3) double log10(double x);
功能	(1) 取得以 e 為底數的自然對數 (2) 取得以 2 為底數的對數 (3) 取得以 10 為底數的對數 [註] x 的型態為 double
回傳值	(1) 以 e 為底數的自然對數 (2) 以 2 為底數的對數 (3) 以 10 為底數的對數 [註] 回傳值的型態為 double
宣告函式原型所在的標頭檔	cmath

[函式說明]

- 一個數值 x，若以 2 進位表示，則其 2 進位的整數部分有「(int) log2(x) +1」位。「(int) log2(x)」，代表 x 以二進制表示的最高次方所在的位元，故從位元 0 到位元「(int) log2(x)」，總共有「(int) log2(x) +1」位。
- 若數值 x 以其他進制表示，則取得該進制的整數部分總共有多少位之做法，類似 2 進位。

例：若 896 以 2 進位表示，則其 2 進位的整數部分有幾位？

解：(int) log2(896) +1。

[註] 回傳值為 10。

範例 6	寫一程式，輸入一正整數 n，輸出 n 的 2 進位表示。

```
#include <iostream>
#include <cstdlib>
#include <cmath>
using namespace std;
int main()
 {
   int i, n;
   int length; // 代表n以 2 進位表示的位數
   cout << "輸入一正整數:";
   cin >> n;
   length = (int) log2(n) + 1;
   cout << n << "以 2 進位表示為";

   // 從高次方往低次方的方向，輸出 2 進位資料
   for (i=length-1 ; i>=0 ; i--)
    {
     cout <<  n / (int) pow(2, i);
     n = n % (int) pow(2, i);
    }

```

21 22	return 0; }
執行 結果	輸入一正整數:896 896以 2 進位表示為1110000000

[程式說明]

程式第 17 列「cout << n / (int) pow(2, i);」中的「n / (int) pow(2, i)」，代表 n 以 2 進位表示（從右邊算起）的第 (i+1) 個數字。例如：i=0，代表右邊第 1 個數字。「(int) pow(2,i)」，是取「pow(2,i)」結果的整數部分。

練習 3：

若某位同學現有體重為 40 斤，且體重年增率固定為 1%，則至少要多少年後，其體重才會變成現有的 1.5 倍？

解答：假設至少需要 n 年，

$40(1+0.01)^n = 40*1.5 = 60$

$(1.01)^n = 3 / 2$

$\log_{10}(1.01)^n = \log_{10}(3/2)$

$n(\log_{10}(1.01)) = \log_{10}(3) - \log_{10}(2) = 0.4771 - 0.3010 =0.1761$

$n(0.0043) = 0.1764$

$n = 41.02$

42 年後，體重才會變成現有的 1.5 倍？

[註] 查對數表，$\log_{10}(1.01)$ 為 0.0043，$\log_{10}(3)$ 為 0.4771，$\log_{10}(2)$ 為 0.3010。

範例 7	假設有一種細菌，每天繁殖 10 倍的數量。寫一程式，一開始細菌數量是 1 隻，判斷幾天後，細菌數量才會大於或等於 1 億隻。

```
#include <iostream>
#include <cstdlib>
#include <cmath>
using namespace std;
int main()
 {
   int days;
   int qty=1;
   cout << (int) log10(100000000) << "天後，細菌數量大於或等於1億隻";

   return 0;
 }
```

執行結果	8天後，細菌數量大於或等於1億隻

6-3 字元函式

與字元運算有關的常用內建字元函式，是宣告在「cctype」標頭檔中。常用的內建字元函式，請參考「表 6-8」至「表 6-12」。

使用內建字元函式之前，記得在程式開頭處，使用「#include <cctype>」敘述，否則編譯時可能會**未宣告識別字名稱**下面的錯誤訊息（切記）：

「**'識別字名稱' was not declared in this scope**」。

6-3-1 英文字母判斷函式 isalpha

想知道一個字元是否為英文字母，可用英文字母判斷函式「isalpha」來判斷。「isalpha」函式用法，參考「表 6-8」說明。

表 6-8 常用的內建字元判斷函式 (一)

函式名稱	isalpha()
函式原型	int isalpha(int x);
功能	取得參數 x 是否為英文字母 (A~Z, a~z) [註] x 的型態為 int
回傳值	• 若 x 不是英文字母，則回傳 0 • 若 x 是大寫英文字母，則回傳 1 • 若 x 是小寫英文字母，則回傳 2 [註] 回傳值的型態為 int
宣告函式原型所在的標頭檔	cctype

例：判斷 **'1'** 是否為英文字母。

解：isalpha(**'1'**)。

[註] 回傳值為 0。

6-3-2 文字型數字判斷函式 isdigit

想知道一個字元是否為文字型數字 (0~9)，可用文字型數字判斷函式「isdigit」來判斷。「isdigit」函式用法，參考「表 6-9」說明。

表 6-9 常用的內建字元判斷函式 (二)

函式名稱	isdigit()
函式原型	int isdigit(int x);
功能	取得參數 x 是否為文字型的數字 (0~9) [註] x 的型態為 int
回傳值	• 若 x 不是文字型的數字，則回傳 0 • 若 x 是文字型的數字，則回傳 1 [註] 回傳值的型態為 int
宣告函式原型所在的標頭檔	cctype

例：判斷 **'2'** 是否為文字型的數字。

解：isdigit(**'2'**)。

[註] 回傳值為 1。

6-3-3 大寫英文字母判斷函式 isupper

想知道一個字元是否為大寫英文字母，可用大寫英文字母判斷函式「isupper」來判斷。「isupper」函式用法，參考「表 6-10」說明。

表 6-10 常用的內建字元判斷函式 (三)

函式名稱	isupper()
函式原型	int isupper(int x);
功能	取得參數 x 是否為大寫的英文字母 [註] x 的型態為 int
回傳值	• 若 x 不是大寫英文字母，則回傳 0 • 若 x 是大寫英文字母，則回傳 1 [註] 回傳值的型態為 int
宣告函式原型所在的標頭檔	cctype

例：判斷 **'b'** 是否為大寫的英文字母。

解：isupper(**'b'**)。

[註] 回傳值為 0。

6-3-4 小寫英文字母判斷函式 islower

想知道一個字元是否為小寫英文字母，可用小寫英文字母判斷函式「islower」來判斷。「islower」函式用法，參考「表 6-11」說明。

表 6-11 常用的內建字元判斷函式 (四)

函式名稱	islower()
函式原型	int islower(int x);
功能	取得參數 x 是否為小寫的英文字母 [註] x 的型態為 int
回傳值	• 若 x 不是小寫英文字母，則回傳 0 • 若 x 是小寫英文字母，則回傳 2 [註] 回傳值的型態為 int
宣告函式原型所在的標頭檔	cctype

例：判斷 **'a'** 是否為小寫的英文字母。

解：islower(**'a'**)。

[註] 回傳值為 2。

6-3-5 文字型數字或英文字母判斷函式 isalnum

想知道一個字元是否為文字型的數字 (0~9) 或英文字母，可用文字型數字或英文字母判斷函式「isalnum」來判斷。「isalnum」函式用法，參考「表 6-12」說明。

表 6-12 常用的內建字元判斷函式 (五)

函式名稱	isalnum()
函式原型	int isalnum(int x);
功能	取得參數 x 是否為文字型的數字 (0~9) 或英文字母 (A~Z, a~z) [註] x 的型態為 int
回傳值	• 若 x 不是文字型的數字或英文字母，則回傳 0 • 若 x 是大寫英文字母，則回傳 1 • 若 x 是小寫英文字母，則回傳 2 • 若 x 是文字型的數字，則回傳 4 [註] 回傳值的型態為 int
宣告函式原型所在的標頭檔	cctype

例：判斷 **'A'** 是否為文字型的數字或英文字母。

解：isalnum('**A**')。

[註] 回傳值為 1。

範例 8　寫一程式，設定長度 9 位的密碼。密碼只能是 0 ~ 9 、A ~ Z 及 a ~ z 中的字元，且必須包含至少 1 個數字、至少 1 個大寫英文字母及至少 1 個小寫英文字母。

```
#include <iostream>
#include <cstdlib>
#include <cctype>
using namespace std;
int main()
 {
   string password;

   // 大寫英文字母個數,小寫英文字母個數,數字個數
   int upper=0, lower=0, digit=0;
   int error=0; // 表示有輸入不是0 ~ 9、A ~ Z及a ~ z中的字元
   int i;
   cout << "設定長度9位的密碼:";
   cin >> password;
   for (i=0 ; i<=8 ; i++)
    {
      switch (isalnum(password[i]))
       {
         case 1:  // 大寫英文字母
               upper++;
               break;
         case 2:  // 小寫英文字母
               lower++;
               break;
         case 4:  // 數字
               digit++;
               break;
         default:
```

```
                cout << "密碼設定錯誤";
                error=1;
            }
        if ( error == 1)
            break;
    }
    if ( error == 0)
        if (upper<1 || lower<1 || digit<1)
            cout << "密碼設定錯誤";
        else
            cout << "密碼設定正確";

    return 0;
}
```

執行結果	設定長度9位的密碼:1a2B3C5G6 密碼設定正確

Chapter 7
陣列

在生活中，常會用編號來代替特定的事物。例如：銀行以帳戶編號當作特定的存款戶、學校以學號當作特定的學生、企業以職員編號當作特定的員工等。資料是儲存在變數中，而一般變數一次只能儲存一個數值或文字資料，若要儲存多個資料，則必須宣告一樣多的變數。因此，使用一般變數來儲存多個資料，對變數的命名及使用是非常不方便且沒效率的。

C++ 語言提供一種稱為「陣列」的參考 (Reference) 變數，在它被宣告後，就相當於多個型態相同的一般變數，非常適合用來儲存大量的資料。參考變數儲存的**是資料所在的記憶體位址**而**不是資料本身**，它是透過資料所在的記憶體位址去存取該資料。

在意義上，一個陣列變數代表多個變數的集合，陣列變數的每個元素相當於一個變數。陣列變數是以一個名稱來代表該集合，並以索引（或註標）來存取對應的陣列元素。生活中能以陣列形式來呈現的例子，有同一個班級中的學生座號（請參考「圖 7-1　陣列示意圖」）、同一條路名上的地址編號等。

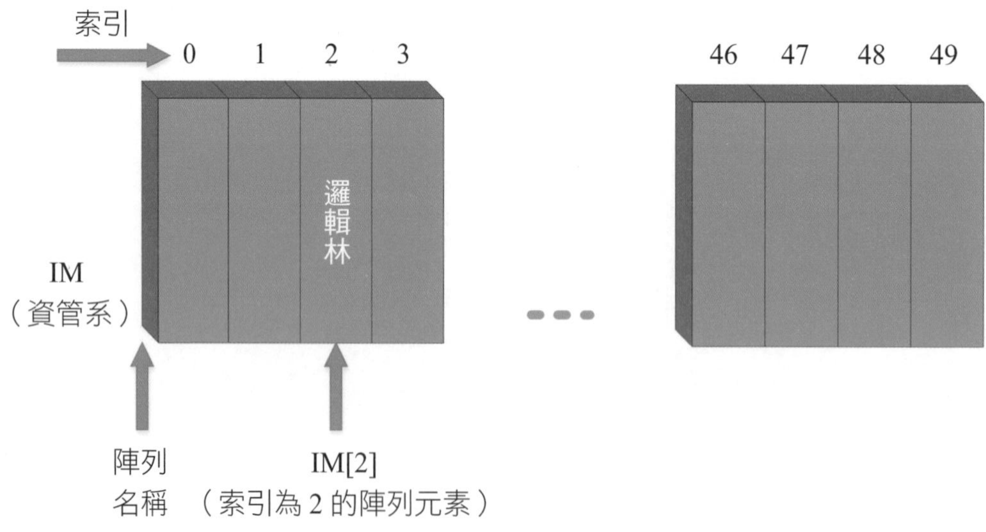

圖 7-1　陣列示意圖

陣列變數的特徵如下：

1. 每個陣列元素的資料型態都相同。

2. 陣列變數中的元素是儲存在連續的記憶體空間。
3. 存取陣列變數中的元素，都是使用同一個陣列名稱。
4. 索引的範圍介於 0 與（所屬維度大小 -1）之間。

陣列變數的形式有下列兩種：

1. 一維陣列變數：只有一個索引的陣列變數。以員工資料為例，若企業的員工編碼是以連續數字來編碼，則可以使用「員工編碼」當做一維陣列變數的索引，並利用員工編號查出員工資料。
2. 多維陣列變數：有兩個索引（含）以上的陣列變數。以教室課表為例，可以使用「星期」及「節數」當做二維陣列變數的索引，並利用「星期」及「節數」查出當時的授課教師。

[註] 二維陣列變數可看成多個一維陣列變數的組成，三維陣列變數可看成多個二維陣列變數的組成，以此類推。

7-1 陣列變數宣告

陣列變數跟一般變數一樣，使用前都要先經過宣告，讓編譯器配置記憶體空間，作為陣列變數存取資料之用，否則編譯時可能會出現**未宣告識別字名稱**的錯誤訊息（切記）：

「**'識別字名稱' was not declared in this scope**」。

型態相同的資料，使用幾維陣列變數來儲存最合適呢？若只有一個因素在改變，則使用一維陣列變數來儲存是最合適的；若有兩個因素在改變，則使用二維陣列變數來儲存是最合適的；以此類推。另外，也可用空間概念來思考。問題所呈現的樣貌，若為一度空間（即，直線概念），則使用一維陣列變數；若為二度空間（即，平面概念），則使用二維陣列變數；若為三度空間（即，立體概念），則使用三維陣列變數；以此類推。在程式設計上，陣列是結合迴圈一起使用，幾維陣列變數就結合幾層迴圈，才能使程式精簡化。

7-1-1 一維陣列變數宣告

宣告一個擁有 n 個元素的一維陣列變數之語法如下：

```
資料型態 陣列變數名稱[n];
```

[宣告說明]

1. 建立一個擁有 n 個元素的一維陣列變數，並初始化一維陣列元素為預設值。n 為正整數。
2. 資料型態：一般常用的資料型態有 char，int，float 及 double。
3. 陣列變數名稱：陣列變數名稱的命名，請參照識別字的命名規則。
4. n：代表一維陣列變數的行數，表示一維陣列變數有 n 個元素。
5. 一維陣列，只有一個「[ ]」。是以「陣列變數名稱 [行索引值（或註標值）]」來存取一維陣列變數的元素，行索引值（或註標值）表示一維陣列元素所在的位置。
6. 使用一維陣列元素時，它的「行索引值」必須介於 0 與 (n-1) 之間。C++ 語言不會檢查陣列元素的索引值是否超過範圍，若「行索引值」超過 0 與 (n-1) 之間，編譯時也不會產生任何錯誤訊息。雖然如此，在索引（或註標）的使用上一定要謹慎小心，否則程式發生邏輯錯誤時，是很難找出問題點。

[註] 多維陣列變數在索引（或註標）的使用上，同樣要注意不要超過範圍。

例：int score[4];

// 宣告有4個元素的一維整數陣列變數score

// 索引值介於0與3之間,可使用score[0]~score[3]

例：double avg[3];

// 宣告有3個元素的一維倍精度浮點數陣列變數avg

```
// 索引值介於0與2之間,可使用avg[0]~avg[2]
```

7-1-2 一維陣列變數初始化

宣告陣列變數同時設定陣列元素的初始值，稱為陣列變數初始化。

宣告一個擁有 n 個元素的一維陣列變數，同時設定陣列元素的初始值之語法如下：

> 資料型態 陣列變數名稱[n] = $\{a_0, a_1, \cdots, a_{(n-1)}\}$;

[宣告及初始化說明]

1. 建立一個擁有 n 行元素的一維陣列變數，並分別初始化一維陣列變數的第 i 行的元素為「a_i」。n 為正整數，且 0≦i≦(n-1)。
2. 資料型態：一般常用的資料型態有 char，int，float 及 double。
3. 陣列變數名稱：陣列變數名稱的命名，請參照識別字的命名規則。
4. n：代表一維陣列變數的行數，表示此一維陣列變數有 n 個元素。
5. 使用一維陣列元素時，它的「行索引值」必須介於 0 與 (n-1) 之間。

例：
```
char name[5]={'L','o','g','i','c'};
// 宣告有5個元素的一維字元陣列變數name，
// 同時設定5個元素的初始值： name[0]='L'     name[1]='o'
//              name[2]='g'     name[3]='i'     name[4]='c'
```

例：
```
int score[2]={90,100};
// 宣告有2個元素的一維整數陣列變數score，
// 同時設定2個元素的初始值：score[0]=90，score[1]=100
```

> 「範例 1」的程式碼，是建立在「D:\C++ 程式範例\ch07」資料夾中的「範例 1.cpp」。以此類推，「範例 16」的程式碼，是建立在「D:\C++ 程式範例\ch07」資料夾中的「範例 16.cpp」。

範例 1　寫一程式，輸入 5 位學生的程式設計期中考成績，輸出程式設計期中考平均成績。

```
#include <iostream>
#include <cstdlib>
using namespace std;
int main()
 {
   int score[5];  // 只能使用score[0],score[1],…,score[4]
   int i, total=0;
   for (i=0 ; i<5 ; i++)  // 累計5位學生的程式設計期中考成績
    {
     cout << "輸入第" << i+1 << "位學生的程式設計期中考成績:";
     cin >> score[i];
     total=total+ score[i];
    }
   cout << "程式設計期中考平均成績:" << (float) total/5 << endl;

   return 0;
 }
```

執行結果

```
輸入第1位學生的程式設計期中考成績:80
輸入第2位學生的程式設計期中考成績:70
輸入第3位學生的程式設計期中考成績:60
輸入第4位學生的程式設計期中考成績:75
輸入第5位學生的程式設計期中考成績:52
程式設計期中考平均成績:67.4
```

[程式說明]

int score[5]; 宣告了 5 個變數，可用來儲存 5 位學生的程式設計期中考成績。配合一層「for …」迴圈結構使程式撰寫更簡潔。

範例 2　寫一個程式，輸入一正整數 n，在不使用除號 (/) 及餘數 (%) 運算子情況下，將 n 以 16 進位表示輸出。
[提示] 參考「2-4-6　位元運算子」。

```
#include <iostream>
#include <cstdlib>
#include <cmath>
using namespace std;
int main()
{
   int n;
   cout << "輸入一正整數n:";
   cin >> n;
   cout << n << "轉成16進位整數為";

   int num2=(int) log2(n) + 1; // 記錄n轉成2進位後的位數

   // 四位2進位數字 = 一位16進位數字
   int num16= ceil((float) num2 / 4); // 記錄n轉成16進位後的位數

   // 記錄n轉成16進位整數後的每一個數值
   int hex[num16];

   int i=0;
   while (n > 0)
   {
      // 取得n轉成16進位整數的最後四位數,
      hex[i]=n & 15;

      i++;

      // 將n轉成16進位整數的最後四位數去除
      n >>= 4;
   }

   for (i=num16-1 ; i >= 0 ; i--)
      if (hex[i] > 9)
         cout << (char) (hex[i]+55); // A~F
      else
         cout << hex[i];    // 0~9
```

```
37      cout << endl;
38
39      return 0;
40  }
```

執行結果

```
輸入一正整數n:129
129轉成16進位整數為81
```

[程式說明]

- 程式第 12 列「int num2=(int) log2(n) + 1; 」中的「log2(n)」，代表 n 以 2 進位表示時的最高次方之數值，故從 0 到「(int) log2(n)」總共有「(int) log2(n) +1」位。（參考「6-2-7　對數函式 log」）
- 15 的 2 進位整數表示為 1111，故程式第 24 列「hex[i]=n & 15;」中的「n & 15」主要的作用，是取得 n 轉成 16 進位整數的最後四位數。

練習 1：

寫一個程式，輸入一正整數 n，在不使用除號 (/) 及餘數 (%) 運算子情況下，將 n 以 8 進位表示輸出。

[提示] 參考「2-4-6 位元運算子」。

範例 3

問題描述（106/3/4 第 2 題 小群體）

Q 同學正在練習程式，P 老師出了以下的題目讓他練習。

一群人在一起時經常會形成一個一個的小群體。假設有 N 個人，編號由 0 到 N-1，每個人都寫下他最好朋友的編號（最好朋友有可能是他自己的編號，如果他自己沒其他好友），在本題中，每個人的好友編號絕對不會重複，也就是說 0 到 N-1 每個數字都恰好出現一次。

這種好友的關係會形成一些小群體。例如 N=10，好友編號如下，

	0	1	2	3	4	5	6	7	8	9
好友編號	4	7	2	9	6	0	8	1	5	3

0 的好友是 4，4 的好友是 6，6 的好友是 8，8 的好友是 5，5 的好友是 0，所以 0、4、6、8、和 5 就形成了一個小群體。另外，1 的好友是 7 而且 7 的好友是 1，所以 1 和 7 形成另一個小群體，同理 3 和 9 是一個小群體，而 2 的好友是自己，因此他自己是一個小群體。總而言之，在這個例子裡有 4 個小群體：{0,4,6,8,5}、{1,7}、{3,9}、{2}。

本題的問題是：輸入每個人的好友編號，計算出總共有幾個小群體。

Q 同學想了想卻不知如何下手，和藹可親的 P 老師於是給了他以下的提示：如果你從任何一人 x 開始，追蹤他的好友，好友的好友，…，這樣一直下去，一定會形成一個圈回到 x，這就是一個小群體。如果我們追蹤的過程中把追蹤過的加以標記，很容易知道哪些人已經追蹤過，因此，當一個小群體找到之後，我們再從任何一個還未追蹤過的開始繼續找下一個小群體，直到所有人都追蹤完畢。

Q 同學聽完之後很順利的完成了作業。

在本題中，你的任務與 Q 同學一樣：給定一群人的好友，請計算出小群體個數。

輸入格式

第一行是一個正整數 N，說明團體中人數。

第二行依序是 0 的好友編號、1 的好友編號、……、N-1 的好友編號。共有 N 個數字，包含 0 到 N-1 的每個數字恰好出現一次，數字間會有一個空白隔開。

輸出格式

請輸出小群體的個數。不要有任何多餘的字或空白，並以換行字元結尾。

範例一：輸入 10 4 7 2 9 6 0 8 1 5 3 範例一：正確輸出 4 （說明） 4 個小群體是 {0,4,6,8,5},{1,7},{3,9} 和 {2}。	範例二：輸入 3 0 2 1 範例二：正確輸出 2 （說明） 2 個小群體分別是 {0},{1,2}。

評分說明

輸入包含若干筆測試資料，每一筆測試資料的執行時間限制 (time limit) 均為 1 秒，依正確通過測資筆數給分。其中：

第 1 子題組 20 分，1 ≤ N ≤ 100，每一個小群體不超過 2 人。

第 2 子題組 30 分，1 ≤ N ≤ 1,000，無其他限制。

第 3 子題組 50 分，1,001 ≤ N ≤ 50,000，無其他限制。

```
#include <iostream>
#include <cstdlib>
using namespace std;
int main( )
{
   int n; // 團體中的人數
   cin >> n;
   int myfriend[n];  // 記錄每一個人的好友編號

   int i;
   for (i=0 ; i <= n-1 ; i++)
      cin >> myfriend[i];  // 輸入編號i的好友編號

   int bestfriend;  // 好友編號
   int group=0;     // 小群體的數目
   for (i=0 ; i <= n-1 ; i++)  // 編號為0~(n-1)的人
   {
      if (myfriend[i] != -1) // 編號i的好友尚未被追蹤過
      {
         // cout << "{" << i;
         while (myfriend[i] != -1) // 編號i的好友尚未被追蹤過
         {
            bestfriend=myfriend[i];

            // 編號i的好友不是自己本身,且
            // 編號bestfriend的好友尚未被追蹤過
            // if (i != bestfriend && myfriend[bestfriend] != -1)
            //  cout << "," << bestfriend ;

            // 將編號i的好友設定為-1,表示已追蹤過
```

```
31            myfriend[i]=-1;
32
33            i=bestfriend; // 表示接著要尋找bestfriend的好友
34          }
35          // cout << "}" << endl;
36          group++;
37        }
38      }
39      cout << group << endl;
40
41      return 0;
42    }
```

執行結果

```
10
4 7 2 9 6 0 8 1 5 3
4
```

[程式說明]

若拿掉程式第 20，27，28 及 35 列的「//」，則可列出各小群體的好友編號。

7-2 排序與搜尋

資料搜尋，是日常生活中常見的行為。例如：上網搜尋鐵路班次時刻表、到圖書館尋找動物相關書籍等。若要從一堆沒有排序的資料中尋找資料，可真是大海撈針啊！因此，資料排序更顯得舉足輕重。

將資料群依照特定鍵值 (Key Value) 從小到大或從大到小的排列過程，稱之為排序 (Sorting)。例如：電子辭典是依照英文字母「a~z」的順序編撰排列而成。排序的目的，是為了方便日後查詢。

7-2-1 氣泡排序法

將左右相鄰的兩個資料逐一比較且較大的資料往右邊移動，直到資料已由小到大排序好才停止比較的過程，稱之為氣泡排序法 (Bubble Sort)。排序的過程就像氣泡由水底逐漸升到水面，氣泡的體積會越來越大，故稱之為氣泡排序法。氣泡排序法，是較簡單的一種排序演算方法。

使用氣泡排序法，將 n 個資料從小排到大的步驟如下：

步驟 1.	將**位置 1** 到**位置 n** 相鄰兩個資料逐一比較。 若左邊位置的資料＞右邊位置的資料，則將這兩個資料互換。 經過 **(n-1) 次比較後，最大的資料就會排在位置 n 的地方**。
步驟 2.	將**位置 1** 到**位置 (n-1)** 相鄰兩個資料逐一比較。 若左邊位置的資料＞右邊位置的資料，則將這兩個資料互換。 經過 **(n-2) 次比較後，第 2 大的資料就會排在位置 (n-1) 的地方**。
	．．．
步驟 (n-1).	比較**位置 1** 與**位置 2** 的兩個資料。 若左邊位置的資料＞右邊位置的資料，則將這兩個資料互換。 經過 **1 次比較後，第 2 小的資料就會排在位置 2 的地方**，同時也完成**最小的資料排在位置 1 的地方**。

[註]

- 使用氣泡排序法將 n 個資料從小排到大，最多需經過 (n-1) 個步驟，且各步驟的比較次數之總和為 (n-1)+(n-2)+…+2+1 次，即 n*(n-1)/2 次。
- 在排序過程中，若在某個步驟時，沒有任何資料被交換過，則表示在上一個步驟時，資料就已經完成排序了。因此，在這個步驟後，程式就可結束排序作業。

資料需做排序時，通常有一定的資料量且資料型態都相同，這些特徵用陣列變數來記錄是最合適的。另外，「氣泡排序法」的步驟，符合迴圈結構的精神。因此，利用陣列變數配合迴圈結構來撰寫「氣泡排序法」是最合適的。

範例 4　寫一程式，使用氣泡排序法，將 18、5、37、2 及 49，從小到大輸出。

```
#include <iostream>
#include <cstdlib>
#include <iomanip>
using namespace std;
int main()
{
  int data[5]={18, 5, 37, 2, 49};
  int i,j;

  cout << "排序前的資料:";
  for (i=0;i<5;i++)
      cout << setw(4) << data[i];
  cout << endl;

  int temp;
  int sortok; // 排序完成與否
  for (i=1 ; i<=4 ; i++)          // 執行4(=5-1)個步驟
  {
    sortok=1; // 先假設排序完成
    for (j=0 ; j<5-i ; j++)     // 第i步驟,執行(5-i)次比較
      if (data[j] > data[j+1]) // 左邊的資料 > 右邊的資料
        {                 // 互換data[j]與data[j+1]的內容
         temp=data[j];
         data[j]=data[j+1];
         data[j+1]=temp;
         sortok=0; // 有交換時,表示尚未完成排序
        }
      if (sortok == 1) // 排序完成,跳出排序作業
          break;
```

```
    }

    cout << "排序後的資料:";
    for (i=0 ; i<5 ; i++)
        cout << setw(4) << data[i];
    cout << endl;

    return 0;
}
```

執行結果	排序前的資料:18 5 37 2 49 排序後的資料:2 5 18 37 49

[程式說明]

- 排序的過程如下：

  步驟 1：（經過 4 次比較後，最大值排在位置 5）

原始資料 / 比較程序 No	位置 1 data[0]	位置 2 data[1]	位置 3 data[2]	位置 4 data[3]	位置 5 data[4]
	18	5	37	2	49
1	18	5	37	2	49
2	5	18	37	2	49
3	5	18	37	2	49
4	5	18	2	37	49
步驟 1 的排序結果	5	18	2	37	**49**

(1) 18 與 5 比較：18>5 ，所以 18 與 5 的位置互換。

(2) 18 與 37 比較：18<37，所以 18 與 37 的位置不互換。

(3) 37 與 2 比較：37>2 ，所以 37 與 2 的位置互換。

(4) 37 與 49 比較：37<49，所以 37 與 49 的位置不互換。

最大的資料 49，已排在位置 5。

[註] 步驟 2~4 的比較過程說明，與步驟 1 類似。

步驟 2：（經過 3 次比較後，第 2 大值排在位置 4）

步驟 1 的排序結果 / 比較程序 No	位置 1 data[0]	位置 2 data[1]	位置 3 data[2]	位置 4 data[3]	位置 5 data[4]
	5	18	2	37	49
5	5	18	2	37	**49**
6	5	18	2	37	**49**
7	5	2	18	37	**49**
步驟 2 的排序結果	5	2	18	**37**	**49**

步驟 3：（經過 2 次比較後，第 3 大值排在位置 3）

步驟 2 的排序結果 / 比較程序 No	位置1 data[0]	位置 2 data[1]	位置 3 data[2]	位置 4 data[3]	位置 5 data[4]
	5	2	18	37	49
8	5	2	18	**37**	**49**
9	2	5	18	**37**	**49**
步驟 3 的排序結果	2	5	**18**	**37**	**49**

步驟 4：（經過 1 次比較後，第 4 大值排在位置 2，同時最小值排在位置 1）

步驟 3 的排序結果 / 比較程序 No	位置 1 data[0]	位置 2 data[1]	位置 3 data[2]	位置 4 data[3]	位置 5 data[4]
	2	5	18	37	49
10	2	5	**18**	**37**	**49**
步驟 4 的排序結果	2	5	**18**	**37**	**49**

- 5 筆資料，使用氣泡排序法從小排到大，需經過 4(=5-1) 個步驟，且各步驟的比較次數之總和為 4+3+2+1=10 次。
- 在「步驟 4」（即 i=4 時），完全沒有任何位置的資料被互換，則表示資料在「步驟 3」（即 i=3 時），就已經完成排序了。

7-2-2 資料搜尋

依照特定鍵值 (Key Value) 來尋找特定資料的過程，稱之為資料搜尋。例如：依據員工編號，可判斷該職員是不是企業的成員？若是，則可查出其緊急聯絡人。搜尋法有很多種，本節主要是介紹基礎的搜尋方法。進階的搜尋法，可參考「資料結構」或「演算法」書籍。

以下介紹兩種基本搜尋法：線性搜尋法 (Sequential Search) 及二分搜尋法 (Binary Search)。

一、線性搜尋法

在 n 個資料中，依序從第 1 個資料往第 n 個資料去搜尋，直到找到或查無特定資料為止的方法，稱之為線性搜尋法。線性搜尋法的步驟如下：

步驟 1. 從位置 1 的資料開始搜尋。
步驟 2. 判斷目前位置的資料是否為要找的資料？
　　若是，則表示找到搜尋的資料，跳到步驟 5。
步驟 3. 判斷目前的資料是否為位置 n 的資料？
　　若是，則表示查無要找的資料，跳到步驟 5。
步驟 4. 繼續搜尋下一個資料，回到步驟 2。
步驟 5. 停止搜尋。

[註]

- 無論資料是否排序過，皆可使用線性搜尋法。
- 平均需要做 (1+n)/2 次的判斷，才能確定要找的資料是否在給定的 n 個資料中。
- 當 n 越大，線性搜尋法的搜尋效率就越差。

範例 5	寫一程式，輸入一個整數 num，使用線性搜尋法，判斷 num是否在 18、5、37、2 及 49 五個資料中。

```
#include <iostream>
#include <cstdlib>
```

```
using namespace std;
int main( )
{
  int data[5]={18, 5, 37, 2, 49};
  int i, num;
  cout << "輸入一個整數(num):";
  cin >> num;
  for (i=0 ; i < 5 ; i++)
    if (num == data[i])
    {
      cout << num << "於18、5、37、2及49中的第" << i+ 1
           << "個位置" << endl;
      break;
    }

  //若搜尋的資料不在資料中,最後for迴圈的i=5
  if (i == 5)
    cout << num << "不在18、5、37、2及49中" << endl;

  return 0;
}
```

執行結果

```
輸入一個整數(num):8
8不在18、5、37、2及49中
```

二、二分搜尋法

在 n 個已排序資料中，判斷資料的中間位置之內容，是否為要搜尋的特定資料？若是，則表示找到了，否則往左右兩邊的其中一邊，繼續判斷其中間位置之內容，是否為要搜尋的特定資料？若是，則表示找到了，否則重複上述的做法，直到找到或查無此特定資料為止的方法，稱之為二分搜尋法。二分搜尋法的步驟如下：

步驟 1. 設定資料的中央位置 = (資料的左邊位置+資料的右邊位置) / 2。

步驟 2. 判斷：搜尋的特定資料 = 資料中央位置的內容？
若是，則表示特定資料已找到，跳到步驟 5。

步驟3. 判斷：搜尋的特定資料 > 資料中央位置的內容？
若是，表示特定資料在資料的右半邊，則重設
資料的左邊位置 = 資料的中央位置 + 1；
否則，重新設定
資料的右邊位置 = 資料的中央位置 - 1。

步驟 4. 判斷：資料的左邊位置 <= 資料的右邊位置？
若是，回到步驟 1；否則表示查無欲搜尋資料。

步驟 5. 停止搜尋。

[註]

- 使用二分搜尋法之前，資料必須已排序過。
- 二分搜尋法是高效率的搜尋法，最多做 $(1+\log_2^n) / 2$ 次的判斷，就能確定要找的特定資料是否在給定的 n 個資料中。

範例 6	寫一程式，輸入一個整數 digit，使用二分搜尋法，判斷 digit 是否在 2、5、18、37 及 49 五個資料中。

```
#include <iostream>
#include <cstdlib>
using namespace std;
int main()
{
 int data[5]={2, 5, 18, 37, 49};

 int i, digit;
 cout << "輸入一個整數(digit):";
 cin >> digit;
 int left, right, mid;
 left=0;  // 左邊資料的位置
 right=4; // 右邊資料的位置
 do
  {
```

```
    mid=(left + right) / 2;  // mid:目前資料的中間位置
    if (digit == data[mid])  // 搜尋資料 = 中間位置的資料
      // 表示找到欲搜尋的資料
      break;
    else if (digit > data[mid]) // 搜尋資料 > 中間位置的資料
      // 表示下一次搜尋區域在右半邊
      // 重設:最左邊資料的位置(left) = 中間資料的位置(mid) + 1
      left= mid + 1;
    else  // 搜尋資料 < 中間位置的資料
      // 表示下一次搜尋區域在左半邊
      // 重設:最右邊資料位置(right)  = 中間資料的位置(mid) - 1
      right= mid - 1;
  }
  while (left <= right); // 表示c還有資料可以被搜尋

  // 左邊資料的位置 <= 右邊資料的位置:表示找到欲搜尋的資料
  if (left <= right)
    cout << digit << "位於資料中的第" << mid+1 << "個位置" << endl;
  else
    cout << digit << "不在資料中"<< endl;

  return 0;
}
```

執行結果	輸入一個整數(digit):37 37位於資料中的第4個位置

[程式說明]

搜尋 37 的過程如下：

資料範圍 / 搜尋程序 No	位置 1 data(0)	位置 2 data(1)	位置 3 data(2)	位置 4 data(3)	位置 5 data(4)
	2	5	18	37	49
1	2	5	18	37	49
2				37	49

- 第 1 次搜尋時，資料有 2、5、18、37 及 49。中間位置的資料索引值為 2=(0+5)/2，且資料為 18。因 18<37（欲搜尋的整數），故下一次搜尋資料範圍在右半邊，索引值在 3(=**2**+1) 與 4 之間。
- 第 2 次搜尋時，資料剩下 37 及 49。中間位置的資料索引值為 **3**=(3+4)/2，且資料為 37。中間位置的資料 37 與欲搜尋的資料 37 相同，故找到資料並結束搜尋。

7-3 二維陣列變數

有兩個「索引」的陣列變數，稱之為二維陣列變數。二維陣列變數的兩個「索引」，其意義就如同「列」與「行」一樣。像表格或矩陣之類的問題，用二維陣列變數來處理是最合適的。

7-3-1 二維陣列變數宣告

宣告一個擁有「m」列「n」行共「mxn」個元素的二維陣列變數之語法如下：

```
資料型態 陣列名稱[m][n];
```

[宣告說明]

1. 建立一個擁有 m 列 n 行元素的二維陣列變數，並初始化二維陣列元素為預設值。m 及 n，都為正整數。
2. 資料型態：一般常用的資料型態有 char，int，float 及 double。
3. 陣列變數名稱：陣列變數名稱的命名，請參照識別字的命名規則。
4. m：代表二維陣列變數的列數，表示此二維陣列變數有 m 列元素或此二維陣列變數中第 1 維的元素有 m 個。
5. n：代表二維陣列變數的行數，表示此二維陣列變數的每一列都有 n 行元素或此二維陣列變數中第 2 維的元素有 n 個。

6. 使用二維陣列元素時，它的「列索引值」必須介於 0 與 (m-1) 之間，「行索引值」必須介於 0 與 (n-1) 之間。

例：int score[4][2];

```
// 宣告擁有4列2行共8(=4*2)個元素的二維整數陣列變數score
// 「列索引值」介於0與3之間
// 「行索引值」介於0與1之間
// 可使用score[0][0]，score[0][1]
//       score[1][0]，score[1][1]
//       …
//       score[3][0]，score[3][1]
```

例：char pos[5][4];

```
// 宣告擁有5列4行共20(=5*4)個元素的二維字元陣列變數pos
// 「列索引值」介於0與4之間
// 「行索引值」介於0與3之間
// 可使用pos[0][0] ~ pos[0][3]
//       pos[1][0] ~ pos[1][3]
//       …
//       pos[4][0] ~ pos[4][3]
```

7-3-2 二維陣列變數初始化

宣告一個擁有 m 列 n 行共「mxn」個元素的二維陣列變數，同時設定陣列元素的初始值之語法如下：

資料型態 陣列名稱[m][n]=

$\{\{a_{00}, \cdots, a_{0(n-1)}\},\{a_{10}, \cdots, a_{1(n-1)}\}, \cdots, \{a_{(m-1)0}, \cdots, a_{(m-1)(n-1)}\}\};$

[宣告及初始化說明]

1. 建立一個擁有 m 列 n 行元素的二維陣列變數，並分別初始化二維陣列變數的第 i 列第 j 行的元素為「a_{ij}」。m 為正整數且 0≦i≦(m-1)，n 為正整數且 0≦j≦(n-1)。
2. 資料型態：一般常用的資料型態有 char，int，float 及 double。
3. 陣列變數名稱：陣列變數名稱的命名，請參照識別字的命名規則。
4. m：代表二維陣列變數的列數，表示此二維陣列變數有 m 列元素或此二維陣列變數中第 1 維的元素有 m 個。
5. n：代表二維陣列變數的行數，表示此二維陣列變數的每一列都有 n 行元素或此二維陣列變數中第 2 維的元素有 n 個。
6. 使用此二維陣列元素時，它的「列索引值」必須介於 0 與 (m-1) 之間，且「行索引值」必須介於 0 與 (n-1) 之間。

例：int score[4][2]={{1,60},{2,70},{3,65},{4,90}};

// 宣告擁有4列2行共8(=4*2)個元素的二維整數陣列變數score
// 「列索引值」介於0與3之間
// 「行索引值」介於0與1之間
// 第0列元素:score[0][0]=1，score[0][1]=60
// 第1列元素:score[1][0]=2，score[1][1]=70
// 第2列元素:score[2][0]=3，score[2][1]=65
// 第3列元素:score[3][0]=4，score[3][1]=90

範例 7	寫一程式，分別輸入國英兩科的三次小考成績，分別輸出三次平均成績。

```
#include <iostream>
#include <cstdlib>
using namespace std;
int main()
{
   int score[2][3]; // 2科各3次小考成績
```

```
   int total[2];    // 2科的3次小考的成績總和
   int i, j;
   for (i=0 ; i<2 ; i++)  //2科
   {
      total[i]=0;
      for (j=0 ; j<3 ; j++)     // 3次小考
      {
         if (i==0)
            cout << "國文";
         else
            cout << "英文";
         cout << "第" << j+1 << "次小考成績:";
         cin >> score[i][j];
         total[i]=total[i] + score[i][j]; //每科3次小考的成績總和
      }
   }

  cout.setf(ios::fixed);
  cout.precision(1);

   for (i=0 ; i<2 ; i++)
   {
      if (i==0)
         cout << "國文";
      else
         cout << "英文";
      cout << "平均成績:" << (float) total[i] / 3 << endl;
   }

   return 0;
}
```

執行結果

```
國文第1次小考成績:70
國文第2次小考成績:80
國文第3次小考成績:75
英文第1次小考成績:60
英文第2次小考成績:70
```

英文第3次小考成績:80
國文平均成績:75.0
英文平均成績:70.0

範例 8 寫一程式，使用巢狀迴圈，輸出下列資料。

1	2	3	4
12	13	14	5
11	16	15	6
10	9	8	7

```
#include <iostream>
#include <cstdlib>
#include <iomanip>
using namespace std;
int main()
 {
  int matrix[4][4]= {0}; // matrix[0][0]=0, ⋯, matrix[3][3]=0

  // 從位置(0, 0)開始設定matrix[row][col]的值
  int row = 0, col = 0, k = 1;

  // 數字依順時針方向排列
  // 0:表示往右  1:表示往下 2:表示往左 3:表示往上
  int direction = 0;

  while (k <= 16)  // 要輸出16個數字，迴圈需執行16次
  {
    matrix[row][col] = k; // 將數字k存入(row, col)位置
    switch (direction)
     {
      //往右繼續設定數字
      case 0:
        //判斷是否可往右繼續設定數字
        if (col + 1 <= 3 && matrix[row][col + 1] == 0)
           col++;
        else
```

```
        {
          direction = 1;
          row++;
        }
       break;

      //往下繼續設定數字
      case 1:
        //判斷是否可往下繼續設定數字
        if (row + 1 <= 3 && matrix[row + 1][col] == 0)
          row++;
        else
        {
          direction = 2;
          col--;
        }
       break;

      //往左繼續設定數字
      case 2:
        //判斷是否可往左繼續設定數字
        if (col - 1 >= 0 && matrix[row][col - 1] == 0)
          col--;
        else
        {
          direction = 3;
          row--;
        }
       break;

      //往上繼續設定數字
      case 3:
        //判斷是否可往上繼續設定數字
        if (row - 1 >= 0 && matrix[row - 1][col] == 0)
          row--;
        else
```

```
          {
           direction = 0;
           col++;
           }
     }
    k++;
    }

  for (row = 0; row < 4; row++)
   {
    for (col = 0; col < 4; col++)
        cout << setw(3) << matrix[row][col];

    cout << endl;
   }

  return 0;
}
```

[程式說明]

數字輸出的方向，依序為右、下、左、上循環方式。換方向輸出的關鍵，在於位置是否超出範圍或該位置已有數字了。

7-4 字串

字串資料，是由一個字元一個字元組合而成的。宣告一個擁有 n 個字元的字串之語法如下：

字串可用 C++ 的「string」類別所建立出來的物件來表示，並可利用「string」類別內的成員函式對字串內容進行各種處理。要建立「字串物件變數」前，須在前置處理指令區下達「#include <string>」指令；否則編譯時可能會出現下面錯誤訊息（切記）：

「**'識別字名稱' was not declared in this scope**」。

使用「string」類別建立「字串物件變數」的語法有以下三種：

1. string 字串物件變數名稱1[,字串物件變數名稱2, …];

2. string 字串物件變數名稱1 = "字串資料1"
[, 字串物件變數名稱2 = "字串資料2", …];

3. string 字串物件變數名稱1 = 先前已建立的字串物件變數
[, 字串物件變數名稱2 = 先前已建立的字串物件變數, …];

[語法說明]

- 「語法 1」為建立一個內容為空字串的字串物件變數。
- 「[ ]」，表示其內部的敘述可填可不填，視情況而定。

例：建立 2 個「字串物件變數」，分別為 name1 及 name2。name1 的初始值為「"Logic"」，name2 的初始值等於 name1。

解：string name1="Logic";
string name2= name1;

7-4-1 字串物件運算子

在「string」類別中，定義了許多字串運算子。除了「+」運算子外，在意義及用法上都與之前一樣，使得在字串處理上更加方便。字串物件運算子的使用方式，請參考「表 7-1」。

表 7-1 字串物件運算子的功能說明（假設字串物件 data1="Logic"、data2="logic" 及 data3=""）

運算子	作用	例子	結果	說明
>	判斷「>」 左邊的資料 是否大於 右邊的資料	data1 > data2	0	各種比較運算子的結果不是「0」就是「1」。 「0」表示「false」（假）， 「1」表示「true」（真）。
<	判斷「<」 左邊的資料 是否小於 右邊的資料	data1 < data2	1	
>=	判斷「>=」 左邊的資料 是否大於或等於 右邊的資料	data1 >= data2	0	
<=	判斷「<=」 左邊的資料 是否小於或等於 右邊的資料	data1 <= data2	1	
==	判斷「==」 左邊的資料 是否等於 右邊的資料	data1 == data2	0	
!=	判斷「!=」 左邊的資料 是否不等於 右邊的資料	data1 != data2	1	
=	將「=」 右邊的字串 指定給 左邊的字串物件變數	data3 = data1;	data3 ="Logic"	
+ （串接）	將右邊的字串合併到 左邊的字串的尾端	data3 = data1 + data2;	data3= "Logiclogic"	

範例 9 寫一個程式，輸入出生月日，輸出對應的星座名稱。

出生日期	星座	出生日期	星座	出生日期	星座
01.21~02.18	水瓶	02.19~03.20	雙魚	03.21~04.20	牡羊
04.21~05.20	金牛	05.21~06.21	雙子	06.22~07.22	巨蟹
07.23~08.22	獅子	08.23~09.22	處女	09.23~10.23	天秤
10.24~11.22	天蠍	11.23~12.21	射手	12.22~01.20	魔羯

```
#include <iostream>
#include <cstdlib>
#include <string>
using namespace std;
int main()
{
  int i;

  // 二維陣列asterismdate,記錄24個日期,每個日期5個字元
  string asterismdate[24]={ "01.21", "02.18", "02.19", "03.20",
                            "03.21", "04.20", "04.21", "05.20",
                            "05.21", "06.21", "06.22", "07.22",
                            "07.23", "08.22", "08.23", "09.22",
                            "09.23", "10.23", "10.24", "11.22",
                            "11.23", "12.21", "12.22", "01.20"  };

  // 二維陣列asterism,記錄12個星座,每個星座6個字元
  string asterism[12] = { "水瓶座", "雙魚座", "牡羊座",
                          "金牛座", "雙子座", "巨蟹座",
                          "獅子座", "處女座", "天秤座",
                          "天蠍座", "射手座", "魔羯座" };

  string borndate;
  cout << "輸入出生月日(格式:99.99):";
  cin >> borndate;
  for (i = 0; i<=11 ; i++)
    if (borndate >= asterismdate[2*i] && borndate <= asterismdate[2*i+1])
    {
```

```
            cout << "星座為:" << asterism[i] << endl;
            break;
        }
    if (i == 12)
            cout << "星座為:魔羯座" << endl;

    return 0;
}
```

執行結果	輸入出生月日(格式:99.99):01.01 星座為:魔羯座

範例 10

問題描述（105/3/5 第 2 題 矩陣轉換）

矩陣是將一群元素整齊的排列成一個矩形，在矩陣中的橫排稱為列 (row)，直排稱為行 (column)，其中以 X_{ij} 來表示矩陣 X 中的第 i 列第 j 行的元素。如圖一中，$X_{32} = 6$。

我們可以對矩陣定義兩種操作如下：

翻轉：即第一列與最後一列交換、第二列與倒數第二列交換，依此類推。

旋轉：將矩陣以順時針方向轉 90 度。

例如：矩陣 X 翻轉後可得到 Y，將矩陣 Y 再旋轉後可得到 Z。

X

1	4
2	5
3	6

Y

3	6
2	5
1	4

Z

1	2	3
4	5	6

圖一

一個矩陣 A 可以經過一連串的旋轉與翻轉操作後，轉換成新矩陣 B。如圖二中，A 經過翻轉與兩次旋轉後，可以得到 B。給定矩陣 B 和一連串的操作，請算出原始的矩陣 A。

翻轉 旋轉 旋轉

A → → → B

1	1
1	3
2	1

2	1
1	3
1	1

1	1	2
1	3	1

1	1
3	1
1	2

圖二

輸入格式

第一行有三個介於 1 與 10 之間的正整數 R, C, M。接下來有 R 行 (line) 是矩陣 B 的內容，每一行 (line) 都包含 C 個正整數，其中的第 i 行第 j 個數字代表矩陣 B_{ij} 的值。在矩陣內容後的一行有 M 個整數，表示對矩陣 A 進行的操作。第 k 個整數 m_k 代表第 k 個操作，如果 $m_k = 0$ 則代表旋轉，$m_k = 1$代表翻轉。同一行的數字之間都是以一個空白間隔，且矩陣內容為 0~9 的整數。

輸出格式

輸出包含兩個部分。第一個部分有一行，包含兩個正整數 R' 和 C'，以一個空白隔開，分別代表矩陣 A 的列數和行數。接下來有 R' 行，每一行都包含 C' 個正整數，且每一行的整數之間以一個空白隔開，其中第 i 行的第 j 個數字代表矩陣 A_{ij} 的值。每一行的最後一個數字後並無空白。

範例一：輸入

```
3 2 3
2 1
3 1
1 2
1 0 0
```

範例一：正確輸出

```
3 2
1 1
1 3
2 1
```

範例二：輸入

```
3 2 2
3 3
2 1
1 2
0 1
```

範例二：正確輸出

```
2 3
2 1 3
1 2 3
```

（說明）
如圖二所示

（說明）

旋轉 → 翻轉 →

2	1	3
1	2	3

1	2
2	1
3	3

3	3
2	1
1	2

評分說明

輸入包含若干筆測試資料，每一筆測試資料的執行時間限制 (time limit) 均為 2 秒，依正確通過測資筆數給分。其中：

第一子題組共 30 分，其每個操作都是翻轉 。

第二子題組共 70 分，操作有翻轉也有旋轉。

```
#include <iostream>
#include <cstdlib>
using namespace std;
int main( )
{
   int i, j;
   int row, column; // 轉換後的陣列B之列數及行數
   int M;  // 原始陣列A所做的轉換次數
   cin >> row >> column >> M;

   int B[row][column];
   for (i=0 ; i < row ; i++)
         for (j=0; j < column ; j++)
               cin >> B[i][j];

   int A[column][row];

   // 輸入原始陣列A所做的M次轉換動作代號
   // 0:順時針方向轉90度;1:上下翻轉
   int operation[M];
   for (i=0 ; i < M ; i++)
        cin >> operation[i];

   int currentmatrix=0;  // 0:表示目前矩陣為B, 1: 表示目前矩陣為A
```

```
    for (i=M-1 ; i >= 0 ; i--)
      if (operation[i] == 0)  // 執行逆時針旋轉
      {
        if (currentmatrix == 0) // B矩陣逆時針旋轉
        {
            // 將第j行的元素值變成第(column-1-j)列的元素值
            for (int j=column-1; j >= 0 ; j--)
                for (int i=0 ; i < row ; i++)
                    A[(column-1)-j][i]=B[i][j];
        }
        else // A矩陣逆時針旋轉
        {
            // 將第j行的元素值變成第(row-1-j)列的元素值
            for (int j=row-1; j >= 0 ; j--)
                for (int i=0 ; i < column ; i++)
                    B[(row-1)-j][i]=A[i][j];

        }
        currentmatrix++;
        currentmatrix %= 2;
      }
      else // 執行上下翻轉
      {
        int temp;
        if (currentmatrix == 0) // B上下翻轉
            for (int i=0 ; i < row/2 ; i++)
                for (int j=0; j < column ; j++)
                {
                    // 交換第i列與第(row-1-i)列的元素值
                    temp=B[i][j];
                    B[i][j]=B[(row-1)-i][j];
                    B[(row-1)-i][j]=temp;
                }
        else // A上下翻轉
            for (int i=0 ; i < column/2 ; i++)
                for (int j=0; j < row ; j++)
```

```
                {
                    // 交換第i列與第(column-1-i)列的元素值
                    temp=A[i][j];
                    A[i][j]=A[(column-1)-i][j];
                    A[(column-1)-i][j]=temp;
                }
        }

    int R, C;
    if (currentmatrix == 0) // 0:表示目前矩陣為B
    {
        R=row;
        C=column;
    }
    else // 表示目前矩陣為A
    {
        R=column;
        C=row;
    }

    cout << R << " " << C << endl;
    for (int i=0 ; i < R ; i++)
    {
        for (int j=0; j < C ; j++)
        {
            if (currentmatrix == 0)
                cout << B[i][j];
            else
                cout << A[i][j];
            if (j < C-1)
                cout << " ";
        }
        cout << endl;
    }

    return 0;
```

97	}
執行結果	3 2 3 1 1 3 1 1 2 1 0 0 3 2 1 1 1 3 2 1

7-4-2 字串物件成員函式

與字串處理有關的常用內建「string」類別成員函式，是宣告在「string」標頭檔中。常用的內建字串成員函式，請參考「表 7-2」至「表 7-4」。

使用內建字串成員函式前，記得在程式開頭處，使用「#include <string>」敘述，否則編譯時可能會出現**未宣告識別字名稱**的錯誤訊息（切記）：

「**'識別字名稱' was not declared in this scope**」。

「string」類別的成員函式之使用語法如下：

```
字串物件變數名稱.成員函式名稱([引數])
```

[註]「[ ]」，表示其內部的敘述是選擇性，需要與否視情況而定。

7-4-2-1 字串長度函式 length

想知道字串資料占用多少個位元組 (byte)，可用字串長度函式「length」來計算。「length」函式用法，參考「表 7-2」說明。

表 7-2 常用的內建字串函式 (一)

函式名稱	length()
函式原型	size_t length() const;
功能	取得「字串物件變數」的長度
回傳值	回傳「字串物件變數」的長度 [註] • 回傳值的型態為「size_t」，表示「unsigned int」 • 「const」表示「字串物件變數」不會被變更
宣告函式原型所在的標頭檔	string

例："我是Logic"的長度為何?

解：string data="我是Logic";

cout << data.length(); // 輸出「9」

範例 11	問題描述（106/3/4 第 1 題 秘密差） 將一個 10 進位正整數的奇數位數的和稱為 A，偶數位數的和稱為 B，則 A 與 B 的絕對差值 |A－B| 稱為這個正整數的秘密差。 例如：263541 的奇數位數和 A = 6+5+1=12，偶數位數的和 B = 2+3+4=9，所以 263541 的秘密差是 |12－9|=3。 給定一個 10 進位正整數 X，請找出 X 的秘密差。 輸入格式 輸入為一行含有一個 10 進位表示法的正整數 X，之後是一個換行字元。 輸出格式 請輸出 X 的秘密差 Y（以 10 進位表示法輸出），以換行字元結尾。 範例一：輸入 263541 範例一：正確輸出 3 （說明）263541 的 A = 6+5+1=12，B = 2+3+4=9，|A－B|=|12－9|=3。

範例二：輸入
131

範例二：正確輸出
1
（說明）131 的 A = 1+1=2，B = 3，|A －B|=|2－3|=1。

評分說明
輸入包含若干筆測試資料，每一筆測試資料的執行時間限制 (time limit) 均為 1 秒，依正確通過測資筆數給分。其中：
第 1 子題組 20 分：X 一定恰好四位數。
第 2 子題組 30 分：X 的位數不超過 9。
第 3 子題組 50 分：X 的位數不超過 1000。

```
#include <iostream>
#include <cstdlib>
#include <string>
using namespace std;
int main( )
{
   string digit;
   cin >> digit;

   // sum[0]:記錄奇數位數的總和,sum[1]:記錄偶數位數的總和
   int sum[2]={0}; // sum[0]=0, sum[1]=0

   // digit.length():字串digit的長度，不含結束字元
   for (int i=digit.length()-1; i >= 0  ; i--)
        sum[i%2] += digit[i]-48; // 字元-數值 = 字元的ASCII值-數值
   cout << abs(sum[0]-sum[1]) << endl;

   return 0;
}
```

執行結果

```
263541
3
```

<table>
<tr><td>範例
12</td><td>
問題描述（106/10/28 第 2 題 交錯字串）
一個字串如果全由大寫英文字母組成，我們稱為大寫字串；如果全由小寫字母組成則稱為小寫字串。字串的長度是它所包含字母的個數，在本題中，字串均由大小寫英文字母組成。假設 k 是一個自然數，一個字串被稱為「k-交錯字串」，如果它是由長度為 k 的大寫字串與長度為 k 的小寫字串交錯串接組成。
舉例來說，「StRiNg」是一個 1-交錯字串，因為它是一個大寫一個小寫交替出現；而「heLLow」是一個 2-交錯字串，因為它是兩個小寫接兩個大寫再接兩個小寫。但不管 k 是多少，「aBBaaa」、「BaBaBB」、「aaaAAbbCCCC」都不是 k-交錯字串。
本題的目標是對於給定 k 值，在一個輸入字串找出最長一段連續子字串滿足 k-交錯字串的要求。例如 k=2 且輸入「aBBaaa」，最長的 k-交錯字串是「BBaa」，長度為 4。又如 k=1 且輸入「BaBaBB」，最長的 k-交錯字串是「BaBaB」，長度為 5。
請注意，滿足條件的子字串可能只包含一段小寫或大寫字母而無交替，如範例二。此外，也可能不存在滿足條件的子字串，如範例四。

輸入格式
輸入的第一行是 k，第二行是輸入字串，字串長度至少為 1，只由大小寫英文字母組成 (A~Z, a~z) 並且沒有空白。

輸出格式
輸出輸入字串中滿足 k-交錯字串的要求的最長一段連續子字串的長度，以換行結尾。

範例一：輸入
1
aBBdaaa

範例一：正確輸出
2

範例二：輸入
3
DDaasAAbbCC

範例二：正確輸出
3

範例三：輸入
2
aafAXbbCDCCC

範例四：輸入
3
DDaaAAbbCC
</td></tr>
</table>

範例三：正確輸出	範例四：正確輸出
8	0

評分說明

輸入包含若干筆測試資料，每一筆測試資料的執行時間限制 (time limit) 均為 1 秒，依正確通過測資筆數給分。其中：

第 1 子題組 20 分，字串長度不超過 20 且 k=1。

第 2 子題組 30 分，字串長度不超過 100 且 k ≤ 2。

第 3 子題組 50 分，字串長度不超過 100,000 且無其他限制。

提示：根據定義，要找的答案是大寫片段與小寫片段交錯串接而成。本題有多種解法的思考方式，其中一種是從左往右掃描輸入字串，我們需要記錄的狀態包含：目前是在小寫子字串中還是大寫子字串中，以及在目前大（小）寫子字串的第幾個位置。根據下一個字母的大小寫，我們需要更新狀態並且記錄以此位置為結尾的最長交替字串長度。

另外一種思考是先掃描一遍字串，找出每一個連續大（小）寫片段的長度並將其記錄在一個陣列，然後針對這個陣列來找出答案。

```
#include <iostream>
#include <cstdlib>
#include <cstring>
using namespace std;
int main( )
{
   int k;  // k-交錯字串
   cin >> k;

   string str;
   cin >> str;

   // 某一段連續子字串滿足k-交錯字串的長度
   int length=0;

   // 字串中滿足k-交錯字串最長的一段連續子字串的長度
   int maxlength=0;
```

```

// 0:第1次檢查連續k個大寫字元是否符合k-交錯字串規則
// 1:第2,3,...次檢查連續k個大寫字元是否符合k-交錯字串規則
int upper=0;

// 0:第1次檢查連續k個小寫字元是否符合k-交錯字串規則
// 1:第2,3,...次檢查連續k個小寫字元是否符合k-交錯字串規則
int lower=0;

// 每次檢查連續k個字元是否符合k-交錯字串規則,所要移動字元數
int movelength=1;

int i, j;
for (i=0 ; i < str.length() ; i += movelength)
{
  // 每次最多判斷連續k個字元,且j不能超出索引值strlen(str)-2
  // 因為(str[j]-91) * (str[j+1]-91)要有意義,(j+1)<=strlen(str)-1
  for (j=i ; j < (k+i-1) && j<=str.length()-2 ; j++)
    if ((str[j]-91) * (str[j+1]-91) < 0)
      break;

  // j == k+i-1:表示連續k個字元全部大寫或小寫
  if (j == k+i-1)
  {
    if (str[i] <= 90)
    {
      // 連續k個大寫字元符合k-交錯字串規則的第1次
      if (upper == 0)
      {
        upper=1;

        // 連續符合k-交錯字串規則的長度,必須+k
        length += k;
      }
      else  // 連續兩次k個字元都是大寫

```

```
                // 違反k-交錯字串規則,連續符合k-交錯字串規則
                // 的長度,必須-k
                length -= k;
            }
            else
            {
              // 連續k個小寫字元符合k-交錯字串規則的第1次
              if (lower == 0)
              {
                lower=1;

                // 連續符合k-交錯字串規則的長度,必須+k
                length += k;
              }
              else  // 連續兩次k個字元都是小寫

                // 違反k-交錯字串規則,連續符合k-交錯字串規則
                // 的長度,必須-k
                length -= k;
            }

            // 前k個連續字元與後k個連續字元符合k-交錯字串規則
            if (upper + lower == 2)
            {
              // 因這次連續k個字元會當下一次判斷是否連續兩次符
              // 合k-交錯字串規則的起始點,所以符合k-交錯字串規則
              // 的長度需-k,以避免重複計算
              length -= k;

              // 檢查下一個連續k個字元時,將符合k-交錯字串規則的
              // 連續k個大寫字元設為第1次
              upper=0;

              // 檢查下一個連續k個字元時,將符合k-交錯字串規則的
              // 連續k個小寫字元設為第1次
              lower=0;
```

```

                // 因這次連續k個字元會當下一次判斷是否連續兩次符
                // 合k-交錯字串規則的起始點,所以無須再移動檢查位置
                movelength=0;
            }
            else
            {
                // 若k個連續字元滿足k-交錯字串,則下一次檢查位置
                // 需再往後移動k個字元
                movelength=k;

                // 若字串中滿足k-交錯字串的長度 >
                // 字串中滿足k-交錯字串最長的一段連續子字串的長度
                if (length > maxlength)
                    maxlength=length;
            }
        }
        else
        {
            // 若每次判斷連續k個字元不是全部大寫或小寫,
            // 則將下一個連續子字串滿足k-交錯字串的長度重新歸零
            length=0;

            // 若連續兩次k個字元不是全部大寫或小寫,則下一次檢查位
            // 置往後移動1個字元
            if (upper + lower == 0)
                movelength=1;
            else
                // 因(-k+1) < 0, 故下一次檢查位置需往後移動(-k+1)個字
                // 元,其實是往前移動(k-1)個字元
                movelength=-k +1;


            // 檢查下一個連續k個字元時,設定為第1次檢查連續k個大
            // 寫字元是否符合k-交錯字串規則
            upper=0;
```

```
126
127             // 檢查下一個連續k個字元時,設定為第1次檢查連續k個小
128             // 寫字元是否符合k-交錯字串規則
129             lower=0;
130         }
131     }
132     cout << maxlength << endl;
133 
134     return 0;
135 }
```

執行結果

```
3
DDaasAAbbCC
3
```

[程式說明]

- 程式第 31 及 35 列的「str.length()」代表字串 str 的長度，請參考「7-4-2-1 字串長度函式 length」。
- 程式第 35~37 列的目的，是找出連續大寫或小寫的字元長度。
  大寫的英文字母的 ASCII 值在 65~90 之間，小寫的英文字母的 ASCII 值在 97~122 之間。若第 j 個字元與第 (j+1) 個字元不同時為大寫或小寫，則 (str[j]-91) * (str[j+1]-91) < 0，代表這一段連續大寫或小寫字元到索引 j 為止。若連續大寫或小寫字元的長度小於 k，則此段字元不符合 k-交錯字串規則，捨棄不計算，重新尋找符合 k-交錯字串規則的下一段連續大寫或小寫字元。
- 程式第 42~73 列的目的，是計算符合 k-交錯字串規則的長度。若第 1 次連續大寫或小寫，則將 k-交錯字串的長度 + k；若連續兩次符合 k-交錯字串規則大寫或小寫，則將 k-交錯字串的長度 – k，避免重複計算。在一次連續大寫及一次連續小寫或一次連續小寫及一次連續大寫後，重新將 upper 設定為 0，代表第 1 次計算連續大寫，將 lower 設定為 0，代表第 1 次計算連續小寫。

範例 13	範例 12（106/10/28 第 2 題 交錯字串）的第二種寫法。

```
#include <iostream>
#include <cstdlib>
#include <cstring>
using namespace std;
int main( )
{
   int k;
   cin >> k;

   string str;
   cin >> str;

   // cross[i]:記錄第i個的連續大寫字元或連續小寫字元的長度
   int cross[100000];

   int uppernum=0;  // 紀錄連續大寫字元的長度
   int lowernum=0;  // 紀錄連續小寫字元的長度
   int i, j=0;
   for (i=0 ; i < str.length() ; i++)
   {
      // 大寫的英文字母的ASCII值在65~90之間
      // 小寫的英文字母的ASCII值在97~122之間
      if (str[i] <= 90)
      {
         // 將前一段連續小寫字元長度記錄在cross[j]
         if (lowernum > 0)
         {
            cross[j]=lowernum;
            j++;
         }

         // 計算本段連續大寫字元長度時,將連續小寫字元長度歸0
         lowernum=0;

```

```
            uppernum++;
        }
        else
        {
            // 將前一段連續大寫字元長度記錄在cross[j]
            if (uppernum > 0)
            {
                cross[j]=uppernum;
                j++;
            }

            // 計算本段連續小寫字元長度時,將連續大寫字元長度歸0
            uppernum=0;

            lowernum++;
        }
    }

    // 累計連續大寫字元或連續小寫字元後,才會將該段連續字元長度記錄
    // 在cross[j]中,故離開迴圈後,需將最後一段連續字元長度記錄起來
    if (uppernum > 0)
        cross[j]=uppernum;
    else
        cross[j]=lowernum;

    int cross_sections=j; // 記錄連續大小寫交錯區段數
    int max_ksections=0;  // 記錄符合k-交錯字串的最多區段數
    int count=0; // 記錄符合k-交錯字串的區段數
    for (i=0 ; i <= cross_sections ; i++)
    {
        // 若cross陣列的元素值 >= k個連續大寫字元或連續小寫字元
        if (cross[i] >= k)
        {
            count++;

            // 違反連續k-交錯字串規則,
```

```
        // 但cross[i]符合連續k個字元全部大寫或小寫
        if (cross[i] > k)
        {
          // 因違反k-交錯字串規則,k-交錯字串已中斷,
          // 故需判斷是否變更符合k-交錯字串的最多區段數
          if (count > max_ksections)
            max_ksections=count;

          count=1; // 符合k-交錯字串規則的個數設定為1
        }
      }
      else  // cross陣列的元素值,違反k-交錯字串規則
      {
        // 因違反k-交錯字串規則,k-交錯字串已中斷,
        // 故需判斷是否變更符合k-交錯字串的最多區段數
        if (count > max_ksections)
          max_ksections=count;

        count=0; // 將符合k-交錯字串的區段數歸0
      }
    }

  // 若cross[cross_sections] (陣列cross的最後一個元素值) 剛好等於k
  // 則需再判斷是否變更符合k-交錯字串的最多區段數
  if (count > max_ksections)
    max_ksections=count;

  cout << max_ksections * k << endl;
  return 0;
}
```

執行結果

```
3
DDaasAAbbCC
3
```

[程式說明]

- 程式第 19~58 列的目的，將字串中的連續大寫或小寫的字元個數依序記錄在陣列 cross 中。
  程式第 63~91 列的目的，是在陣列 cross 的元素值中，尋找符合連續 k-交錯字串規則的最多區段，即符合連續 k-交錯字串規則的 cross 陣列索引值的最多連續個數。

7-4-2-2 字串搜尋函式 find

想知道字串中是否含有其他特定資料，可用字串搜尋函式「find」來判斷。「find」函式用法，參考「表 7-3」說明。

表 7-3 常用的內建字串函式 (二)

函式名稱	find()
函式原型	size_t find(const string& str, size_t pos) const;
功能	從「字串物件變數」的索引位置 pos 開始往後搜尋「str」字串，取得首次出現的索引位置 [註] • 「str」的型態為「const string&」，表示「str」所指向的字串之常數位址」 • 「pos」的型態為「size_t」，表示「unsigned int」 • 「const」表示「字串物件變數」不會被變更
回傳值	若參數「str」字串出現在「字串物件變數」的索引位置 pos 開始以後的位置中，則回傳首次出現的索引值；否則回傳「-1」 [註] 回傳值的型態為「size_t」，表示「unsigned int」
宣告函式原型所在的標頭檔	string

例："邏輯"是否有出現在"我是Logic";中？

解：string data="我是Logic";

cout << data.find("邏輯", 0);
// 輸出「-1」，表示"邏輯"沒有出現在"我是Logic"中

7-4-2-3 字串擷取函式 substr

想從字串中取出一部分的資料，當作子字串，可用擷取字串函式「substr」來取得。「substr」函式用法，參考「表 7-4」說明。

表 7-4 常用的內建字串函式 (三)

函式名稱	substr()
函式原型	string substr(size_t pos, size_t len) const;
功能	取得「字串物件變數」中，索引值「pos」到索引值「pos+len-1」的資料，共 len 個字元 [註] •「pos」及「len」的型態均為「size_t」，表示「unsigned int」 •「const」表示「字串物件變數」不會被變更
回傳值	「字串物件變數」中，索引值「pos」到索引值「pos+len-1」的資料 [註] 回傳值的型態為「string」，表示字串
宣告函式原型所在的標頭檔	string

例：(1) 取出字串 "Republic of China is my country." 中的前 17 個字元。

(2) 取出字串 "Republic of China is my country." 中的子字串 "country"。

解：string src="Republic of China is my country.", dest;
// 從索引值 0的位置(即src[0])開始，往後擷取17個字元
dest=src.substr(0, 17);
cout << "dest=" << dest; // 輸出：dest=Republic of China

```
// 從索引值24的位置(即src[24])開始，往後擷取7個字元
dest=src.substr(24, 7);
cout << "dest=" << dest;  // 輸出：dest=country
```

範例 14　寫一程式，輸入 a 字串及 b 字串，輸出字串 a 中出現幾次 b 字串。

```
#include <iostream>
#include <cstdlib>
#include <string>
using namespace std;
int main()
 {
  int count=0; // 記錄b字串出現在a字串中的次數

  // pos : 記錄每次a字串之搜尋起始索引位置
  // pos = 0 : 表示一開始從a字串之0索引位置(即a[0])往後搜尋
  int pos=0;

  string a, b;
  cout << "輸入a字串:";
  cin >> a;
  cout << "輸入b字串:";
  cin >> b;
  cout << a << "中共出現";
  while (a.find(b, pos) != -1)
   {
    count++;
    pos=pos+a.find(b, pos)+b.length();
    if (pos >= a.length())
       break;
   }
  cout << count<< "次" << b << endl;

  return 0;
 }
```

執行結果	輸入a字串:aircondition 輸入b字串:on aircondition中共出現2次on

[程式說明]

- 程式第 19 列中的
  - 「a.find(b, pos)」，代表從 a 字串的 **pos** 索引位置**開始**（即 a[pos] 元素）往後**搜尋** b 字串。
  - 「a.find(b, pos) != -1」代表從 a 字串的 **pos** 索引位置以後有**找到** b 字串。
- 程式第 22 列中的「pos=pos+a.find(b, pos)+b.length();」，代表
  下一次搜尋 b 字串的**起始索引位置** = 上一次搜尋的**起始索引位置 +**
  這次找到 b 字串的**索引位置 + b** 字串的長度。
- 程式第 23 列中的「pos >= a.length()」，
  下一次搜尋 b 字串的**起始索引位置 >= a** 字串的長度，代表 b 字串在 **a** 字串中已經搜尋完畢。

範例 15

寫一個程式，輸入出生月日，輸出對應的星座名稱。

出生日期	星座	出生日期	星座	出生日期	星座
01.21~02.18	水瓶	02.19~03.20	雙魚	03.21~04.20	牡羊
04.21~05.20	金牛	05.21~06.21	雙子	06.22~07.22	巨蟹
07.23~08.22	獅子	08.23~09.22	處女	09.23~10.23	天秤
10.24~11.22	天蠍	11.23~12.21	射手	12.22~01.20	魔羯

```
#include <iostream>
#include <cstdlib>
#include <string>
using namespace std;
int main()
 {
```

```
 int i;

 // 一維字元陣列asterism,記錄12個星座,共73(=6*12+1)個字元
 string asterism =
 "水瓶雙魚牡羊金牛雙子巨蟹獅子處女天秤天蠍射手魔羯";

 // 一維字元陣列asterismdate,記錄12個星座日期區間，
 // 共121(=10*12+1)個字元,1為結束字元所占的空間
 string asterismdate =  "01.2102.1802.1903.2003.2104.2004.2105.2005.210
6.2106.2207.2207.2308.2208.2309.2209.2310.2310.2411.2211.2312.2112.2
201.20";

 string begindate, enddate; // 記錄星座的起始日期及終止日期
 string name; // 記錄星座的名稱
 string borndate; // 出生日期
 cout << "輸入出生月日(格式:99.99):";
 cin >> borndate;
 for (i = 0; i<=11 ; i++) // 判斷輸入的出生月日是屬於哪個星座
   {
   begindate = asterismdate.substr(10*i, 5);  // 取出第i個星座的起始日期
   enddate=asterismdate.substr(10*i+5, 5); // 取出第i個星座的終止日期

   if ( borndate >= begindate && borndate <= enddate)
     {
      name=asterism.substr(4*i, 4) ; // 取出第i個星座的名稱
      cout << "星座為:" << name << "座" << endl;
      break;
     }
   }
  if (i == 12) // 搜尋的資料不在12個資料中,最後for迴圈中的i=12
    cout << "星座為:魔羯座" << endl;

 return 0;
}
```

執行結果	輸入出生月日(格式:99.99):01.01 星座為:魔羯座

[程式說明]

- 程式第 10~11 列，其實是在同一列，但長度太長，導致分成兩列。

  string asterism =

  "水瓶雙魚牡羊金牛雙子巨蟹獅子處女天秤天蠍射手魔羯";
- 程式第 15~17 列，其實也是在同一列，但長度太長，導致分成三列。

  string asterismdate =

  "01.2102.1802.1903.2003.2104.2004.2105.2005.2106.2106.2207.2207.2308.2208.2309.2209.2310.2310.2411.2211.2312.2112.2201.20";
- 程式第 26 及 27 列中的 10，是每個星座的起始日期及終止日期共占的字串長度 (Byte)；程式第 26 及 27 列中的 5，是每個星座的起始日期和終止日期兩者各占的字串長度 (Byte)。
- 程式第 31 列中的 4，是每個星座名稱各占的字串長度 (Byte)。

7-5 隨機亂數

隨機亂數是根據某種公式計算所得到的數字，每個數字出現的機會均等。C++ 語言所提供的隨機亂數有很多組，每組都有一個編號。在隨機亂數產生之前，需先選取一組隨機亂數，讓隨機產生的亂數無法被預測，才能達到保密效果。若沒有先選定一組隨機亂數，則系統會預設一組編號固定的隨機亂數給程式使用，導致兩個不同的隨機亂數變數所取得的隨機亂數資料，在「數字」及「順序」上都會是一模一樣。因此，為確保隨機亂數組別編號的隱密性，建議不要使用固定的隨機亂數組別編號，最好用時間當作隨機亂數組別的編號。

與隨機亂數有關的內建函式，是宣告在「cstdlib」標頭檔中。常用的內建隨機亂數函式，請參考「表 7-5」至「表 7-6」。

使用內建隨機亂數函式之前，記得在程式開頭處，使用「#include <cstdlib>」敘述，否則編譯時可能會出現**未宣告識別字名稱**的錯誤訊息

（切記）：

「**'識別字名稱' was not declared in this scope**」。

7-5-1　亂數種子函式 srand

若不想讓隨機產生的亂數資料被預測到，則必須自行設定隨機亂數組別的編號。設定隨機亂數組別的編號，可用亂數種子函式「srand」來完成。「srand」函式用法，參考「表 7-5」說明。

表 7-5 常用的內建隨機亂數函式 (一)

函式名稱	srand()
函式原型	void srand(unsigned int n);
功能	設定隨機亂數組別的編號 [註] 參數「n」的型態為「unsigned int」，表示無正負號整數
回傳值	無
宣告函式原型所在的標頭檔	cstdlib

例：設定隨機亂數組別的編號為 2021。

解：srand(2021);

例：以目前的時間當作亂數組別的編號。

解：srand((unsigned) time(NULL));

[註]「time」為內建時間函式，宣告在「ctime」標頭檔，用來取得從「00:00:00GMT,January1,1970」到現在所經過的秒數，使用前必須使用「#include ctime」將「ctime」標頭檔含括到程式中。

7-5-2　亂數產生函式 rand

要隨機產生一個亂數，可用亂數產生函式「rand」來完成。「rand」函式用法，參考「表 7-6」說明。

表 7-6 常用的內建隨機亂數函式 (二)

函式名稱	rand()
函式原型	int rand(void);
功能	隨機產生一個亂數
回傳值	傳回介於 0 到 32767 之間的整數 [註]回傳值的型態為「int」，表示整數
宣告函式原型所在的標頭檔	cstdlib

[註]

- 「rand」函式所產生的隨機亂數，都是由先前「srand」函式所設定的隨機亂數組別來決定。因此，通常在使用「rand」函式之前，必須先使用「srand((unsigned) time(NULL));」來設定隨機亂數組別的編號。
- 若要產生介於 m 到 n 之間的隨機亂數，則可使用「m＋rand() % (n-m+1)」敘述。

例：產生介於 2 到 12 之間的隨機亂數之敘述為：

2 ＋ rand() % (12-2+1)

範例 16	寫一個程式，隨機產生 10 個介於 10~99 之間的整數並輸出。

```
#include <iostream>
#include <cstdlib>
#include <ctime>
using namespace std;
int main( )
 {
  int data[10];
  srand((unsigned) time(NULL));
  for (int i=0 ; i<10 ; i++)
   {
    data[i]=10 + rand() % (99 - 10 + 1);
```

```
    cout <<  data[i] << "\t";
  }
  cout << endl;

  return 0;
}
```

執行結果

```
59  26  57  31  81  81  48  30  27  80
```

練習 1：

寫一程式，模擬數學四則運算（+，-，*，/），產生 2 個介於 10 到 99 之間亂數及一個運算子，然後回答結果並輸出對或錯。

大學程式設計先修檢測 (APCS) 試題解析

一、程式設計觀念題

1. 大部分程式語言都是以列為主的方式儲存陣列。在一個 8*4 的陣列 (array) A 裡，若每個元素需要兩單位的記憶體大小，且若 A[0][0] 的記憶體位址為 108（十進制表示），則 A[1][2] 的記憶體位址為何？（105/3/5 第 19 題）

   (A) 120

   (B) 124

   (C) 128

   (D) 以上皆非

   解 答案：(A)

   (1) 一個 8*4 的陣列，表示有 8 列，每一列有 4 個元素。

   (2) 從 A[0][0] 算起，A[1][2] 是陣列的第 7(=1*4+2+1) 個元素。因此，A[1][2] 的記憶體位址為 108+6*2=120

2. 若宣告一個字元陣列 char str[20]="Hello world!"; 該陣列 str[12] 值為何？（105/10/29 第 13 題）

(A) 未宣告

(B) \0

(C) !

(D) \n

解 答案：(B)

str 為字串，以字元陣列的形式表示，則寫法為：

char str[20]={'H', 'e', 'l', 'l', 'o', ' ', 'w', 'o', 'r', 'l', 'd', '!', '\0'};

因此，str[12] 為 '\0'(字串結束字元)。

3. 若 A[1]、A[2]，和 A[3] 分別為陣列 A[ ] 的三個元素 (element)，下列那個程式片段可以將 A[1] 和 A[2] 的內容交換？（106/3/4 第 11 題）

(A) A[1]=A[2]; A[2]=A[1];

(B) A[3]=A[1]; A[1]=A[2]; A[2]=A[3];

(C) A[2]=A[1]; A[3]=A[2]; A[1]=A[3];

(D) 以上皆可

解 答案：(B)

兩個變數的內容要交換，必須透過第 3 個變數，才能完成。交換的要訣：由第 3 個變數開始設定，形成一個迴路。

A[3]=A[1];

A[1]=A[2];

A[2]=A[3];

4. 經過運算後，下方程式的輸出為何？（105/3/5 第 4 題）

```
for (i=1 ; i<=100 ; i=i+1) {
      b[i]=i;
}
a[0]=0;
for (i=1 ; i<=100 ; i=i+1) {
```

```
for (i=1 ; i<=100 ; i=i+1) {
      b[i]=i;
}
a[0]=0;
for (i=1 ; i<=100 ; i=i+1) {
```

```
6       a[i]=b[i]+a[i-1];
7 }
8 cout << a[50]-a[30] << endl;
```

C++ 語言寫法

```
6       a[i]=b[i]+a[i-1];
7 }
8 printf("%d\n", a[50]-a[30]);
```

C 語言寫法

(A) 1275

(B) 20

(C) 1000

(D) 810

解 答案：(D)

(1) 程式第 1~3 列，設定 b[1]=1，b[2]=2，…，b[100]=100。

(2) 程式第 5~7 列，設定

a[1]=1+0=1

a[2]=2+a[1]

a[3]=3+a[2]

…

+) a[n]=n+a[n-1]

---

a[n]=1+2+…+n

所以 a[30]=1+2+…+30，a[50]=1+2+…+50

a[50]-a[30]=31+…+50=(31+50) * 20 / 2=810

5. 下面哪組資料若依序存入陣列中，將無法直接使用二分搜尋法搜尋資料？（105/10/29 第 8 題）

(A) a, e, i, o, u

(B) 3, 1, 4, 5, 9

(C) 10000, 0, -10000

(D) 1, 10, 10, 10, 100

解 答案：(B)

使用二分搜尋法搜尋資料前，必須將資料排序過。

3, 1, 4, 5, 9 沒有排序過，故無法直接使用二分搜尋法搜尋資料。

6.

```
1  int A[5], B[5], i, c;
2     …
3  for (i=1 ; i<=4 ; i=i+1) {
4        A[i]=2+i*4;
5        B[i]=i*5;
6  }
7  c=0;
8  for (i=1 ; i<=4 ; i=i+1) {
9     if (B[i]>A[i]) {
10       c=c+(B[i] % A[i]);
11    }
12    else {
13       c=1;
14    }
15 }
16 cout << c << endl;
```

C++ 語言寫法

```
1  int A[5], B[5], i, c;
2     …
3  for (i=1 ; i<=4 ; i=i+1) {
4        A[i]=2+i*4;
5        B[i]=i*5;
6  }
7  c=0;
8  for (i=1 ; i<=4 ; i=i+1) {
9     if (B[i]>A[i]) {
10       c=c+(B[i] % A[i]);
11    }
12    else {
13       c=1;
14    }
15 }
16 printf("%d\n",c);
```

C 語言寫法

請問上方程式輸出為何？（105/3/5 第 9 題）

(A) 1

(B) 4

(C) 3

(D) 33

解 答案：(B)

(1) 程式第 8~14 列的迴圈，在 i=1 及 i=2 時，B[i]<A[i]，所以 c=1

(2) 在 i=3，B[i]=15>A[i]=14，所以 c=c+(B[i] % A[i])=1+15 %

14=2

(3) 在 i=4 時，B[i]=20>A[i]=18，所以 c=c+(B[i] % A[i])=2+20 % 18=4

7. 定義 a[n] 為一陣列 (array)，陣列元素的指標為 0 至 n-1。若要將陣列中 a[0] 的元素移到 a[n-1]，下方程式片段空白處該填入何運算式？（105/3/5 第 11 題）

```
1  int i, hold, n;
2     …
3  for (i=0 ; i<=____; i=i+1) {
4        hold=a[i];
5        a[i]=a[i+1];
6        a[i+1]=hold;
7  }
```

C++ 語言及 C 語言寫法

(A) n+1

(B) n

(C) n-1

(D) n-2

解 答案：(D)

(1) 程式第 4~6 列的目的，是將 a[i] 與 a[i+1] 的內容交換。因此，a[0] 的元素要移到 a[n-1]，需經過 (n-1) 次交換。

(2) 程式第 3~7 列的迴圈變數 i 從 0 開始，若 i <= (n-2)，則執行 (n-1)次的交換。所以空白處該填入 (n-2)。

8. 下方程式碼執行後輸出結果為何？（105/10/29 第 5 題）

```
int a[9]={1, 3, 5, 7, 9, 8, 6, 4, 2};
int n=9, tmp;
```

```
3 for (int i=0; i<n; i=i+1) {
4       tmp=a[i];
5       a[i]=a[n-i-1];
6       a[n-i-1]=tmp;
7 }
8 for (int i=0; i<=n/2; i=i+1)
9       cout << a[i] << " " << a[n-i-1];
```

C++ 語言寫法

```
1 int a[9]={1, 3, 5, 7, 9, 8, 6, 4, 2};
2 int n=9, tmp;
3 for (int i=0; i<n; i=i+1) {
4       tmp=a[i];
5       a[i]=a[n-i-1];
6       a[n-i-1]=tmp;
7 }
8 for (int i=0; i<=n/2; i=i+1)
9       printf("%d %d ", a[i], a[n-i-1]);
```

C 語言寫法

(A) 2 4 6 8 9 7 5 3 1 9

(B) 1 3 5 7 9 2 4 6 8 9

(C) 1 2 3 4 5 6 7 8 9 9

(D) 2 4 6 8 5 1 3 7 9 9

解 答案：(C)

(1) 程式第 3~7 列 for 迴圈的目的，是將 a[0] 與 a[8] 的內容交換，a[1] 與 a[7] 的內容交換，a[2] 與 a[6] 的內容交換，a[3] 與 a[5] 的內容交換，a[4] 與 a[4] 的內容交換，a[5] 與 a[3] 的內容交換，a[6] 與 a[2] 的內容交換，a[7] 與 a[1] 的內容交換及 a[8] 與 a[0] 的內容交換。其實 for 迴圈執行後，a[0]~a[8] 的內容與未交換前完全相同。

(2) 程式第 8~9 列 for 迴圈，是輸出 a[0]，a[8]，a[1]，a[7]，a[2]，a[6]，a[3]，a[5]，a[4]，a[4]。所以，輸出結果為 1234567899。

9.

```
int A[8]={0, 2, 4, 6, 8, 10, 12, 14};

int Search(int x) {
    int high=7;
    int low=0;
    while (high > low) {
        int mid=(high + low)/2;
        if (A[mid] <= x) {
            low=mid+1;
        }
        else {
            high=mid;
        }
    }
    return A[high];
}
```

C++ 語言及 C 語言寫法

給定一個 1*8 的陣列 A，A={0, 2, 4, 6, 8, 10, 12, 14}。

上方函式 Search(x) 真正目的是找到 A 之中大於 x 的最小值。然而，

這個函式有誤。請問下列哪個函式呼叫可測出有誤？（106/3/4 第 1 題）

(A) Search(-1)

(B) Search(0)

(C) Search(10)

(D) Search(16)

解 答案：(D)

在 A 陣列中，沒有一個元素大於 16，因此，無法找到 A 陣列中大於16 的最小值。但程式執行後，卻回傳 14(=A[7])，故 Search(16) 可測出函式 Search(x) 有誤。

10. 下方程式片段主要功能為：輸入六個整數，檢測並印出最後一個數字是否為六個數字中最小的值。然而，這個程式是錯誤的。請問以下哪一組測試資料可以測試出程式有誤？（105/3/5 第 17 題）

```
#define TRUE 1
#define FALSE 0
int d[6], val, allBig;
   …
for (int i=1 ; i<=5 ; i=i+1) {
      cin >> d[i];
}
cin >> val;
allBig=TRUE;
for (int i=1 ; i<=5 ; i=i+1) {
      if (d[i] > val) {
           allBig=TRUE;
      }
      else {
           allBig=FALSE;
```

```
        }
}
if (allBig == TRUE) {
    cout << val <<" is the smallest." << endl;
}
else {
    cout << val << " is not the smallest." << endl;
}
```

C++ 語言寫法

```
#define TRUE 1
#define FALSE 0
int d[6], val, allBig;
    ...
for (int i=1 ; i<=5 ; i=i+1) {
        scanf("%d", &d[i]);
}
scanf("%d", &val);
allBig=TRUE;
for (int i=1 ; i<=5 ; i=i+1) {
        if (d[i] > val) {
            allBig=TRUE;
        }
        else {
            allBig=FALSE;
        }
}
```

```
18 if (allBig == TRUE) {
19         printf("%d is the smallest.\n", val);
20 }
21 else {
22         printf("%d is not the smallest.\n", val);
23 }
```

C 語言寫法

(A) 11 12 13 14 15 3

(B) 11 12 13 14 25 20

(C) 23 15 18 20 11 12

(D) 18 17 19 24 15 16

解 答案：(B)

(1) 程式第 10~17 列的迴圈重複 5 次，若前 4 個數小於第 6 個數 val，但第 5 個數大於第 6 個數 val，則會輸出 val 是最小值，這是邏輯設計不對所造成的錯誤結果。所以 (B) 11 12 13 14 25 20 這一組可以測試出程式有誤。

(2) 第 11~16 列應改成：

```
if (d[i] < val) {
    allBig=FALSE;
    break;
}
```

11.

```
int maze[5][5]={{1,1,1,1,1},
                {1,0,1,0,1},
                {1,1,0,0,1},
                {1,0,0,1,1},
                {1,1,1,1,1}};
```

```
6 int count=0;
7 for (int i=1; i<=3; i=i+1) {
8         for (int j=1; j<=3; j=j+1) {
9                 int dir[4][2]={{-1,0}, {0,1}, {1,0}, {0,-1}};
10                for (int d=0; d<4; d=d+1) {
11                        if (maze[i+dir[d][0]][j+dir[d][1]] == 1) {
12                                count=count+1;
13                        }
14                }
15        }
16 }
```

C++ 語言及 C 語言寫法

上方程式片段執行後，count 的值為何？（105/10/29 第 11 題）

(A) 36

(B) 20

(C) 12

(D) 3

解 答案：(B)

(1) 除了 maze[1][1]，maze[1][3]，maze[2][2]，maze[2][3]，maze[3][1] 及 maze[3][2] 外，其他的 maze[i+dir[d][0]][j+dir[d][1]]=1。

(2) 當 i=1 且 j=1 時：

d 從 0 變化到 3，「[i+dir[d][0]][j+dir[d][1]]」分別對應「[0][1]」，「[1][2]」，「[2][1]」，及「[1][0]」。有 4 個「maze[i+dir[d][0]][j+dir[d][1]]」滿足程式第 11 列的條件，故「count=count+1;」被執行 4 次，count=0+1+1+1+1=4。

(3) 當 i=1 且 j=2 時：

d 從 0變化到3，「[i+dir[d][0]][j+dir[d][1]]」分別對應「[0][2]」，「[1][3]」，「[2][2]」，及「[1][1]」。有1個「maze[i+dir[d][0]][j+dir[d][1]]」滿足程式第 11 列的條件，故「count=count+1;」被執行 1 次，count=4+1=5。

(4) 當 i=1 且 j=3 時：

d 從 0 變化到 3，「[i+dir[d][0]][j+dir[d][1]]」分別對應「[0][3]」，「[1][4]」，「[2][3]」，及「[1][2]」。有 3 個「maze[i+dir[d][0]][j+dir[d][1]]」滿足程式第 11 列的條件，故「count=count+1;」被執行 3 次，count=5+3=8。

(5) 當 i=2 且 j=1 時：

d 從 0 變化到 3，「[i+dir[d][0]][j+dir[d][1]]」分別對應「[1][1]」，「[2][2]」，「[3][1]」，及「[2][0]」。有 1 個「maze[i+dir[d][0]][j+dir[d][1]]」滿足程式第 11 列的條件，故「count=count+1;」被執行 1 次，count=8+1=9。

(6) 當 i=2 且 j=2 時：

d 從 0 變化到 3，「[i+dir[d][0]][j+dir[d][1]]」分別對應「[1][2]」，「[2][3]」，「[3][2]」，及「[2][1]」。有 2 個「maze[i+dir[d][0]][j+dir[d][1]]」滿足程式第 11 列的條件，故「count=count+1;」被執行 2 次，count=9+2=11。

(7) 當 i=2 且 j=3 時：

d 從 0 變化到 3，「[i+dir[d][0]][j+dir[d][1]]」分別對應「[1][3]」，「[2][4]」，「[3][3]」，及「[2][2]」。有 2 個「maze[i+dir[d][0]][j+dir[d][1]]」滿足程式第 11 列的條件，故「count=count+1;」被執行 2 次，count=11+2=13。

(8) 當 i=3 且 j=1 時：

d 從 0 變化到 3，「[i+dir[d][0]][j+dir[d][1]]」分別對應「[2][1]」，「[3][2]」，「[4][1]」，及「[3][0]」。有 3 個「maze[i+dir[d][0]][j+dir[d][1]]」滿足程式第 11 列的條件，故「count=count+1;」被執行 3 次，count=13+3=16。

(9) 當 i=3 且 j=2 時：

d 從 0 變化到 3，「[i+dir[d][0]][j+dir[d][1]]」分別對應「[2][2]」，「[3][3]」，「[4][2]」，及「[3][1]」。有 2 個「maze[i+dir[d][0]][j+dir[d][1]]」滿足程式第 11 列的條件，故「count=count+1;」被執行 2 次，count=16+2=18。

(10) 當 i=3 且 j=3 時：

d 從0 變化到 3，「[i+dir[d][0]][j+dir[d][1]]」分別對應「[2][3]」，「[3][4]」，「[4][3]」，及「[3][2]」。有 2 個「maze[i+dir[d][0]][j+dir[d][1]]」滿足程式 第 11 列的條件，故「count=count+1;」被執行 2 次，count=18+2=20。

12.

```
int A[n]={⋯};
int p = q = A[0];
for (int i=1; i<n; i=i+1) {
    if (A[i] > p)
        p=A[i];
    if (A[i] < q)
        q=A[i];
}
```

C++ 語言及 C 語言寫法

若 A 是一個可儲存 n 筆整數的陣列，且資料儲存於 A[0]~A[n-1]。經過上方程式碼運算後，以下何者敘述不一定正確？（106/3/4 第 5 題）

(A) p 是 A 陣列資料中的最大值

(B) q 是 A 陣列資料中的最小值

(C) q < p

(D) A[0] <= p

解 答案：(C)

若 A 陣列中的元素都相等，則 q=p。

13.

```
int A[n]={…};
int p = q = A[0];
for (int i=1; i<n; i=i+1) {
    if (A[i] > p)
        p=A[i];
    if (A[i] < q)
        q=A[i];
}
```

C++ 語言及 C 語言寫法

若 A 是一個可儲存 n 筆整數的陣列，且資料儲存於 A[0]~A[n-1]。經過上方程式碼運算後，以下何者敘述不一定正確？（106/3/4 第 5 題）

(A) p 是 A 陣列資料中的最大值

(B) q 是 A 陣列資料中的最小值

(C) q < p

(D) A[0] <= p

解 答案：(C)

若 A 陣列中的元素都相等，則 q=p。

14. 若函式 rand() 的回傳值為一介於 0 和 10000 之間的亂數，下列那個運算式可產生介於 100 和 1000之間的任意數（包含 100 和 1000）？（106/3/4 第 12 題）

(A) rand() % 900 + 100

(B) rand() % 1000 + 1

(C) rand() % 899 + 101

(D) rand() % 901 + 100

解 答案：(D)

100 + rand() % (1000-100+1)=100 + rand() % 901

（請參考「**7-5-2 亂數產生函式 rand**」）

15. 下方程式擬找出陣列 A[ ] 中的最大值和最小值。不過，這段程式碼有誤，請問 A[ ] 初始值如何設定就可以測出程式有誤？（106/3/4 第 19 題）

```
int main( ) {
    int M=-1, N=101, s=3;
    int A[ ]=___?___;

    for (int i=0; i<s; i=i+1) {
        if (A[i] > M) {
            M=A[i];
        }
        else if (A[i] < N) {
            N=A[i];
        }
    }
    cout << "M=" << M << ", N=" << N;
    return 0;
}
```

C++ 語言寫法

```
int main( ) {
    int M=-1, N=101, s=3;
    int A[ ]=___?___;

    for (int i=0; i<s; i=i+1) {
```

```
6            if (A[i] > M) {
7                M=A[i];
8            }
9            else if (A[i] < N) {
10               N=A[i];
11           }
12       }
13       printf("M=%d, N=%d", M, N);
14       return 0;
15   }
```

C 語言寫法

(A) {90, 80, 100}

(B) {80, 90, 100}

(C) {100, 90, 80}

(D) {90, 100, 80}

解 答案：(B)

若 A 陣列中的元素從小到大排列，則程式第 9 列的條件都不會被執行。因此，最小值為 101(=N)，這結果是錯的。

二、程式設計實作題

1. 問題描述（105/3/5 第 1 題 成績指標）

一次考試中，於所有及格學生中獲取最低分數者最為幸運，反之，於所有不及格同學中，獲取最高分數者，可以說是最為不幸，而此二種分數，可以視為成績指標。

請你設計一支程式，讀入全班成績（人數不固定），請對所有分數進行排序，並分別找出不及格中最高分數，以及及格中最低分數。

當找不到最低及格分數，表示對於本次考試而言，這是一個不幸之班級，此時請你印出：「worst case」；反之，當找不到最高不及格分數時，請你印出「best case」。

註：假設及格分數為 60，每筆測資皆為 0~100 間整數，且筆數未定。

輸入格式

第一行輸入學生人數，第二行為各學生分數（0~100 間），分數與分數之間以一個空白間隔。每一筆測資的學生人數為 1~20 的整數。

輸出格式

每筆測資輸出三行。

第一行由小而大印出所有成績，兩數字之間以一個空白間隔，最後一個數字後無空白；

第二行印出最高不及格分數，如果全數及格時，於此行印出 best case；

第三行印出最低及格分數，當全數不及格時，於此行印出 worst case。

範例一：輸入

10

0 11 22 33 55 66 77 99 88 44

範例一：正確輸出

0 11 22 33 44 55 66 77 88 99

55

66

（說明）不及格分數最高為 55，及格分數最低為 66。

範例二：輸入

1

13

範例二：正確輸出

13

13

worst case

（說明）由於找不到最低及格分數，因此第三行須印出「worst case」。

範例三：輸入

2

73 65

範例三：正確輸出

65 73

best case

65

（說明）由於找不到不及格分數，因此第二行須印出「best case」。

評分說明

輸入包含若干筆測試資料，每一筆測試資料的執行時間限制 (time limit) 均為 2 秒，依正確通過測資筆數給分。

2. 問題描述（105/3/5 第 3 題 線段覆蓋長度）

給定一維座標上一些線段，求這些線段所覆蓋的長度，注意重疊部分只能算一次。例如給定四個線段：(5,6)、(1,2)、(4,8)、和 (7,9)，如下圖，線段覆蓋長度為 6。

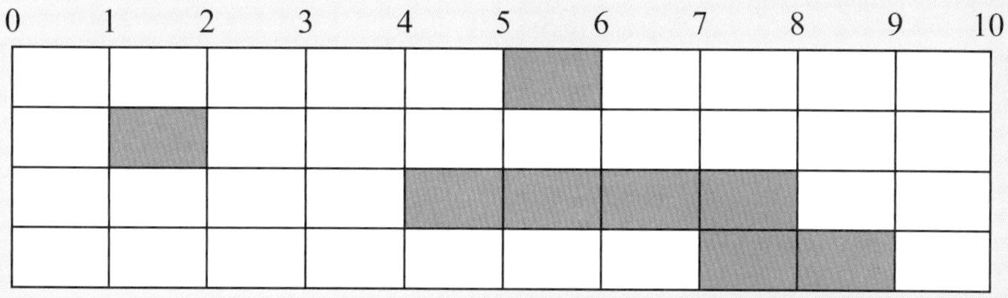

0 1 2 3 4 5 6 7 8 9 10

輸入格式：

第一列是一個正整數 N，表示此測試案例有 N 個線段。

接著的 N 列每一列是一個線段的開始端點座標和結束端點座標整數值，開始端點座標值小於等於結束端點座標值，兩者之間以一個空格區隔。

輸出格式：

輸出其總覆蓋的長度。

範例一：輸入

輸入	說明
5	此測試案例有 5 個線段
160 180	開始端點座標值與結束端點座標值
150 200	開始端點座標值與結束端點座標值
280 300	開始端點座標值與結束端點座標值
300 330	開始端點座標值與結束端點座標值
190 210	開始端點座標值與結束端點座標值

範例一：輸出

輸入	說明
110	測試案例的結果

範例二：輸入

輸入	說明
1	此測試案例有 1 線段
120 120	開始端點座標值與結束端點座標值

範例二：輸出

輸入	說明
0	測試案例的結果

評分說明

輸入包含若干筆測試資料，每一筆測試資料的執行時間限制 (time limit) 均為 2 秒，依正確通過測資筆數給分。每一個端點座標是一個介於0~M 之間的整數，每一筆測試案例線段個數上限為 N。其中：

第一子題組共 30 分，$M<1000$，$N<100$，線段沒有重疊。

第二子題組共 40 分，$M<1000$，$N<100$，線段可能重疊。

第三子題組共 30 分，$M<10000000$，$N<10000$，線段可能重疊。

3. 問題描述（105/10/29 第 1 題 三角形辨別）

三角形除了是最基本的多邊形外，亦可進一步細分為鈍角三角形、直角三角形及銳角三角形。若給定三個線段的長度，透過下列公式的運算，即可得知此三線段的長度能否構成三角形，亦可判斷是直角、銳角和鈍角三角形。

提示：若 a、b、c 為三個線段的邊長，且 c 為最大值，則

若 $a+b \leqq c$，三線段無法構成三角形

若 $a \times a+b \times b<c \times c$，三線段構成鈍角三角形 (Obtuse triangle)

若 $a \times a+b \times b=c \times c$，三線段構成直角三角形 (Right triangle)

若 $a \times a+b \times b>c \times c$，三線段構成銳角三角形 (Acute triangle)

請設計程式以讀入三個線段的長度判斷並輸出此三線段可否構成三角

形？若可，判斷並輸出其所屬三角形類型。

輸入格式

輸入僅一行包含三正整數，三正整數皆小於 30,001，兩數之間有一空白。

輸出格式

輸出共有兩行，第一行由小而大印出此三正整數，兩數字之間以一個空白間隔，最後一個數字後不應有空白；第二行輸出三角形的類型：
若無法構成三角形時輸出「No」；
若構成鈍角三角形時輸出「Obtuse」；
若直角三角形時輸出「Right」；
若銳角三角形時輸出「Acute」。

範例一：輸入	範例二：輸入	範例三：輸入
3 4 5	101 100 99	10 100 10
範例一：正確輸出 3 4 5 Right	範例二：正確輸出 99 100 101 Acute	範例三：正確輸出 10 10 100 No
（說明） a×a+b×b=c×c 成立時為直角三角形。	（說明） 邊長排序由小到大輸出，a×a+b×b>c×c 成立時為銳角三角形。	（說明） 由於無法構成三角形，因此第二行須印出「No」。

評分說明

輸入包含若干筆測試資料，每一筆測試資料的執行時間限制 (time limit) 均為 1 秒，依正確通過測資筆數給分。

4. 問題描述（105/10/29 第 2 題 最大和）

給定 N 群數字，每群都恰有M 個正整數。若從每群數字中各選擇一個數字（假設第 i 群所選出數字為 t_i），將所選出的 N 個數字加總即可得總和 $S=t_1+t_2+\cdots+t_N$。請寫程式計算 S 的最大值（最大總和），並判斷各群所選出的數字是否可以整除 S。

輸入格式

第一行有二個正整數 N 和 M，1≦N≦20，1≦M≦20。

接下來的 N 行，每一行各有 M 個正整數 x_i，代表一群整數，數字與數字間有一個空格，且 1≦i≦M，以及 $1≦x_i≦256$。

輸出格式

第一行輸出最大總和 S。

第二行按照被選擇數字所屬群的順序，輸出可以整除 S 的被選擇數字，數字與數字間以一個空格隔開，最後一個數字後無空白；若 N 個被選擇數字都不能整除 S，就輸出 -1。

範例一：輸入

```
3 2
1 5
6 4
1 1
9 5 3
```

範例一：正確輸出

```
12
6 1
```

（說明）

挑選的數字依序是 5, 6, 1，總和 S=12。而此三數中可整除 S 的是 6 與 1，6 在第二群，1 在第 3 群所以先輸出 6 再輸出 1。注意，1 雖然也出現在第一群，但它不是第一群中挑出的數字，所以順序是先 6 後 1。

範例二：輸入

```
4 3
6 3 2
2 7 9
4 7 1
```

範例二：正確輸出

```
31
-1
```

（說明）

挑選的數字依序是 6,9,7, 9，總和 S=31。而此四數中沒有可整除 S 的，所以第二行輸出 -1。

評分說明

輸入包含若干筆測試資料，每一筆測試資料的執行時間限制 (time limit) 均為 1 秒，依正確通過測資筆數給分。其中：

第 1 子題組 20 分：1≦N≦20，M=1。

第 2 子題組 30 分：1≦N≦20，M=2。

第 3 子題組 50 分：1≦N≦20，1≦M≦20。

5. 問題描述（105/10/29 第 3 題 定時 K 彈）

「定時 K 彈」是一個團康遊戲，N 個人圍成一個圈，由 1 號依序到 N 號，從 1 號開始依序傳遞一枚玩具炸彈，炸彈每次到第 M 個人就會爆炸，此人即淘汰，被淘汰的人要離開圓圈，然後炸彈再從該淘汰者的下一個開始傳遞。遊戲之所以稱 K 彈是因為這枚炸彈只會爆 K 次，在第 K 次爆炸後，遊戲即停止，而此時在第 K 個淘汰者的下一位遊戲者被稱為幸運者，通常就會被要求表演節目。例如 N=5，M=2，如果 K=2，炸彈會爆兩次，被爆炸淘汰的順序依序是 2 與 4（參見下圖），這時 5 號就是幸運者。如果 K=3，剛才的遊戲會繼續，第三個淘汰的是 1 號，所以幸運者是 3 號。如果 K=4，下一輪淘汰 5 號，所以 3 號是幸運者。

給定 N、M 與 K，請寫程式計算出誰是幸運者。

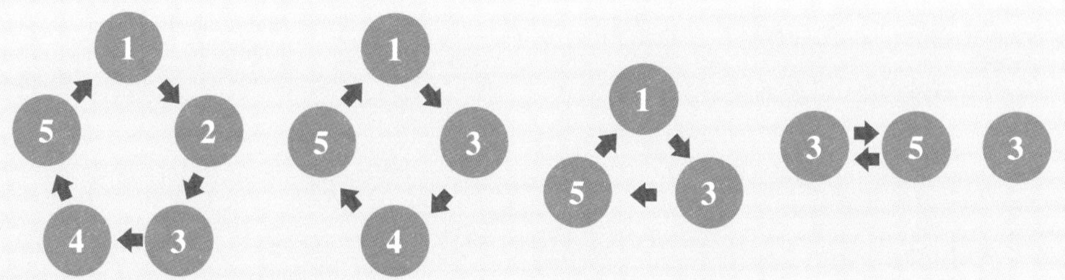

輸入格式

輸入只有一行包含三個正整數，依序為 N、M 與 K，兩數中間有一個空格分開。其中 1≤K<N。

輸出格式

請輸出幸運者的號碼，結尾有換行符號。

範例一：輸入	範例二：輸入
5 2 4	8 3 6
範例一：正確輸出	範例二：正確輸出
3	4
（說明） 被淘汰的順序是 2、4、1、5，此時 5 的下一位是 3，也是最後剩下的，所以幸運者是 3。	（說明） 被淘汰的順序是3、6、1、5、2、8，此時 8 的下一位是 4，所以幸運者是 4。

評分說明

輸入包含若干筆測試資料，每一筆測試資料的執行時間限制 (time limit) 均為 1 秒，依正確通過測資筆數給分。其中：

第 1 子題組 20 分，1≤N≤100，且 1≤M≤10，K=N-1。

第 2 子題組 30 分，1≤N≤10,000，且 1≤M≤1,000,000，K=N-1。

第 3 子題組 20 分，1≤N≤200,000，且 1≤M≤1,000,000，K=N-1。

第 4 子題組 30 分，1≤N≤200,000，且 1≤M≤1,000,000，1≤K<N。

6. 問題描述（105/10/29 第 4 題 棒球遊戲）

謙謙最近迷上棒球，他想自己寫一個簡化的棒球遊戲計分程式。這個程式會讀入球隊中每位球員的打擊結果，然後計算出球隊的得分。

這是個簡化版的模擬，假設擊球員的打擊結果只有以下情況：

(1) 安打：以 1B,2B,3B 和 HR 分別代表一壘打、二壘打、三壘打和全（四）壘打。

(2) 出局：以 FO,GO, 和 SO 表示。

這個簡化版的規則如下：

(1) 球場上有四個壘包，稱為本壘、一壘、二壘和三壘。

(2) 站在本壘握著球棒打球的稱為「擊球員」，站在另外三個壘包的稱為「跑壘員」。

(3) 當擊球員的打擊結果為「安打」時，場上球員（擊球員與跑壘員）可以移動；結果為「出局」時，跑壘員不動，擊球員離場，換下一位擊球員。

(4) 球隊總共有九位球員，依序排列。比賽開始由第 1 位開始打擊，當第 i 位球員打擊完畢後，由第 (i+1) 位球員擔任擊球員。當第九位球員打擊完畢後，則輪回第一位球員。

(5) 當打出 K 壘打時，場上球員（擊球員和跑壘員）會前進 K 個壘包。從本壘前進一個壘包會移動到一壘，接著是二壘、三壘，最後回到本壘。

(6) 每位球員回到本壘時可得 1 分。

(7) 每達到三個出局數時，一、二和三壘就會清空（跑壘員都得離開），重新開始。

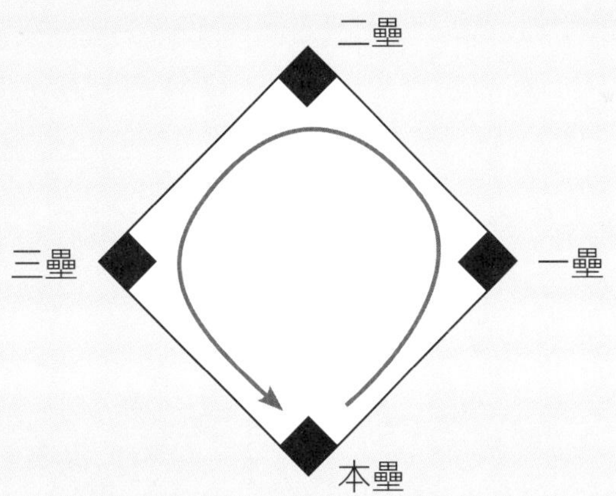

請寫出具備這樣功能的程式，計算球隊的總得分。

輸入格式

1. 每組測試資料固定有十行。
2. 第一到九行，依照球員順序，每一行代表一位球員的打擊資訊。每一行開始有一個正整數 $a(1 \leq a \leq 5)$，代表球員總共打了 a 次。接下來有 a 個字串（均為兩個字元），依序代表每次打擊的結果。

資料之間均以一個空白字元隔開。球員的打擊資訊不會有錯誤也不會缺漏。

3. 第十行有一個正整數 $b(1 \leq b \leq 27)$，表示我們想要計算當總出局數累計到 b 時，該球隊的得分。輸入的打擊資訊中至少包含 b 個出局數。

輸出格式

計算在總計第 b 個出局數發生時的總得分，並將此得分輸出於一行。

範例一：輸入
5 1B 1B FO GO 1B
5 1B 2B FO FO SO
4 **SO** HR SO 1B
4 **FO** FO FO HR
4 1B 1B 1B 1B
4 **GO** GO 3B GO
4 1B GO GO SO
4 SO GO 2B 2B
4 3B GO GO FO
3

範例一：正確輸出
0

（說明）
1B：一壘有跑壘員。
1B：一、二壘有跑壘員。
SO：一、二壘有跑壘員，一出局。
FO：一、二壘有跑壘員，兩出局。
1B：一、二、三壘有跑壘員，兩出局。
GO：一、二、三壘有跑壘員，三出局。

範例二：輸入
5 1B 1B FO GO 1B
5 1B 2B FO FO SO
4 **SO** HR SO 1B
4 **FO** **FO** FO HR
4 1B 1B 1B 1B
4 **GO** **GO** 3B GO
4 1B GO GO SO
4 **SO** GO 2B 2B
4 3B GO GO FO
6

範例二：正確輸出
5

（說明）接續範例一，達到第三個出局數時未得分，壘上清空。
1B：一壘有跑壘員。
SO：一壘有跑壘員，一出局。
3B：三壘有跑壘員，一出局，得一分。
1B：一壘有跑壘員，一出局，得兩分。
2B：二、三壘有跑壘員，一出局，得兩分。

達到第三個出局數時，一、二、三壘均有跑壘員，但無法得分。因為 b=3，代表三個出局就結束比賽，因此得到 0 分。

HR：一出局，得五分。
FO：兩出局，得五分。
1B：一壘有跑壘員，兩出局，得五分。
GO：一壘有跑壘員，三出局，得五分。

因為 b=6，代表要計算的是累積六個出局時的得分，因此在前 3 個出局數時得 0 分，第 4~6 個出局數得到 5 分，因此總得分是 0+5=5 分。

評分說明

輸入包含若干筆測試資料，每一筆測試資料的執行時間限制 (time limit) 均為 1 秒，依正確通過測資筆數給分。其中：

第 1 子題組 20 分，打擊表現只有 HR 和 SO 兩種。

第 2 子題組 20 分，安打表現只有 1B，而且 b 固定為 3。

第 3 子題組 20 分，b 固定為 3。

第 4 子題組 40 分，無特別限制。

7. **問題描述**（106/3/4 第 3 題 數字龍捲風）

給定一個 N*N 的二維陣列，其中 N 是奇數，我們可以從正中間的位置開始，以順時針旋轉的方式走訪每個陣列元素恰好一次。對於給定的陣列內容與起始方向，請輸出走訪順序之內容。下面的例子顯示了 N=5 且第一步往左的走訪順序：

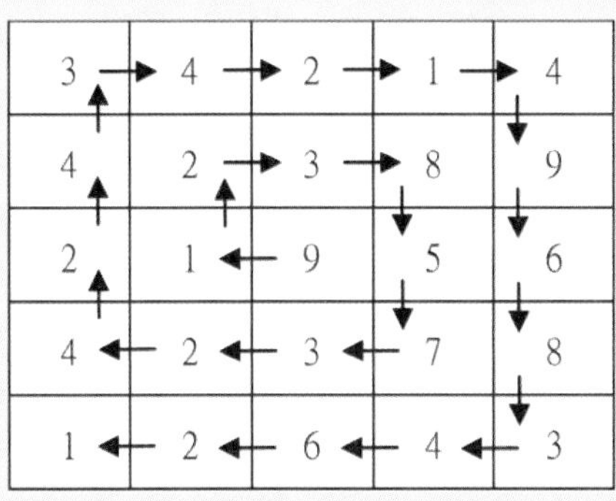

依此順序輸出陣列內容則可以得到「9123857324243421496834621」。

類似地，如果是第一步向上，則走訪順序如下：

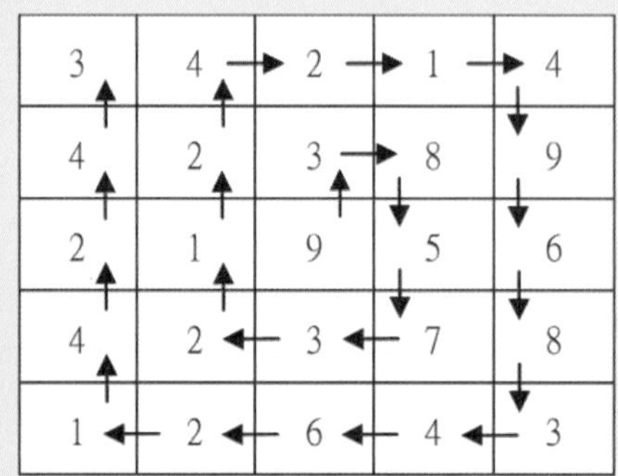

依此順序輸出陣列內容則可以得到「9385732124214968346214243」。

輸入格式

輸入第一行是整數 N，N 為奇數且不小於 3。第二行是一個 0~3 的整數代表起始方向，其中 0 代表左、1 代表上、2 代表右、3 代表下。第三行開始 N 行是陣列內容，順序是由上而下，由左至右，陣列的內容為 0~9 的整數，同一行數字中間以一個空白間隔。

輸出格式

請輸出走訪順序的陣列內容，該答案會是一連串的數字，數字之間不要輸出空白，結尾有換行符號。

範例一：輸入
5
0
3 4 2 1 4
4 2 3 8 9
2 1 9 5 6
4 2 3 7 8
1 2 6 4 3

範例二：輸入
3
1
4 1 2
3 0 5
6 7 8

範例二：正確輸出
012587634

範例一：正確輸出
9123857324243421496834621

評分說明

輸入包含若干筆測試資料，每一筆測試資料的執行時間限制 (time limit) 均為 1 秒，依正確通過測資筆數給分。其中：

第 1 子題組 20 分，$3 \le N \le 5$，且起始方向均為向左。

第 2 子題組 80 分，$3 \le N \le 49$，起始方向無限定。

提示：本題有多種處理方式，其中之一是觀察每次轉向與走的步數。例如，起始方向是向左時，前幾步的走法是：左 1、上 1、右 2、下 2、左 3、上 3、…… 一直到出界為止。

Chapter 8
自訂函式

8-1 函式定義

8-2 函式宣告

8-3 函式呼叫

8-4 參數型態為陣列的函式

8-5 益智遊戲範例

大學程式設計先修檢測 (APCS) 試題解析

在「第 6 章　內建函式」中，介紹了函式的定義及 C++ 語言常用的內建函式。但 C++ 語言提供的內建函式，並無法完全滿足所有使用者的需求。因此，建立個人或問題專屬的函式，就成為程式設計者的一項基本技能。使用者自行建立的函式，稱為自訂函式，簡稱為函式。

8-1 函式定義

具有特定功能的方法，稱為函式。陳述函式的做法，稱為函式定義。函式定義的語法結構如下：

```
函式型態 函式名稱([參數型態1  參數1, 參數型態2  參數2, …])
{
  程式敘述;
  .
  .
  .
  [return  常數(或變數或運算式或函式);]
}
```

[語法結構說明]

- 函式型態，是指函式呼叫後所回傳的資料之型態。它可以是 C++ 語言中任一種資料型態。若呼叫函式後無回傳任何資料，則函式型態填入「void」型態。
- 函式及參數的名稱命名規則，與變數一樣。參數型態是指函式呼叫時，所傳入的資料之型態，可以是 C++ 語言中的任一種資料型態。
- 「[ ]」，表示其內部的敘述是選擇性，需要與否視情況而定。若無參數，則「[ ]」中的敘述可省略。參數的作用是接收外界傳給函式的資料，在上述的語法結構中，它是基本型態變數，不是參考型態變數。

- 若函式型態為「void」，則在函式的定義中，「return …;」敘述就可省略。若一個函式型態不是「void」，則在函式的定義中，一定要有「return …;」敘述。「return …;」敘述的作用，是結束函式執行，並回到原先呼叫該函式的地方。若有資料要回傳，也會一起跟著傳回去。
- return 的語法如下：

```
return 常數(或變數或運算式或函式);
```

8-2 函式宣告

撰寫 C++ 語言程式時，為了方便了解程式要處理的核心問題，通常「main( ) { }」主程式（函式）的位置會安排在自訂函式之前。與變數一樣，自訂函式也須經過宣告，才可被呼叫，否則編譯時可能會出現**未宣告識別字名稱**的錯誤訊息（切記）：「**'識別字名稱' undeclared (first use in this function)**」。

函式宣告的位置，可以在主程式「main( ) { }」之前或「main( ) { }」內或「其他函式」定義內，差別在於它可被呼叫的區域不同而已。若函式宣告在主程式「main( ) { }」之前，則在整個程式的任何位置它都可被呼叫。若函式宣告在「main( ) { }」內或「其他函式」定義內，則函式就只能在主程式「main( ) { }」或「其他函式」定義內可以被使用。

函式宣告的語法如下：

```
函式型態 函式名稱([參數型態1 參數1, 參數型態2 參數2, …]);
```

[註] 只要複製函式定義的首列，並在「( )」後面加上「;」，該函式宣告就完成了。

8-3 函式呼叫

有了函式定義及函式宣告後，接著才能有函式呼叫的行為。所謂函式呼叫，就是以「函式名稱(引數資料)」或「函式名稱( )」的形式來表示。

依函式是否回傳資料，將函式呼叫的語法分成下列兩種類型：

1. 無回傳資料的函式呼叫語法如下：

```
函式名稱([引數1, 引數2,…]);
```

2. 有回傳資料的函式呼叫語法如下：

```
變數 = 函式名稱([引數1, 引數2,…]);
或
將「函式名稱([引數1, 引數2,…])」放在其他敘述中
```

[註]

- 無論以哪種方式進行函式呼叫，呼叫時所傳入之引數的順序、個數及資料型態，都必須與對應的函式參數之順序、個數及資料型態相同，否則編譯時可能會出現與引數有關的錯誤訊息（切記）：

  「**too few arguments to function 'fff'**」（在函式 fff 內的引數太少）

  或

  「**too many arguments to function 'fff'**」（在函式 fff內 的引數太多）

  或

  「**note: expected 'int' but argument is of type 'int *'**」（在引數的型態應為 int，但卻給了整數指標型態）
- 若以有回傳資料的方式進行函式呼叫，則接收回傳資料的變數型態要與回傳資料的型態一致，否則結果會不正確。

「範例 1」的程式碼，是建立在「D:\C++ 程式範例\ch08」資料夾中的「範例 1.cpp」。以此類推，「範例 8」的程式碼，是建立在「D:\C++ 程式範例\ch08」資料夾中的「範例 8.cpp」。

範例 1	寫一程式，自訂一個無回傳值的計算總和函式 sum，輸出下列 3 個問題的結果。 (1) 1 + 3 + ... + 99 (2) 2 + 4 + ... + 10 (3) 3 + 6 + ... + 60。

```
#include <iostream>
#include <cstdlib>
using namespace std;
void sum(int first, int end, int diff); // sum函式宣告
int main()
 {
  sum(1, 99, 2); // sum函式呼叫,並傳入引數1,99及2
  sum(2, 10, 2); // sum函式呼叫,並傳入引數2,10及2
  sum(3, 60, 3); // sum函式呼叫,並傳入引數3,60及3

  return 0;
 }

//sum函式定義,first:首項,end:末項,diff:公差
void sum(int first, int end, int diff)
 {
  int i, total=0;
  for (i=first ; i<=end ; i=i+diff)
    total = total + i;

 cout << first << "+" << first+diff << "+…+" << end << "=" << total << endl;
 }
```

執行結果

```
1+3+...+99=2500
2+4+...+10=30
3+6+...+60=630
```

[程式說明]

第 15 列「void sum(int first, int end, int diff)」定義「sum()」為無回傳值的函式，故在「sum()」函式內部不能有「return」敘述。

範例 2	寫一程式，自訂一個有回傳值的計算總和函式 sum，輸出下列 3 個問題的結果。 (1) 1 + 3 + ... + 99 (2) 2 + 4 + ... + 10 (3) 3 + 6 + ... + 60

```
#include <iostream>
#include <cstdlib>
using namespace std;
int sum(int first, int end, int diff); // sum函式宣告
int main()
 {
  cout << 1 << "+" << 3 << "+…+" << 99 << "=" << sum(1, 99, 2) << endl;

  cout << 2 << "+" << 4 << "+…+" << 10 << "=" << sum(2, 10, 2) << endl;

  cout << 3 << "+" << 6 << "+…+" << 60 << "=" << sum(3, 60, 3) << endl;

  return 0;
 }

//sum函式定義,first:首項,end:末項,diff:公差
int sum(int first, int end, int diff)
 {
  int i, total=0;
  for (i=first ; i<=end ; i=i+diff)
     total = total + i;

  return total;
 }
```

執行結果

```
1+3+...+99=2500
2+4+...+10=30
3+6+...+60=630
```

[程式說明]

第 17 列「int sum(int first, int end, int diff)」定義「sum()」為回傳整數值的函式，故在「sum()」函式內部必須有「return 整數運算式或常數;」敘述。

由「範例 1」及「範例 2」可以看出，一個函式無論是用有回傳值的方式定義或無回傳值的方式定義，都能完成同樣的工作。雖然如此，兩者之間在用法上還是有所差異，可參考下列準則決定使用何種方式定義函式：

- 函式呼叫後，在函式中所得到的結果，若要做後續處理，則函式以有回傳值的方式來定義最合適。
- 函式呼叫後，在函式中所得到的結果，若不做後續處理，則函式以無回傳值的方式來定義最合適。

練習 1：

寫一程式，自訂一個有回傳值的溫度轉換函式 transform，輸入攝氏溫度，輸出華氏溫度。[提示] 華氏溫度= (攝氏溫度)(9/5) + 32。

範例 3	寫一程式，輸入一個正整數，輸出以質因數連乘的方式來表示此正整數。 （例如：12 = 2×2×3）

```
#include <iostream>
#include <cstdlib>
#include <cmath>
using namespace std;
int maxprimenumber(int n); // maxprimenumber函式宣告
int isprime(int n); // isprime函式宣告
int main( )
{
   int num;
```

```
    cout << "輸入一個正整數:";
    cin >> num;

    // 正整數num的最大質因數介於num到2之間
    int maxprime = maxprimenumber(num);
    cout << num << "=";

    int first=1;  // 第1次輸出質因數;第2次以後先輸出*,再輸出質因數
    for(int p = 2 ; p <= maxprime ;  p++)
    {
       if (isprime(p)) // p為質數時
       {
          if (num % p == 0)
          {
             if (first == 1)
                first=0;
             else
                cout << "*";

             num /= p;
             cout << p;
             p--;
          }
       }
    }
    cout << endl;

    return 0;
}

// maxprimenumber函式定義:取得正整數n的最大質因數
int maxprimenumber(int n)
{
    int i;

    // 正整數n的最大質因數介於n到2之間
```

```
    for(i=n ; i >= 2 ;  i--)
    {
        if (isprime(i))  // 判斷i是否為質數
        {
            if (n % i == 0)  // i為n的最大質因數
                break;
        }
    }

    return i;
}

// isprime函式定義:判斷正整數p是否為質數
int isprime(int p)
{
    int prime=1; // 記錄是否為質數,1:表示質數0:表示非質數
    int i;
    for (i=2 ; i<= (int) floor(sqrt(p)) ; i++)
    {
        // 不需判斷大於2的偶數j是否整除i
        // 因為i(>2)若為偶數,則會被2整除,便知p不是質數
        if (!(i > 2 && i % 2 == 0))
        {
            if (p % i == 0) // p不是質數
            {
                prime = 0;
                break;
            }
        }
    }

    return prime;
}
```

執行結果	輸入一個正整數:120 120=2*2*2*3*5

[程式說明]

- 若一個整數 p(>1) 的因數只有 p 和 1，則此整數稱為質數。
- 程式第 59~75 列，是根據古希臘數學家 Sieve of Eratosthenes（埃拉托斯特尼）的質數判別法，所定義出來的 isprime 函式：
  「判斷介於 2 ~ sqrt(p) 之間的整數 i 是否整除 p？」，若有一個整數 i 整除 p，則 n 不是質數，否則 p 為質數。

範例 4　寫一程式，輸入5 個正整數，輸出這 5 個正整數的最大公因數 (gcd) 及最小公倍數 (lcm)。

```
#include <iostream>
#include <cstdlib>
#include <cmath>
using namespace std;
int maxprimenumber(int n); // maxprimenumber函式宣告
int isprime(int p); // isprime函式宣告
int main( )
{
   int num[5],backup_num[5];
   cout << "輸入5個正整數(以空白間隔):";
   int i, maxnum;
   for (i = 0 ; i <= 4 ;  i++)
   {
      cin >> num[i];
      backup_num[i]=num[i];
      if (i == 0)
         maxnum=num[0];
      else if (maxnum < num[i])
         maxnum=num[i];
   }

   // 最大整數maxnum的最大質因數介於maxnum到2之間
   int maxprime = maxprimenumber(maxnum);

```

```
// 以短除法求gcd及lcm
int count; // 被質因數p整除的整數之個數
int gcd=1, lcm=1;
for (int p = 2 ; p <= maxprime ;  p++)
{
   if (isprime(p))
   {
      count = 0;
      for (i = 0 ; i <= 4 ;  i++)
      {
         if (num[i] % p == 0)
         {
            num[i] /= p;
            count++;
         }
      }

      if (count == 5)   // 每一個數都被p整除,才是公因數
         gcd *= p;

      // 只要有1個數被p整除,下一次要除的質因數仍然是p
      if (count >= 1)
      {
         lcm *= p;
         p--;
      }
   }
}

cout << "gcd(";
for (i = 0 ; i <= 4 ;  i++)
{
   cout << backup_num[i];
   if (i<=3)
      cout << ",";
}
```

```
    cout << ")=" << gcd;

    for (i = 0 ; i <= 4 ;  i++)
      lcm *= num[i];

    cout << ", lcm(";
    for (i = 0 ; i <= 4 ;  i++)
    {
      cout << backup_num[i];
      if (i<=3)
        cout << ",";
    }
    cout << ")=" << lcm << endl;

    return 0;
}

// maxprimenumber函式定義:取得正整數n的最大質因數
int maxprimenumber(int n)
{
    int i;

    // 正整數n的最大質因數介於n到2之間
    for(i=n ; i >= 2 ;  i--)
    {
      if (isprime(i))  // 判斷i是否為質數
      {
        if (n % i == 0)  // i為n的最大質因數
          break;
      }
    }

    return i;
}

// isprime函式定義:判斷正整數p是否為質數
```

```
int isprime(int p)
{
  int prime=1; // 記錄是否為質數, 1:表示質數 0:表示非質數
  int i;
  for (i=2 ; i<= (int) floor(sqrt(p)) ; i++)
  {
    // 不需判斷大於2的偶數j是否整除i
    // 因為i(>2)若為偶數，則會被2整除,便知p不是質數
    if (!(i > 2 && i % 2 == 0))
    {
      if (p % i == 0) // p不是質數
      {
        prime = 0;
        break;
      }
    }
  }

  return prime;
}
```

執行結果

```
輸入5個正整數(以空白間隔):2 4 6 8 10
gcd(2,4,6,8,10)=2 , lcm(2,4,6,8,10)=120
```

8-4 參數型態為陣列的函式

函式定義中的參數，是外界傳遞資訊給函式的管道。當外界要傳遞大量的資料給函式時，函式中的參數應避免宣告為基本型態的變數，而應考慮宣告為參考型態的陣列變數，以縮短函式定義的撰寫，同時免去多個不同參數名稱的命名困擾。

以下就參數為陣列變數時，從函式定義，函式宣告及函式呼叫，逐一說明。

1. 若參數為一維陣列變數，則函式定義的語法結構如下：

```
函式型態 函式名稱(參數型態1 參數1[ ], n)
{
  程式敘述;
  .
  .
  .
  [return 常數(或變數或運算式或函式);]
}
```

[語法結構說明]

- n 為一維陣列的長度。
- 若傳入的一維陣列不只一個時，則須在「( )」中再宣告其他參數。

  例：參數型態1 參數1[ ], n1,
  　　參數型態2 參數2[ ], n2, …。

  n1，n2，…分別代表一維陣列 1，一維陣列 2，…的長度。
- 其他要點，可參照「8-1 函式定義」的「語法結構說明」。

2. 若參數為二維陣列變數，則函式定義的語法結構如下：

```
函式型態 函式名稱(參數型態1 參數1[ ][二維陣列的第2維長度], m)
{
  程式敘述;
  .
  .
  .
  [return 常數(或變數或運算式或函式);]
}
```

[語法結構說明]

- m 為二維陣列的第 1 維長度；n 為二維陣列的第 2 維長度。
- 若傳入的二維陣列不只一個時，則須在「( )」中再宣告其他參數。

  例：參數型態1 參數1[ ][二維陣列1的第2維長度], m1,
  　　參數型態2 參數2[ ][二維陣列2的第2維長度], m2, …。

  m1，m2，…分別代表二維陣列 1，二維陣列 2，…的第 1 維長度。
- 其他要點，可參照「8-1 函式定義」的「語法結構說明」。

3. 參數為一維陣列變數，函式宣告的語法如下：

函式型態 函式名稱(參數型態1 參數1[ ], n);

4. 參數為二維陣列變數，函式宣告的語法如下：

函式型態 函式名稱(參數型態1 參數1[ ][n], m);

5. 若參數為一維陣列變數，則函式呼叫的語法如下：

函式名稱(一維陣列變數名稱, 一維陣列變數的元素個數)

6. 若參數為二維陣列變數，則函式呼叫的語法如下：

函式名稱(二維陣列變數名稱, 二維陣列變數的第1維元素個數)

[註] • 函式呼叫時，所傳入之引數的順序、個數及資料型態，都必須與對應的函式參數之順序、個數及資料型態相同，否則編譯時可能會出現與引數有關的錯誤訊息。（請參考「8-3 函式呼叫」說明）。

• 若函式有回傳值，則呼叫函式時，函式需與其他敘述放在一起，否則函式單獨寫在一列，並在尾端加上「;」。（請參考「8-3 函式呼叫」說明）

範例 5　寫一程式，自訂一個無回傳值的排序法函式 bubblesort，將年齡資料 18，5，37，2 及 49，從大到小輸出。

```
#include <iostream>
#include <cstdlib>
#include <iomanip>
using namespace std;
void bubblesort(int data[], int n); // bubblesort函式宣告
int main()
{
   int agedata[5]= {18, 5, 37, 2, 49};
   int i;
   cout << "排序前的年齡資料:";
   for (i=0; i<5; i++)
      cout << setw(4) << agedata[i];

   cout << endl;

   bubblesort(agedata, 5);  //bubblesort函式呼叫

   cout << "排序後的年齡資料:";
   for (i=0 ; i<5 ; i++)
      cout << setw(4) << agedata[i];

   cout << endl;

   return 0;
}

void bubblesort(int data[], int n) //bubblesort函式定義
{
   int i,j;
   int temp;
   int sortok;  // 排序完成與否
   for (i=1 ; i<=4 ; i++)     // 執行4(=5-1)個步驟
   {
      sortok=1; // 先假設排序完成
```

```
35        for (j=0 ; j<5-i ; j++)     // 第i步驟,執行(5-i)次比較
36          if (data[j] < data[j+1]) // 左邊的資料 < 右邊的資料
37          {
38             // 互換data[j]與data[j+1]的內容
39             temp=data[j];
40             data[j]=data[j+1];
41             data[j+1]=temp;
42             sortok=0;  // 有交換時,表示尚未完成排序
43          }
44        if (sortok == 1) // 排序完成,跳出排序作業
45          break;
46     }
47  }
```

執行結果	排序前的年齡資料: 18 5 37 2 49 排序後的年齡資料: 49 37 18 5 2

[程式說明]

在第 27 列「void bubblesort(int data[ ], int n)」敘述中，第 1 個參數「data」代表一維陣列。參數「data」與第 13 列「bubblesort(agedata, 5);」的引數「agedata」，兩者都會指向「agedata」所指向的記憶體位址。

若「data」所指向的記憶體位址內之資料，在「bubblesort( )」函式中被變更，則「agedata」所指向的記憶體位址內之資料也就跟著改變。

練習 2：

寫一程式，自訂一個無回傳值的左上右下翻轉函式 turnover，將

1 2 3　　　9 6 3
4 5 6 變成 8 5 2 輸出。
7 8 9　　　7 4 1

[提示]

- 使用二維陣列儲存

1 2 3

4 5 6

7 8 9

- 若位置(i, j)，滿足i + j = 2，則稱位置(i, j)在反對角線上。
- 以反對角線(3 5 7)為直線做翻轉，即將位置(i, j)與(2-j, 2-i)上的資料互換。

範例 6	寫一程式，自訂一個無回傳值的存款簿函式 depositbook，宣告一個靜態變數記錄存提款次數。輸入存款簿餘額後，重複進行存提款作業，直到輸入 0 才結束。每次存提款作業後，輸出存提款作業編號及存款簿餘額。

```
#include <iostream>
#include <cstdlib>
using namespace std;
void depositbook(int);  // 存款簿函式depositbook宣告
int saving;  // 全域變數saving:存款簿餘額
int main( )
{
   cout << "輸入存款簿餘額:";
   cin >> saving;
   int money;
   while (1)
   {
      cout << "輸入存提款金額(存款>0,提款<0,結束:0):";
      cin >>  money;
      if (money == 0)
         break;
      depositbook(money);
   }

   return 0;
}

void depositbook(int money) // 存款簿函式depositbook定義
```

```
24 {
25   // 宣告靜態變數count,記錄存提款次數
26   static int count=0;
27   count++;
28   saving = saving + money;
29   cout << "第" << count << "次存提款作業後,存款餘額為"
30        << saving << endl;
31 }
```

執行結果

```
輸入存款簿餘額:1000
輸入存提款金額(存款>0,提款<0,結束:0):-100
第1次存提款作業後,存款餘額為900
輸入存提款金額(存款>0,提款<0,結束:0):200
第2次存提款作業後,存款餘額為1100
輸入存提款金額(存款>0,提款<0,結束:0):0
```

[程式說明]

程式第 11 列的「while (1)」與「while (1 != 0)」的意思相同。

8-5 益智遊戲範例

範例 7　寫一程式，模擬行人走路。

```
#include <iostream>
#include <cstdlib>
#include <cmath>
#include <conio.h>
using namespace std;

// 使用2維整數陣列記錄10張圖案,每張圖16個數值,代表16列資料
int walker[10][16]=
 {
   // 第1張:行人靜止圖
   { 896, 896, 896, 640,1984,4064,4064,2976,
```

```
    2976,2976,4064,1984,1728,1728,1728,3808},

   // 第2張行人步行圖
   {   0,6144,15360,6144,3072,3840,3712,5696,
    9792,1792, 1280,2272,2064,2080,12288,  0},

   // 第3張:行人步行圖
   {   0,3072,7680,3072,1536,1792,1664,3904,
    4928, 896, 640,1120,2080,1632, 512,3584},

   // 第4張:行人步行圖
   {   0,6144,15360,6144,3072,3584, 3840,3712,
    1664,1792, 1280,2176,2112,2080,14352,  32},

   // 第5張:行人步行圖
   {   0,3072,7680,3072,1536,1920,1856,2880,
    4864, 896, 640,1120,1048,1032,6160,   0},

   // 第6張:行人步行圖
   {   0,6144,15360,6144,3072,3584,3584,3584,
    1536,1536, 1536,1536, 512, 512, 512, 512},

   // 第7張:行人步行圖
   {   0,3072,7680,3072,1536,1920,1856,1824,
    2816, 896, 640,1136,1032,7168,   0,   0},

   // 第8張:行人步行圖
   {   0,6144,15360,6144,3072,3584,3328,3840,
    1792,1536, 1536,3584,2304,1152,7232,   0},

   // 第9張:行人步行圖
   {   0,3072,7680,3072,1536,1920,1856,2848,
    4896, 768, 896, 640,1120,1072,1040,6176},

   // 第10張:行人步行圖
   {   0,3072,7680,3072,1536,1792,1664,3904,
```

```
    4928, 896, 640,1088,2080,1552, 560,1536},
 };

int main( )
 {
  void display(int num);  // 宣告display函式

  int pic; // 圖案編號 0:第1張圖案，...，9:第10張圖案

  display(0);  // 顯示第1張圖

  cout << "按任何鍵,模擬人走路;再按任何鍵,結束模擬人走路";
  getch();

  // 按下任何按鍵,結束模擬人走路(參考3-2-2的kbhit()函式說明)
  while (kbhit() == 0)  //
   {
    // 依次顯示2~9張圖
    for (pic=1 ; pic<=9 ; pic++)
     {
      system("cls");  // 清除螢幕畫面

      // 顯示第(pic+1)張圖
      display(pic);

      for (int i=1 ; i<=300000000 ; i++); // 讓程式空轉,好像暫停一些時間
     }
   }

  system("cls");  // 清除螢幕畫面

  display(0);  // 顯示第1張圖

  cout << "按任何鍵結束程式.";
  getch();

```

```
84    return 0;
85  }
86
87  // 定義輸出第(num+1)張行人圖之函式
88  void display(int num)
89  {
90    int temp;
91
92    // 對圖案中的16個10進制數字，以 2 進位表示，
93    // 再將「1」對應成「.」，「0」對應成「空白」，輸出到螢幕
94    for (int i=0;i<16;i++) // 每張圖都有16個數值，相當於16列資料
95     {
96      temp=walker[num][i]; // 第(num+1)張圖的第(i+1)個數值
97
98      for (int j=0 ; j<16 ; j++)  // 每個數值，轉成16位的 2 進位資料
99       {
100       // temp以 2 進位表示(從右邊算起)的第(15-j+1)個數字。
101       // 若為「1」，則輸出「.」，；否則輸出「空白」
102       if ((temp / (int) pow(2,15-j)) >= 1)  // temp 除以 2的(15-j)次方
103          cout << ".";
104       else
105          cout << " ";
106       temp = temp % (int) pow(2,15-j); // temp 除以 2的(15-j)次方的餘數
107      }
108     cout << endl;
109    }
110 }
```

執行結果	請自行娛樂一下。

[程式說明]

- 程式第 11~12 列: { 896, 896, 896, 640,1984,4064,4064,2976,
  2976,2976,4064,1984,1728,1728,1728,3808},
  代表第 1 張行人靜止圖。

- 其中的「896」，代表第 1 張圖的第 1 列資料，以 2 進制表示為「0000001110000000」（參考「6-2-7　對數函式 log」的「範例 6」）。若 2 進制的數字為「0」，則代表「空白」，若為「1」，則代表「.」。因此，「896」代表「"   ...   "」。
- 「640」，代表第 1 張圖的第 4 列資料，以 2 進制表示為「0000001010000000」。若 2 進制的數字為「0」，則代表「空白」，若為「1」，則代表「.」。因此，「640」代表「"   . .   "」。
- 其他部分，以此類推。

• 當然也可以直接以字串的方式來呈現圖：

char walker[10][16][17]= {"   ...   ", ⋯, "   ...   ", ...};

共 10 張圖，每張圖 16 列，每列 16(=17-1) 個的字元。

• 程式第 15~16，19~20，23~24，27~28，31~32，35~36，39~40，43~44 及 47~48 列，說明與第 11~12 列相似。

• 程式第 102 列「if ((temp / (int) pow(2,15-j)) >= 1)」中的「temp / (int) pow(2,15-j)」，若 j=0，表示 temp 除以 2^{15}，代表 temp 以 2 進位表示（從右邊算起）的第 16 個數字。「(int) pow(2,15-j)」，是取「pow(2,15-j)」結果的整數部分。

範例 8	雙人互動的井字 (OX) 遊戲：兩位玩家輪流在九宮格上輸入 O 及 X，若有出現 O（或 X）連成一直線，則 O（或 X）者獲勝，否則平手，遊戲結束。 寫一程式，模擬井字 (OX) 遊戲，讓兩位玩家輪流輸入 O 及 X 的位置，最後輸出哪一位玩家獲勝或平手。

```
#include <iostream>
#include <cstdlib>
using namespace std;
int main( )
 {
  void display(char pos[ ][5], int m);  // 宣告display函式
```

```
char pic[2]={'O','X'};

// #號圖形的資料內容
char pos[5][5]={{' ', '|', ' ', '|', ' '},
                {'-', '+', '-', '+', '-'},
                {' ', '|', ' ', '|', ' '},
                {'-', '+', '-', '+', '-'},
                {' ', '|', ' ', '|', ' '}};

int row,col; // 輸入座標
int num=1;   // 輸入次數
int i,j,k;
int over=0; // 判斷遊戲是否結束: 0:否 , 1:結束

// 輸出5*5的#號圖形
display(pos,5);

int who=0; // 第一個人
while (1)
 {
  cout << "第1個人以O為記號,第2個人以X為記號" << endl;
  cout << "第" << who+1 << "個人填選的";
  cout << "位置row,col(以空白間隔 ; row=0,2或4 ; col=0,2,或4):";
  cin >> row >> col;
  // 輸入錯誤的(row, col)位置
  if (row % 2 != 0 || col % 2 != 0)
   {
    cout << "無(" << row << "," << col << ")位置,重新輸入!" << endl;
    continue;
   }
   else  if (row < 0 || row > 4 || col < 0 || col > 4)
   {
    cout << "無(" << row << "," << col << ")位置,重新輸入!" << endl;
    continue;
   }
```

```

  if (pos[row][col] != ' ')
   {
    cout << "位置(" << row << "," << col
         << ")已經有O或X了,重新輸入!" << endl;

    continue;
   }
  pos[row][col]=pic[who];

  system("cls");

  //輸出5*5的#號圖形
  display(pos,5);

  //判斷row列的O,X 資料是否都相同
  if (pos[row][0] == pos[row][2] && pos[row][2] == pos[row][4])
   {
    cout << "第%d個人贏了" << who+1  << endl;
    over=1;
    break;
   }
  if (over == 1)
    break;

  // 判斷col行的O,X 資料是否都相同
  if (pos[0][col] == pos[2][col] && pos[2][col] == pos[4][col])
   {
    cout << "第" << who+1 << "個人贏了" << endl;
    over=1;
    break;
   }
  if (over == 1)
    break;

  //判斷左對角線的O,X 資料是否相同
```

```
   if (row == col)
     if (pos[0][0] == pos[2][2] && pos[2][2] == pos[4][4])
     {
       cout << "第" << who+1 <<"個人贏了" << endl;
       over=1;
       break;
     }
   if (over == 1)
     break;

   //判斷右對角線的O,X 資料是否相同
   if (row + col == 4)
     if (pos[0][4] == pos[2][2] && pos[2][2]== pos[4][0])
     {
       cout << "第" << who+1 <<"個人贏了" << endl;
       over=1;
       break;
     }
   if (over == 1)
     break;

  num++;

  //判斷是否已輸入9次
  if (num == 10)
   {
    cout << "平手" << endl;
    over=1;
    break;
   }

   who++; // 換下一個人
   who=who % 2; // 只有兩個人在玩，循環換人
  }

 return 0;
```

```
}

// 定義輸出#圖中的資料之函式
void display(char pos[ ][5], int m)
{
 cout << "OX遊戲" << endl;
 for (int i=0;i<m;i++)
  {
   for (int j=0 ; j<5 ; j++)
       cout << pos[i][j];
   cout << endl;
  }
}
```

執行結果

(1)

```
OX遊戲
 | |
-+-+-
 | |
-+-+-
 | |
第1個人以0為記號，第2個人以X為記號
第1個人填選的位置row,col(以空白間格 ; row=0,2或4 ; col=0,2,或4):0 0
```

(2)

```
OX遊戲
O| |
-+-+-
 | |
-+-+-
 | |
第1個人以0為記號，第2個人以X為記號
第2個人填選的位置row,col(以空白間格 ; row=0,2或4 ; col=0,2,或4):0 2
```

(3) ~ (4)省略

(5)

```
OX遊戲
O|X|
-+-+-
 |O|
-+-+-
 |X|
第1個人以0為記號，第2個人以X為記號
第1個人填選的位置row,col(以空白間格 ; row=0,2或4 ; col=0,2,或4):4 4
```

	最後結果： OX遊戲 O|X| -+-+- |O| -+-+- |X|O 第1個人贏了

[程式說明]

- 程式第 26 列的「while (1)」與「while (1 != 0)」的意思相同。
- 每次所選擇的位置 (row,col)，若符合下列 4 種狀況之一，則 OX 遊戲結束。
  - ➢ 位置 (row,col) 所在的列，O 或 X 連成一線。
  - ➢ 位置 (row,col) 所在的行，O 或 X 連成一線。
  - ➢ 若位置 (row,col) 在左對角線上，且 O 或 X 連成一線。
  - ➢ 若位置 (row,col) 在右對角線上，且 O 或 X 連成一線。

大學程式設計先修檢測 (APCS) 試題解析

一、程式設計觀念題

1.

```
void F( ) {
      int X[10] = {0};
      for (int i=0; i<10; i=i+1){
            cin >> X[(i+2) % 10];
      }
}
```

C++ 語言寫法

```c
void F( ) {
    int X[10] = {0};
    for (int i=0; i<10; i=i+1){
        scanf("%d", &X[(i+2) % 10]);
    }
}
```

C 語言寫法

上方 F( ) 函式執行時，若輸入依序為整數 0, 1, 2, 3, 4, 5, 6, 7, 8, 9，請問 X[ ] 陣列的元素值依順序為何？（106/3/4 第 9 題）

(A) 0, 1, 2, 3, 4, 5, 6, 7, 8, 9

(B) 2, 0, 2, 0, 2, 0, 2, 0, 2, 0

(C) 9, 0, 1, 2, 3, 4, 5, 6, 7, 8

(D) 8, 9, 0, 1, 2, 3, 4, 5, 6, 7

解 答案：(D)

(1) 當 i=0 時，「&X[(i+2)%10]」=「&X[2]」，表示輸入的 0 會存入 X[2]。

(2) 當 i=1 時，「&X[(i+2)%10]」=「&X[3]」，表示輸入的 1 會存入 X[3]。

(3) …

(4) 當 i=7 時，「&X[(i+2)%10]」=「&X[9]」，表示輸入的 7 會存入 X[9]。

(5) 當 i=8 時，「&X[(i+2)%10]」=「&X[0]」，表示輸入的 8 會存入 X[0]。

(6) 當 i=9 時，「&X[(i+2)%10]」=「&X[1]」，表示輸入的 9 會存入 X[1]

所以，X[ ] 陣列的元素值依順序為 8, 9, 0, 1, 2, 3, 4, 5, 6, 7。

2. 下方 f( ) 函式執行後所回傳的值為何？（105/3/5 第 22 題）

```
int f( ) {
    int p = 2;
    while (p < 2000) {
        p = 2 * p;
    }
    return p;
}
```

C++ 語言及 C 語言寫法

(A) 1023

(B) 1024

(C) 2047

(D) 2048

解 答案：(D)

p 的值，由 2 變化到 2048 時，就離開 while 迴圈，最後輸出 p 值。

3. 給定下方函式 F( )，F( ) 執行完所回傳的 x 值為何？（106/3/4 第 17 題）

```
int F(n) {
    int x = 0;
    for (int i=1; i<=n; i=i+1)
        for (int j=i; j<=n; j=j+1)
            for (int k=1; k<=n; k=k*2)
                x = x + 1;
    return x;
}
```

C++ 語言及 C 語言寫法

(A) $n(n+1)\sqrt{[\log_2 n]}$

(B) $n^2(n+1)/2$

(C) $n(n+1)[\log_2 n + 1]/2$

(D) $n(n+1)/2$

解 答案：(C)

(1) 當程式第 3 列 for 迴圈的迴圈變數 i=1 時，第 4 列 for 迴圈會執行 n 次；當程式第 3 列 for 迴圈的迴圈變數 i=2 時，第 4 列 for 迴圈會執行 (n-1) 次；以此類推；當程式第 3 列 for 迴圈的迴圈變數 i=n 時，第 4 列 for 迴圈會執行 1 次。因此，第 3 列 for 迴圈執行 n 次，第 4 列 for 迴圈執行 n+(n-1)+⋯+1 = n(n+1)/2 次。

(2) 以單獨程式第 5 列 for 迴圈來說，若 for 迴圈的迴圈變數 k 從 1 變化到 2^k (即，1、2、4、⋯及 2^k) 時，共有 (k+1) 個數，則迴圈會執行 $\log_2(2^k) + 1(= k+1)$ 次。現在程式第 5 列 for 迴圈的迴圈變數 k 從 1 變化到 n〔即，1、2、4、⋯及 $\log_2(n)$〕時，共有 $(\log_2(n)+1)$ 個數，故迴圈會執行 $(\log_2(n)+1)$ 次。

由 (1) 及 (2) 的說明可知，第 5 列 for 迴圈共執行 $n(n+1)[\log_2(n)+1]/2$ 次，最後 x 值為 $n(n+1)[\log_2(n)+1]/2$。

4.

```
int s = 1; // 全域變數
void add(int a)  {
    int s = 6;
    for( ; a>=0; a=a-1) {
        cout << s << ",";
        s++;
        cout << s << ",";
    }
}
int main( ) {
```

```
int s = 1; // 全域變數
void add(int a)  {
    int s = 6;
    for( ; a>=0; a=a-1) {
        printf("%d,", s);
        s++;
        printf("%d,", s);
    }
}
int main( ) {
```

```
11    cout << s << ",";
12    add(s);
13    cout << s << ",";
14    s = 9;
15    cout << s << ",";
16    return 0;
17 }
```

C++ 語言寫法

```
11    printf("%d,", s);
12    add(s);
13    printf("%d,", s);
14    s = 9;
15    printf("%d", s);
16    return 0;
17 }
```

C 語言寫法

給定上方程式，其中 s 有被宣告為全域變數，請問程式執行後輸出為何？（106/3/4 第 8 題）

(A) 1,6,7,7,8,8,9

(B) 1,6,7,7,8,1,9

(C) 1,6,7,8,9,9,9

(D) 1,6,7,7,8,9,9

解 答案：(B)

(1) 宣告在程式「main( )」主函式上面但不在其他函式內的變數 s 為全域變數，它可以在整個程式中被存取。但程式第 2~9 列中的變數 s，則為區域變數，只能在函數「add( )」中被存取，離開「add( )」後，區域變數 s 就被釋放不能再被存取。

(2) 在程式第 10~17 列中的 s 為全域變數，故程式第 11 列輸出的結果為「1,」。

(3) 執行程式第 12 列呼叫「add( )」函式時，將全域變數 s=1 傳給參數 a 後，輸出「6,7,7,8」，回到「main( )」主函式，並執行的第 13~17 列，輸出的結果為「1,9」。

由 (1)，(2) 及 (3) 的說明，可知程式執行後輸出的結果為「1,6,7,7,8,1,9」。

5. 下方程式執行後輸出為何？（105/10/29 第 20 題）

```
1  int G(int B) {
2       B = B * B;
3       return B;
4  }
5
6  int main( ) {
7       int A=0, m=5;
8
9       A = G(m);
10      if (m < 10)
11           A = G(m) + A;
12      else
13           A = G(m);
14
15 cout << A << endl;
16 return 0;
17 }
```

C++ 語言寫法

```
1  int G(int B) {
2       B = B * B;
3       return B;
4  }
5
6  int main( ) {
7       int A=0, m=5;
8
9       A = G(m);
10      if (m < 10)
11           A = G(m) + A;
12      else
13           A = G(m);
14
15 printf("%d\n", A);
16 return 0;
17 }
```

C 語言寫法

(A) 0

(B) 10

(C) 25

(D) 50

解 答案：(D)

(1) 程式執行到第 9 列時，會呼叫 G(5) 並回傳 25 給 A，所以 A=25。

(2) 執行到第 10 列時，條件「m < 10」為真，因此，再呼叫 G(5) 並回傳 25。故最後 A=25+25=50。

6. 若以 f(22) 呼叫下方 f( ) 函式，總共會印出多少數字？（105/3/5 第 15

題）

```
void f(int n) {
        cout << n << endl;
        while (n != 1) {
        if ((n%2) == 1) {
                n = 3*n + 1;
        }
        else {
                n = n / 2;
        }
        cout << n << endl;
    }
}
```

C++ 語言寫法

```
void f(int n) {
        printf("%d\n", n);
        while (n != 1) {
        if ((n%2) == 1) {
                n = 3*n + 1;
        }
        else {
                n = n / 2;
        }
        printf("%d\n", n);
    }
}
```

C 語言寫法

(A) 16
(B) 22
(C) 11
(D) 15

解 答案：(A)

輸出的數字，分別為 22，11，34，17，52，26，13，40，20，10，5，16，8，4，2 及 1，共 16 個數字。

7.

```
void F( ) {
        char t, item[ ] = {'2', '8', '3', '1', 9'};
        int a, b, c, count = 5;
        for (a=0; a<count-1; a=a+1) {
```

```
        c = a;
        t = item[a];
        for (b=a+1; b<count; b=b+1) {
            if (item[b] < t) {
                c = b;
                t = item[b];
            }
            if ((a == 2) && (b == 3)) {
                cout << t << " " << c << endl;
            }
        }
    }
}
```

C++ 語言寫法

```
void F( ) {
    char t, item[ ] = {'2', '8', '3', '1', 9'};
    int a, b, c, count = 5;
    for (a=0; a<count-1; a=a+1) {
        c = a;
        t = item[a];
        for (b=a+1; b<count; b=b+1) {
            if (item[b] < t) {
                c = b;
                t = item[b];
            }
            if ((a == 2) && (b == 3)) {
```

```
13                 printf("%c %d \n", t, c);
14             }
15         }
16     }
17 }
```

C 語言寫法

上方 F( ) 函式執行後，輸出為何？（105/10/29 第 1 題）

(A) 1 2

(B) 1 3

(C) 3 2

(D) 3 3

解 答案：(B)

(1) 滿足程式第 12 列的條件「(a==2) && (b==3)」，才會輸出資料。因此，只要檢驗程式第 4 列的迴圈變數 a=2 時的狀況即可。

(2) 當 a=2 時，則 c=a=2，t= item[a]=3，b=a+1=3，item[b]=1 < t，c=b=3，t= item[b]=1。故輸出「1 3」。

8.

```
int f(int n) {
    int p = 0;
    int i = n;
    while (i >= _(a)_ ) {
        p = 10 – _(b)_ * i;
        cout << p;
        i = i - _(c)_ ;
    }
```

```
int f(int n) {
    int p = 0;
    int i = n;
    while (i >= _(a)_ ) {
        p = 10 – _(b)_ * i;
        printf("%d", p);
        i = i - _(c)_ ;
    }
```

```
}
```

C++ 語言寫法

```
}
```

C 語言寫法

上方 f( ) 函式 (a), (b), (c) 處需分別填入哪些數字，方能使得 f(4) 輸出 2468 的結果？（105/3/5 第 23 題）

(A) 1, 2, 1

(B) 0, 1, 2

(C) 0, 2, 1

(D) 1, 1, 1

解 答案：(A)

(1) 若選 (A)，a=1, b=2, c=1，則 f(4) 輸出的結果為 2468。

(2) 若選 (B)，a=0, b=1, c=2，則 f(4) 輸出的結果為 6810。

(3) 若選 (C)，a=0, b=2, c=1，則 f(4) 輸出的結果為 246810。

(4) 若選 (D)，a=1, b=1, c=1，則 f(4) 輸出的結果為 6789。

9. 給定一陣列 a[10]={ 1, 3, 9, 2, 5, 8, 4, 9, 6, 7 }，i.e., a[0]=1, a[1]=3, …, a[8]=6, a[9]=7，以 f(a, 10) 呼叫執行下方函式後，回傳值為何？（105/3/5 第 2 題）

```
int f(int a[], int n) {
    int index = 0;
    for (int i=1 ; i<=n-1 ; i=i+1) {
        if (a[i] >= a[index]) {
            index = i;
        }
    }
    return index;
}
```

C++ 語言及 C 語言寫法

(A) 1

(B) 2

(C) 7

(D) 9

解 答案：(C)

(1) f(a, 10) 被呼叫時，會將陣列 a 的 10 個元素 a[0]~a[9] 傳給函數 f。

(2) 程式第 3~7 列的目的，是將 a[0]~a[9] 中最大值的索引值指定給 index 變數，若最大值有兩個（含）以上，則回傳最後一個最大值的索引值。

(3) 9 是 a[0]~a[9] 中的最大值，但在陣列 a 中有兩個 9，第一個的索引值是 3，第二個是 7。因此，回傳值為 7。

10. 給定下方函式 F( )，執行 F( ) 時哪一行程式碼可能永遠不會被執行到？（106/3/4 第 15 題）

```
void F(int a) {
    while (a < 10 )
        a = a + 5;
    if (a < 12 )
        a = a + 2;
    if (a <= 11)
        a = 5;
}
```

C++ 語言及 C 語言寫法

(A) a = a + 5 ;

(B) a = a + 2 ;

(C) a = 5 ;

(D) 每一行都執行得到

解 答案：(C)

無論是否進入程式第 2~3 列的 while 迴圈，執行到程式第 4 列時，a >= 10。

- 若 a=10 或 11，則會執行程式第 5 列，且執行後 a=12 或 13，故「a = 5;」不會被執行。
- 若 a>=12，則「a = a + 2;」及「a = 5;」都不會被執行。

11. 給定一整數陣列 a[0]、a[1]、…、a[99] 且 a[k]=3k+1，以 value=100 呼叫以下兩函式，假設函式 f1 及 f2 之 while 迴圈主體分別執行 n1 與 n2 次（i.e., 計算 if 敘述執行次數，不包含 else if 敘述），請問 n1 與 n2 之值為何？註：(low + high)/2 只取整數部分。（105/3/5 第 3 題）

```
int f1(int a[ ], int value) {
    int r_value = -1;
    int i = 0;
    while (i < 100) {
        if (a[i] == value) {
            r_value = i;
            break;
        }
        i = i + 1;
    }
    return r_value;
}
```

C++ 語言及 C 語言寫法

```
int f2(int a[ ], int value) {
    int r_value = -1;
    int low = 0, high = 99;
    int mid;
    while (low <= high) {
        mid = (low + high) / 2;
        if (a[mid] == value) {
            r_value = mid;
            break;
        }
        else if (a[mid] < value) {
            low = mid + 1;
        }
        else {
            high = mid - 1;
        }
    }
    return r_value;
```

```
19 }
```

C++ 語言及 C 語言寫法

(A) n1=33, n2=4

(B) n1=33, n2=5

(C) n1=34, n2=4

(D) n1=34, n2=5

解 答案：(D)

(1) f1 及 f2 函式的目的，都是搜尋 value(=100) 在陣列元素 a[0]~a[99] 中的索引值。f1 是線性搜尋法，而 f2 是二分搜尋法。

(2) a[33]=3*33+1=100，當呼叫 f1 時，程式第 5~17 列的 while 迴圈主體，在 i=33 時，就找到 value(=100)，並跳出迴圈。因此，while 迴圈主體共執行 34(=33+1) 次，1 是代表 i=0 時，第一次執行 while 迴圈主體。

(3) a[33]=3*33+1=100，當呼叫 f2 時，程式第 4~10 列的 while 迴圈主體的執行過程如下：

i	low	high	mid= (low+high)/2	a[mid]
0	0	99	49	3*49+1=148 148>100，表示 100 在 a[49] 的左邊
1	0	49-1=48	24	3*24+1=73 73<100，表示 100 在 a[24] 的右邊
2	24+1=25	48	36	3*36+1=109 109>100，表示 100 在 a[36] 的左邊

i	low	high	mid=(low+high)/2	a[mid]
3	25	36-1=35	30	3*30+1=91 91<100，表示 100 在 a[30] 的右邊
4	30+1=31	35	33	3*33+1=100 表示找到 100 了

因此，在 while 迴圈內的敘述第 5 次執行時，就找到 100 了。

12. 給定下方函式 F( )，已知 F(7) 回傳值為17，且 F(8) 回傳值為 25，請問 if 的條件判斷式應為何？（106/3/4 第 16 題）

```
int F(int a) {
   if (___?___)
      return a * 2 + 3;
   else
      return a * 3 + 1;
}
```

C++ 語言及 C 語言寫法

(A) a % 2 != 1

(B) a * 2 > 16

(C) a + 3 < 12

(D) a * a < 50

解 答案：(D)

(1) 若 if 的條件判斷式為「a % 2 != 1」，則 F(7) 回傳值為 22。

(2) 若 if 的條件判斷式為「a * 2 > 16」，則 F(7) 回傳值為 22。

(3) 若 if 的條件判斷式為「a + 3 < 12」，則 F(7) 回傳值為 17，F(8) 回傳值為 19。

(4) 若 if 的條件判斷式為「a * a < 50」，則 F(7) 回傳值為 17，F(8) 回傳值為 25。

13. 小藍寫了一段複雜的程式碼想考考你是否了解函式的執行流程。請回答最後輸出的數值為何？（106/3/4 第 20 題）

```cpp
int g1 = 30, g2 = 20;

int f1(int v) {
    int g1 = 10;
    return g1+v;
}

int f2(int v) {
    int c = g2;
    v = v+c+g1;
    g1 = 10;
    c = 40;
    return v;
}

int main( ) {
    g2 = 0;
    g2 = f1(g2);
    cout << f2(f2(g2));
    return 0;
}
```

C++ 語言寫法

```c
int g1 = 30, g2 = 20;

int f1(int v) {
    int g1 = 10;
    return g1+v;
}

int f2(int v) {
    int c = g2;
    v = v+c+g1;
    g1 = 10;
    c = 40;
    return v;
}

int main( ) {
    g2 = 0;
    g2 = f1(g2);
    printf("%d", f2(f2(g2)));
    return 0;
}
```

C 語言寫法

(A) 70

(B) 80

(C) 100

(D) 190

解 答案：(A)

(1) 程式第 1 列宣告的 g1 及 g2 為全域變數，而程式第 4 列宣告的 g1 為區域變數。

(2) 執行程式第 19 列時，呼叫 f1(0)，並回傳 10，所以 g2=10。

(3) 執行程式第 20 列時，先呼叫 f2(10)，並回傳 30；再呼叫 f2(30)，並回傳 70。

Chapter 9
遞迴函式

在程式設計的範疇中，用有限的語句來描述處理過程相似且不斷演進的問題，對初學者來說是相當困難的。這類型的問題很常見，有老鼠走迷宮遊戲、踩地雷遊戲、五子棋遊戲等。以老鼠走迷宮遊戲為例，從入口開始，老鼠不斷在前後左右四個方向尋找出口，過程相似且不斷演進，直到走出迷宮。

處理這類型的問題，若直接應用迴圈（或疊代）結構做法，則程式碼不但冗長，而且占用的儲存空間較多；反之，應用間接式的遞迴概念做法，程式碼卻簡化許多，同時占用的儲存空間也較少。

9-1 遞迴

在函式定義中，若有出現該函式名稱，則會形成函式自己呼叫自己的現象。這種現象，稱之為「遞迴」(Recursive)，而該函式，則稱之為「遞迴函式」。

遞迴的概念是將原始問題分解成模式相同且較簡化的子問題，直到每一個子問題不用再分解就能得到結果，才停止分解。最後一個子問題的結果或這些子問題組合後的結果，就是原始問題的結果。什麼樣的問題，可以使用遞迴概念來處理呢？若問題具備後者的資料是利用前者們的資料所得來的現象，或問題能切割成模式相同的較小問題，則可用遞迴概念來處理。至於較簡易的遞迴問題，直接使用一般的迴圈結構處理即可。

在程式設計時，若有定義遞迴函式，則每次呼叫遞迴函式都會讓問題的複雜度就降低一些或範圍就縮小一些。由於遞迴函式會不斷地呼叫遞迴函式本身，為了防止程式無窮盡的遞迴下去，因此必須設定條件，來終止遞迴現象。

當函式呼叫函式本身時，在「呼叫的函式」中所使用的變數，會被堆放在記憶體堆疊區，直到「被呼叫的函式」結束，在「呼叫的函式」中所使用的變數就會從堆疊中依照後進先出的方式被取回，接著執行「呼叫的函式」中待執行的敘述。這個過程，與擺在櫃子中的盤子，後放的盤子先被取出來使用的概念一樣。

遞迴函式定義的語法結構如下：

```
函式型態 函式名稱([參數型態1  參數1, 參數型態2  參數2, …])
 {…
  if (終止呼叫函式的條件)
     {
      // 一般程式敘述 …
      return  問題在最簡化時的結果;
     }
  else
     {
      // 一般程式敘述 …
      return  包含函式名稱([參數串列])的運算式;
     }
 }
```

[語法結構說明]

相關說明，可參照「9-1　函式定義」的「語法結構說明」。

「範例 1」的程式碼，是建立在「D:\C++ 程式範例\ch09」資料夾中的「範例 1.cpp」。以此類推，「範例 15」的程式碼，是建立在「D:\C++ 程式範例\ch09」資料夾中的「範例 15.cpp」。

範例 1	寫一程式，運用遞迴概念，自訂一個無回傳值的最大公因數函式 gcd。輸入兩個正整數，輸出兩個正整數的最大公因數。

```
#include <iostream>
#include <cstdlib>
using namespace std;
```

```
void gcd(int m, int n); // gcd函式宣告
int main()
 {
  int m,n;
  cout << "輸入兩個正整數,兩個正整數之間以一個空白間隔:";
  cin >> m >> n;
  cout << "(" << m << "," << n << ")=";
  gcd(m, n);  // gcd函式呼叫

  return 0;
 }

void gcd(int m, int n)  // gcd函式定義
 {
  if ( m % n == 0 )
    cout << n << endl;
  else
    gcd(n, m%n);
 }
```

執行結果

```
輸入兩個正整數，兩個正整數之間以一個空白間隔: 84 38
gcd(84, 38)=2
```

[程式說明]

- 利用輾轉相除法，求 gcd(m, n) 與 gcd(n, m % n) 的結果是一樣。因此，可運用遞迴概念來撰寫，將問題切割成較小問題來解決。
- 以 gcd(84, 38) 為例。呼叫 gcd(84, 38) 時，為了得出結果，需計算 gcd(38, 84 % 38) 的值。而為了得出 gcd(38, 8) 的結果，需計算 gcd(8, 38 % 8) 的值。以此類推，直到 6 % 2 == 0 時，印出 2，並結束遞迴呼叫 gcd 函式。
- 實際運作過程如「圖 9-1」所示：（往下的箭頭代表呼叫遞迴函式，而最後的數字代表結果）

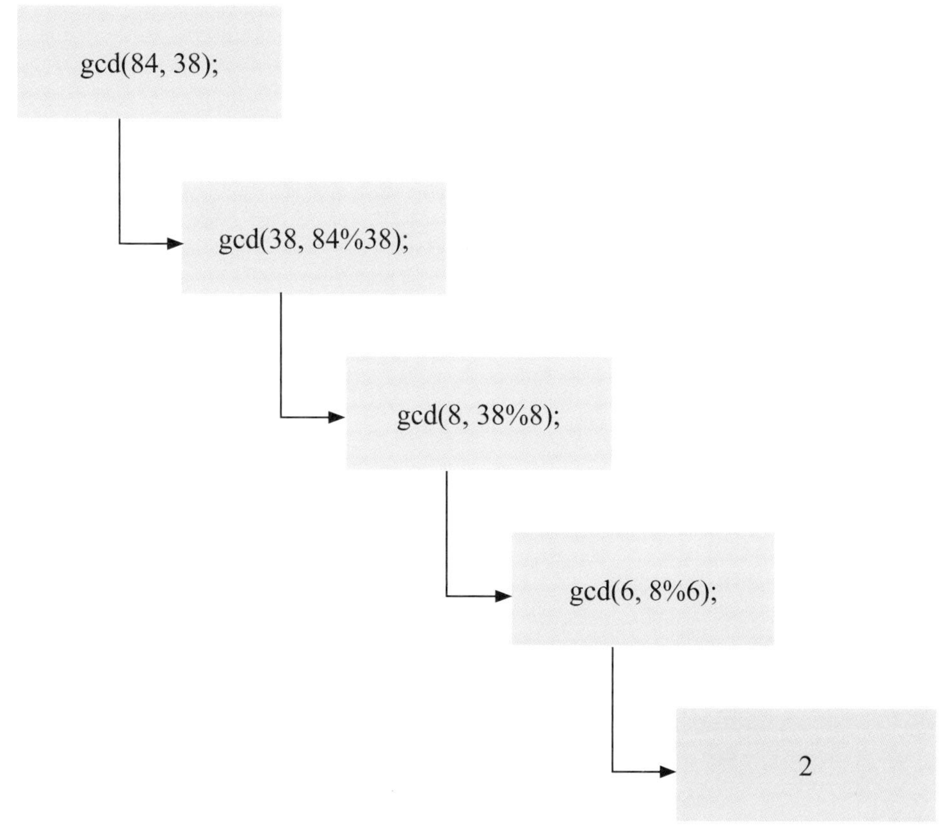

圖 9-1　遞迴求解 84 與 38 的最大公因數之示意圖

範例 2　寫一程式，運用遞迴概念，自訂一個無回傳值的字串顛倒輸出函式 reverse。輸入一字串，然後將該字串顛倒輸出。

```
#include <iostream>
#include <cstdlib>
#include <cstring>
using namespace std;
void reverse(string str, int length); // 字串顛倒輸出函式宣告
int main( )
 {
  string str;
  int length;
  cout << "輸入一字串:";
  cin >> str;
```

```
  cout << "字串" << str << "顛倒輸出變成";
  length=str.length();
  reverse(str, length);

  return 0;
 }

void reverse(string str, int length) // 字串顛倒輸出函式定義
 {
  if (length > 0)
   {
    cout << str[length-1];
    length--;
    reverse(str, length);
   }
 }
```

執行結果	輸入一字串:4*2=8 字串4*2=8顛倒輸出變成8=2*4

[程式說明]

從字串的最後一個字元往第一個字元，一個一個輸出，直到輸出第一個字元後才停止輸出。

範例 3	河內塔遊戲 (Tower of Hanoi)： 設有 3 根木釘，編號分別為 1、2 及 3。木釘 1 有 n 個不同半徑的中空圓盤，由大而小疊放在一起，如「圖 9-2」所示。 寫一程式，運用遞迴概念，自訂一個無回傳值的木釘搬運過程函式 hanoi，輸入一正整數 n，將木釘 1 上的 n 個圓盤搬到木釘 3 上的過程輸出。 搬運的規則如下： • 一次只能搬動一個圓盤。 • 半徑小的圓盤要放在半徑大的圓盤上面。

```
#include <iostream>
```

```
#include <cstdlib>
using namespace std;
int no = 0; // 記錄搬運編號
void hanoi(int n, int source, int target, int temp); // hanoi函式宣告
int main(void)
 {
  int n;
  cout << "輸入河內塔遊戲(Tower of Hanoi)的圓盤個數:";
  cin >> n;

  // 將n個圓盤，
  // 從 木釘1 搬到 木釘2 經由 木釘2(是暫放圓盤的木釘)
  hanoi(n, 1, 3, 2);  // hanoi函式呼叫

  return 0;
 }

// 將n個圓盤，
// 從source木釘 經由 temp過渡木釘 搬到 target目的木釘上
void hanoi(int n, int source, int target, int temp)  // hanoi函式定義
 {
  if (n <= 1)
   {
    cout << "第" << ++no << "次搬運:圓盤" << n ;
    cout << " 從 木釘" << source << " 搬到 木釘" << target << endl;
   }
  else
   {
    hanoi(n - 1, source, temp, target);

    cout << "第" << ++no << "次搬運:圓盤" << n ;
    cout << " 從 木釘" << source << " 搬到 木釘" << target << endl;

    hanoi(n - 1, temp, target, source);
   }
 }
```

執行結果	輸入河內塔遊戲(Tower of Hanoi)的圓盤個數:4 第1次搬運:圓盤1 從 木釘1 搬到 木釘2 第2次搬運:圓盤2 從 木釘1 搬到 木釘3 第3次搬運:圓盤1 從 木釘2 搬到 木釘3 第4次搬運:圓盤3 從 木釘1 搬到 木釘2 第5次搬運:圓盤1 從 木釘3 搬到 木釘1 第6次搬運:圓盤2 從 木釘3 搬到 木釘2 第7次搬運:圓盤1 從 木釘1 搬到 木釘2 第8次搬運:圓盤4 從 木釘1 搬到 木釘3 第9次搬運:圓盤1 從 木釘2 搬到 木釘3 第10次搬運:圓盤2 從 木釘2 搬到 木釘1 第11次搬運:圓盤1 從 木釘3 搬到 木釘1 第12次搬運:圓盤3 從 木釘2 搬到 木釘3 第13次搬運:圓盤1 從 木釘1 搬到 木釘2 第14次搬運:圓盤2 從 木釘1 搬到 木釘3 第15次搬運:圓盤1 從 木釘2 搬到 木釘3

[程式說明]

- 將木釘 1 的 n 個圓盤搬到木釘 3 的過程如下：
  - 先將木釘 1 上面的 (n-1) 個圓盤搬到木釘 2。
  - 再將最大圓盤 n 搬到木釘 3 上。
  - 最後將木釘 2 上面的 (n-1) 個圓盤搬到木釘 3。

  由此過程可知，原先是處理 n 個圓盤問題，但過程中先處理 (n-1) 個圓盤問題，使問題複雜度降低，使人較容易了解是怎麼搬運的，這與遞迴概念完全相符合。
- 程式第 30 列「hanoi(n - 1, source, temp, target);」敘述，表示搬運 source 來源木釘上面的 (n - 1) 個圓盤，經由 target 目的木釘，搬到 temp 過渡木釘上。
- 程式第 32 列「cout << "第" << ++no << "次搬運:圓盤" << n ;」及第 33 列「cout << " 從 木釘" << source << " 搬到 木釘" << target << endl;」敘述，表示直接將 source 來源木釘上的最大圓盤 n，搬到 target 目的木釘上。

- 程式第 35 列「hanoi(num_circle-1, temp, target, source);」敘述，表示搬運 temp 過渡木釘上面的 (n - 1) 個圓盤，經由 source 來源木釘，搬到 target 目的木釘上。

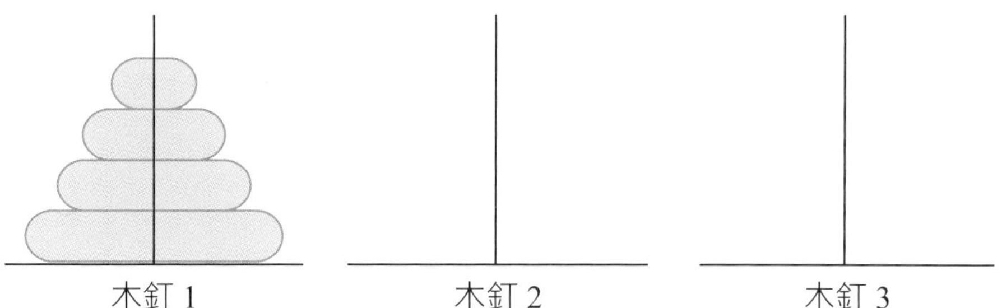

圖 9-2 河內塔遊戲 (Tower of Hanoi) 示意圖

範例 4 寫一個程式，運用遞迴概念，自訂一個有回傳值的組合函式 combination，輸入兩個整數 m(>0) 及 n(>=0)，輸出組合 C(m , n) 之值。

[提示] C(m , n) 的計算公式如下：

若 n = 0，則 C(m, n)=1

若 n = 1，則 C(m, n)=m

若 m < n，則 C(m, n)=0

若 m = n，則 C(m, n)=1

若 m > n，則 C(m, n)=C(m-1 , n) + C(m-1 , n-1)

```
#include <iostream>
#include <cstdlib>
using namespace std;
int combination(int m , int n);  // 組合函式combination宣告
int main( )
 {
  int m, n;
  cout << "輸入整數m(>0)與n(>=0)，m與n之間以一個空白間隔:";
  cin >> m >> n;

  cout << "C(" << m << "," << n << ")=" << combination(m,n) << endl;

```

```
 return 0;
}

int combination(int m , int n)  // 組合函式combination定義
{
  if (n == 0)
    return 1;
  else if (n == 1)
    return m;
  else if (m < n)
    return 0;
  else if (m == n)
    return 1;
  else
    return combination(m-1,n)+combination(m-1,n-1);
}
```

執行結果	輸入整數m(>0)與n(>=0)，m與n之間以一個空白間隔:5 2 C(5, 2)=10

練習 1：

寫一個程式，運用遞迴概念，自訂一個有回傳值的費氏數列函式 f，輸出 f(20) 之值。

[提示] 費氏數列 f(n) 的計算公式如下：

- 若 n = 0，則 f(0)=0。
- 若 n = 1，則 f(1)=1。
- 若 n >= 2，則 f(n)=f(n-1) + f(n-2)。

範例 5	寫一個程式，運用遞迴概念，自訂一個無回傳值的排列函式 p。輸入一個整數 n，然後再輸入 n 個 1~9 的數字，最後輸出這 n 個數字的所有排列方式。

```
#include <iostream>
#include <cstdlib>
```

```
using namespace std;
void p(int data[], int index, int num);
int main()
{
   int n;
   cout << "輸入整數n:";
   cin >> n;
   int data[n];
   for (int i=0 ; i < n ; i++)
   {
      cout << "輸入第" << i+1 << "個數字(1~9):";
      cin >> data[i];
   }

   // 輸出data[0] ~ data[n-1]的(n!)種排列方式
   p(data, 0, n);  // 0:代表索引0開始，n:代表data陣列的元素個數

   return 0;
}

// 輸出data[0] ~ data[num-1] 的(num!)種排列方式
void p(int data[], int index, int num)
{
   int temp;
   int i;
   if (index < num) // 若資料的索引在0~(n-1)之間
      // 分別將data[index]與data[i]的位置交換
      for (i = index; i < num; i++)
      {
         // 每次輸出排列資料前:
         // 先將data[index]與 data[i]的位置交換
         temp=data[index];
         data[index]=data[i];
         data[i]=temp;

         p(data, index+1, num); // 排列 data[index+1] ~ data[num]
```

```

            // 每次輸出排列資料後:
            // 將data[index]與data[i]的位置交換,回到原先位置
            temp=data[index];
            data[index]=data[i];
            data[i]=temp;
        }
    else
    {
        // 輸出排列好的資料
        for (i = 0; i < num; i++)
        {
            cout << data[i];
            if (i < num - 1)
                cout << ",";
        }
        cout << endl;
    }
}
```

執行結果

```
輸入整數n:3
輸入第1個數字(1~9):1
輸入第2個數字(1~9):2
輸入第3個數字(1~9):3
1 2 3
1 3 2
2 1 3
2 3 1
3 2 1
3 1 2
```

[程式說明]

數字 1，2，3 的排列過程：

(1) 將 1 與 1 的位置交換，data 陣列的元素內容變成 1，2，3。

(2) 將 2 與 2 的位置交換，data 陣列的元素內容變成 1，2，3。

(3) 將 3 與 3 的位置交換，data 陣列的元素內容變成 1，2，3。
(4) 輸出 1，2，3。
(5) 將 3 與 3 的位置交換，data 陣列的元素內容恢復成 1，2，3。
(6) 將 2 與 2 的位置交換，data 陣列的元素內容恢復成 1，2，3。
(7) 將 2 與 3 的位置交換，data 陣列的元素內容變成 1，3，2。
(8) 輸出 1，3，2。
(9) 將 2 與 2 的位置交換，data 陣列的元素內容恢復成 1，3，2。
(10) 將 2 與 3 的位置交換，data 陣列的元素內容恢復成 1，2，3。
(11) 將 1 與 2 的位置交換，data 陣列的元素內容變成 2，1，3。
(12) 將 1 與 1 的位置交換，data 陣列的元素內容變成 2，1，3。
(13) 將 3 與 3 的位置交換，data 陣列的元素內容變成 2，1，3。
(14) 輸出 2，1，3。
(15) 將 3 與 3 的位置交換，data 陣列的元素內容恢復成 2，1，3。
(16) 將 1 與 1 的位置交換，data 陣列的元素內容恢復成 2，1，3。
(17) 將 1 與 3 的位置交換，data 陣列的元素內容變成 2，3，1。
(18) 將 1 與 1 的位置交換，data 陣列的元素內容變成 2，3，1。
(19) 輸出 2，3，1。
(20) 將 1 與 1 的位置交換，data 陣列的元素內容恢復成 2，3，1。
(21) 將 1 與 3 的位置交換，data 陣列的元素內容恢復成 2，1，3。
(22) 將 2 與 1 的位置交換，data 陣列的元素內容恢復成 1，2，3。
(23) 將 1 與 3 的位置交換，data 陣列的元素內容變成 3，2，1。
(24) 將 2 與 2 的位置交換，data 陣列的元素內容變成 3，2，1。
(25) 將 1 與 1 的位置交換，data 陣列的元素內容變成 3，2，1。
(26) 輸出 3，2，1。
(27) 將 1 與 1 的位置交換，data 陣列的元素內容恢復成 3，2，1。
(28) 將 2 與 2 的位置交換，data 陣列的元素內容恢復成 3，2，1。
(29) 將 2 與 1 的位置交換，data 陣列的元素內容變成 3，1，2。
(30) 將 2 與 2 的位置交換，data 陣列的元素內容變成 3，1，2。
(31) 輸出 3，1，2。

(32) 將 2 與 2 的位置交換，data 陣列的元素內容恢復成 3，1，2。

(33) 將 1 與 2 的位置交換，data 陣列的元素內容恢復成 3，2，1。

(34) 將 1 與 3 的位置交換，data 陣列的元素內容恢復成 1，2，3。

範例 6	寫一程式，輸入一個整數 digit，使用遞迴二分搜尋法，判斷 digit 是否在 2、5、18、37 及 49 五個資料中。

```
#include <iostream>
#include <cstdlib>
using namespace std;
// 二分搜尋法函式binarysearch宣告
void binarysearch(int data[], int left, int right);
int digit;
int main()
{
   int data[5]= {2, 5, 18, 37, 49};
   cout << "輸入一整數(digit):";
   cin >> digit;

   // 左邊資料的索引值0,右邊資料的索引值4
   binarysearch(data, 0, 4);

   return 0;
}

// 二分搜尋法函式binarysearch定義
void binarysearch(int data[], int left, int right)
{
   if (left <= right)
   {
    int center=(left + right) / 2;  // center : 目前資料的中間位置
    // 搜尋資料 = 中間位置的資料,表示找到欲搜尋的資料
    if (digit == data[center])
      cout << digit << "位於資料中的第" << center+1 << "個位置" << endl;
    else
```

```
      {
      if (digit > data[center]) // 搜尋資料 > 中間位置的資料
        // 表示下一次搜尋區域在右半邊
        // 重設:最左邊資料的位置(left)=中間資料的位置(center) + 1
        left= center + 1;
      else // 搜尋資料 < 中間位置的資料
        // 表示下一次搜尋區域在左半邊
        // 重設:最右邊資料位置(right) =中間資料的位置(center) - 1
        right= center - 1;
      binarysearch(data, left, right);
      }
    }
    else
      cout << digit << "不在資料中" << endl;
}
```

執行結果	輸入一個整數(digit):37 37位於資料中的第4個位置

範例 7

問題描述（106/3/4 第 2 題 小群體）

Q 同學正在練習程式，P 老師出了以下的題目讓他練習。

一群人在一起時經常會形成一個一個的小群體。假設有 N 個人，編號由 0 到 N-1，每個人都寫下他最好朋友的編號（最好朋友有可能是他自己的編號，如果他自己沒其他好友），在本題中，每個人的好友編號絕對不會重複，也就是說 0 到 N-1 每個數字都恰好出現一次。

這種好友的關係會形成一些小群體。例如 N=10，好友編號如下，

	0	1	2	3	4	5	6	7	8	9
好友編號	4	7	2	9	6	0	8	1	5	3

0 的好友是 4，4 的好友是 6，6 的好友是 8，8 的好友是 5，5 的好友是 0，所以 0、4、6、8、和 5 就形成了一個小群體。另外，1 的好友是 7 而且 7 的好友是 1，所以 1 和 7 形成另一個小群體，同理 3 和 9 是一個小群體，而 2 的好友是自己，因此他自己是一個小群體。總而言之，在這個例子裡有 4 個小群體：{0,4,6,8,5}、{1,7}、{3,9}、{2}。本題的問題是：輸入每個人的好友編號，計算出總共有幾個小群體。

Q 同學想了想卻不知如何下手，和藹可親的 P 老師於是給了他以下的提示：如果你從任何一人 x 開始，追蹤他的好友，好友的好友，…，這樣一直下去，一定會形成一個圈回到 x，這就是一個小群體。如果我們追蹤的過程中把追蹤過的加以標記，很容易知道哪些人已經追蹤過，因此，當一個小群體找到之後，我們再從任何一個還未追蹤過的開始繼續找下一個小群體，直到所有人都追蹤完畢。

Q 同學聽完之後很順利的完成了作業。

在本題中，你的任務與 Q 同學一樣：給定一群人的好友，請計算出小群體個數。

輸入格式

第一行是一個正整數 N，說明團體中人數。

第二行依序是 0 的好友編號、1 的好友編號、……、N-1 的好友編號。共有 N 個數字，包含 0 到 N-1 的每個數字恰好出現一次，數字間會有一個空白隔開。

輸出格式

請輸出小群體的個數。不要有任何多餘的字或空白，並以換行字元結尾。

範例一：輸入

10

4 7 2 9 6 0 8 1 5 3

範例一：正確輸出

4

（說明）

4 個小群體是 {0,4,6,8,5},{1,7},{3,9} 和 {2}。

範例二：輸入

3

0 2 1

範例二：正確輸出

2

（說明）

2 個小群體分別是 {0},{1,2}。

評分說明

輸入包含若干筆測試資料，每一筆測試資料的執行時間限制 (time limit) 均為 1 秒，依正確通過測資筆數給分。其中：

第 1 子題組 20 分，$1 \le N \le 100$，每一個小群體不超過 2 人。

第 2 子題組 30 分，$1 \le N \le 1,000$，無其他限制。

第 3 子題組 50 分，1,001 ≤ N ≤ 50,000，無其他限制。

```
#include <iostream>
#include <cstdlib>
using namespace std;
void searchfriend(int myfriend[], int n, int i);
int main( )
{
   int n; // 團體中的人數
   cin >> n;

   int myfriend[n]; // 記錄每一個人的好友編號
   int i;
   for (i=0 ; i <= n-1 ; i++)
      cin >> myfriend[i]; // 輸入編號i的好友編號

   int group=0;    // 小群體的數目
   for (i=0 ; i <= n-1 ; i++) // 編號為0~(n-1)的人
   {
      if (myfriend[i] != -1) // 編號i的好友尚未被追蹤過
      {
         // cout << "{" << i;
         searchfriend(myfriend, n, i); // 尋找編號i的好友
         // cout << "}" << endl;

         group++;
      }
   }
   cout << group << endl;

   return 0;
}

// 尋找編號i的好友
void searchfriend(int myfriend[], int n, int i)
{
   int bestfriend=myfriend[i]; // 編號i的好友
```

```
36     myfriend[i]=-1;  // 設定編號i已被追蹤過
37     if (myfriend[bestfriend] != -1) // 編號bestfriend的好友尚未被追蹤過
38     {
39         // cout << "," << bestfriend; // 輸出編號i的好友編號bestfriend
40         searchfriend(myfriend, n, bestfriend); // 尋找編號bestfriend的好友
41     }
42 }
```

執行結果

```
10
4 7 2 9 6 0 8 1 5 3
4
```

[程式說明]

若拿掉程式第 20，22 及 39 列的「//」，則可列出各小群體的好友編號。

範例 8	問題描述（106/10/28 第 2 題 交錯字串） 一個字串如果全由大寫英文字母組成，我們稱為大寫字串；如果全由小寫字母組成則稱為小寫字串。字串的長度是它所包含字母的個數，在本題中，字串均由大小寫英文字母組成。假設 k 是一個自然數，一個字串被稱為「k-交錯字串」，如果它是由長度為 k 的大寫字串與長度為 k 的小寫字串交錯串接組成。 舉例來說，「StRiNg」是一個 1-交錯字串，因為它是一個大寫一個小寫交替出現；而「heLLow」是一個 2-交錯字串，因為它是兩個小寫接兩個大寫再接兩個小寫。但不管 k 是多少，「aBBaaa」、「BaBaBB」、「aaaAAbbCCCC」都不是 k-交錯字串。 本題的目標是對於給定 k 值，在一個輸入字串找出最長一段連續子字串滿足 k-交錯字串的要求。例如 k=2 且輸入「aBBaaa」，最長的 k-交錯字串是「BBaa」，長度為 4。又如 k=1 且輸入「BaBaBB」，最長的 k-交錯字串是「BaBaB」，長度為 5。 請注意，滿足條件的子字串可能只包含一段小寫或大寫字母而無交替，如範例二。此外，也可能不存在滿足條件的子字串，如範例四。

輸入格式

輸入的第一行是 k，第二行是輸入字串，字串長度至少為 1，只由大小寫英文字母組成 (A~Z, a~z) 並且沒有空白。

輸出格式

輸出輸入字串中滿足 k-交錯字串的要求的最長一段連續子字串的長度，以換行結尾。

範例一：輸入 1 aBBdaaa	範例二：輸入 3 DDaasAAbbCC
範例一：正確輸出 2	範例二：正確輸出 3
範例三：輸入 2 aafAXbbCDCCC	範例四：輸入 3 DDaaAAbbCC
範例三：正確輸出 8	範例四：正確輸出 0

評分說明

輸入包含若干筆測試資料，每一筆測試資料的執行時間限制 (time limit) 均為 1 秒，依正確通過測資筆數給分。其中：

第 1 子題組 20 分，字串長度不超過 20 且 k=1。

第 2 子題組 30 分，字串長度不超過 100 且 $k \leq 2$。

第 3 子題組 50 分，字串長度不超過 100,000 且無其他限制。

提示：根據定義，要找的答案是大寫片段與小寫片段交錯串接而成。本題有多種解法的思考方式，其中一種是從左往右掃描輸入字串，我們需要記錄的狀態包含：目前是在小寫子字串中還是大寫子字串中，以及在目前大（小）寫子字串的第幾個位置。根據下一個字母的大小寫，我們需要更新狀態並且記錄以此位置為結尾的最長交替字串長度。

另外一種思考是先掃描一遍字串，找出每一個連續大（小）寫片段的長度並將其記錄在一個陣列，然後針對這個陣列來找出答案。

```
#include <iostream>
#include <cstdlib>
#include <cstring>
using namespace std;
int found_max_ksections(int cross[],int i);
int cross_sections=0; // 記錄連續大小寫交錯區段數
int max_ksections=0; // 記錄符合k-交錯字串的最多區段數
int count; // 記錄符合k-交錯字串的區段數
int k;    // k-交錯字串
int main( )
{
  cin >> k;

  string str;
  cin >> str;

  // cross[i]:記錄第i個的連續大寫字元或連續小寫字元的長度
  int cross[100000];

  int uppernum=0;  // 0:連續k個字元不是全部大寫 1:全部大寫
  int lowernum=0;  // 0:連續k個字元不是全部小寫 1:全部小寫
  int i, j=0; // j代表cross陣列的索引
  for (i=0 ; i < str.length() ; i++)
  {
    // 大寫的英文字母的ASCII值在65~90之間
    // 小寫的英文字母的ASCII值在97~122之間
    if (str[i] <= 90)
    {
      // 將前一段連續小寫字元長度記錄在cross[j]
      if (lowernum > 0)
      {
        cross[j]=lowernum;
        j++;
      }
```

```

      // 計算本段連續大寫字元長度時,先將連續小寫字元長度歸0
      lowernum=0;

      uppernum++;
    }
    else
    {
      // 將前一段連續大寫字元長度記錄在cross[j]
      if (uppernum > 0)
      {
        cross[j]=uppernum;
        j++;
      }

      // 計算本段連續小寫字元長度時,先將連續大寫字元長度歸0
      uppernum=0;

      lowernum++;
    }
  }

  // 累計連續大寫字元或連續小寫字元後,才會將該段連續字元長度記錄
  // 在cross[j]中,故離開迴圈後,需將最後一段連續字元長度記錄起來
  if (uppernum > 0)
    cross[j]=uppernum;
  else
    cross[j]=lowernum;

  cross_sections=j;

  count=0;
  for (i=0 ; i <= cross_sections ; i++)
  {
    // 若cross[i] >= k個連續大寫字元或連續小寫字元
    if (cross[i] >= k)
```

```
        {
            count++;

            // 回傳cross[i]後的違反k-交錯字串規則的索引值
            i=found_max_ksections(cross, i);
        }
    }

    // 若cross[cross_sections] (陣列cross的最後一個元素) 剛好等於k
    // 則需再判斷是否變更符合k-交錯字串的最多區段數
    if (count > max_ksections)
        max_ksections=count;

    cout << max_ksections * k << endl;

    return 0;
}

// 統計從索引值i之後,cross陣列元素中連續符合k-交錯字串規則的個數,
// 並回傳違反k-交錯字串規則時的索引值m
int found_max_ksections(int cross[], int i)
{
    int m;
    for (m=i+1 ; m <= cross_sections ; m++)
    {
        // 若cross陣列的元素值 >= k個連續大寫字元或連續小寫字元
        if (cross[m] >= k)
        {
            count++;

            // 違反連續k-交錯字串規則,
            // 但cross[m]符合連續k個字元全部大寫或小寫
            if(cross[m] > k)
            {
                // 因違反k-交錯字串規則,k-交錯字串已中斷,
                // 故需決定是否變更符合k-交錯字串的最多區段數
```

```
107             if (count > max_ksections)
108                max_ksections=count;
109
110             count=1; // 符合k-交錯字串規則的個數設定為1
111             break;
112          }
113          return found_max_ksections(cross, m);
114       }
115       else // cross陣列的元素值,違反k-交錯字串規則
116       {
117          // 因違反k-交錯字串規則,k-交錯字串已中斷,
118          // 故需決定是否變更符合k-交錯字串的最多區段數
119          if (count > max_ksections)
120             max_ksections=count;
121
122          count=0; // 將符合k-交錯字串的區段數歸0
123          break;
124       }
125    }
126    return m; // 回傳違反k-交錯字串規則時的索引值m
127 }
```

執行結果

```
3
DDaasAAbbCC
3
```

[程式說明]

- 程式第 23~62 列的目的，是將字串中的連續大寫或小寫的字元個數依序記錄在陣列 cross 中。
- 程式第 67~77 列的目的，是在陣列 cross 的元素值中，尋找符合連續 k-交錯字串規則的最多區段，即符合連續 k-交錯字串規則的 cross 陣列索引值的最多連續個數。

9-2 合併排序法 (Merge Sort)

將資料分成兩群後各自進行排序，最後再將排序好的兩群資料合併成單一資料群的過程，稱之為合併排序法。合併排序法，是由出生於匈牙利的數學家 Neumann János Lajos 在 1945 年所發表的一種排序演算法，採用分而治之 (Divide and Conquer) 的方式來排序資料，效率優於氣泡排序法。

合併排序法的步驟如下：

步驟 1：將資料分割成左右兩邊。

步驟 2：若左邊的資料個數大於 1，則回到步驟 1，否則執行步驟 3。

步驟 3：若右邊的資料個數大於 1，則回到步驟 1，否則執行步驟 4。

步驟 4：將已排序好的左右兩邊之資料，合併成單一排序好的資料。

由合併排序法的步驟，可看出過程符合遞迴概念，故使用遞迴函式來建構合併排序法是最合適的。

範例 9	寫一程式，使用合併排序法，將 18、5、37、2 及 49，從小到大輸出。

```
#include <iostream>
#include <cstdlib>
#include <iomanip>
using namespace std;
void mergesort(int data[], int left, int right);
void merge(int data[], int left, int right);
int main()
{
   int data[5]= {18, 5, 37, 2, 49};
   cout << "排序前的資料:";
   for (int i=0 ; i < 5 ; i++)
      cout << setw(4) << data[i];
   cout << endl;

```

```
  mergesort(data, 0, 4); // 將陣列data從小到大排序

  cout << "排序後的資料:";
  for (int i=0 ; i < 5 ; i++)
     cout << setw(4) << data[i];
  cout << endl;

  return 0;
}

void mergesort(int data[], int left, int right)
{
  // left與right為陣列data的索引範圍
  if (left < right) // 陣列元素至少有2(含)個以上,才需進行合併排序
  {
     int mid = (left+right)/2; // mid是data陣列的中間元素的索引值

     // 對索引值為left ~ mid間的data陣列元素做排序
     // 即對data陣列的左半邊元素做排序
     mergesort(data, left, mid);

     // 對索引值為(mid+1) ~ right間的data陣列元素做排序
     // 即對data陣列的右半邊元素做排序
     mergesort(data, mid+1, right);

     // 將data陣列左右兩邊已排序好的陣列元素,合併成單一已排序
     // 的data[left] ~ data[right]
     merge(data, left, right);
  }
}

// 將data陣列左右兩邊已排序好的陣列元素,合併成單一已排序好
// 的data[left] ~ data[right]
void merge(int data[], int left, int right)
{
  int mid = (left+right)/2; // data陣列的中間元素之索引值
```

```

  // data陣列元素分成兩群後,左半邊的陣列元素個數
  int leftgrouplength=mid-left+1;

  // data陣列元素分成兩群後,右半邊的陣列元素個數
  int rightgrouplength=right-(mid+1)+1;

  // 宣告子陣列leftgroup,記錄data陣列左半邊的元素
  float leftgroup[leftgrouplength];

  // 宣告子陣列rightgroup,記錄data陣列右半邊的元素
  float rightgroup[rightgrouplength];

  // data陣列左半邊的陣列索引變數
  int leftgroupindex = 0;

  // data陣列右半邊的陣列索引變數
  int rightgroupindex = 0;

  for (int i = left; i <= right; i++)
    if (i <= mid)
      leftgroup[i-left] = data[i];
    else
      rightgroup[i-(mid+1)] = data[i];

  // 將陣列leftgroup與陣列rightgroup合併排序，
  // 存入索引值為left ~ right的data陣列元素中
  for (int i = left; i <= right; i++)
  {
    // 若左半邊的資料 <= 右半邊的資料
    if (leftgroup[leftgroupindex] <= rightgroup[rightgroupindex])
    {
      data[i] = leftgroup[leftgroupindex];
      leftgroupindex++;

      // 若左半邊的資料已全部依排列順序存入data陣列中
```

```
            if (leftgroupindex == leftgrouplength)
            {
                // 將右半邊尚未存入data陣列中的資料,
                // 依序存入data陣列內
                while (rightgroupindex < rightgrouplength)
                {
                    i++;
                    data[i] = rightgroup[rightgroupindex];
                    rightgroupindex++;
                }
                break;
            }
        }
        else // 若左半邊的資料 > 右半邊的資料
        {
            data[i] = rightgroup[rightgroupindex];
            rightgroupindex++;

            // 若右半邊的資料已全部依排列順序存入data陣列中
            if (rightgroupindex == rightgrouplength)
            {
                // 將左半邊尚未存入data陣列中的資料,
                // 依序存入data陣列內
                while (leftgroupindex < leftgrouplength)
                {
                    i++;
                    data[i] = leftgroup[leftgroupindex];
                    leftgroupindex++;
                }
                break;
            }
        }
    }
}
```

執行結果	排序前的資料: 18 5 37 2 49 排序後的資料: 2 5 18 37 49

[程式說明]

- Merge 函式的合併程序如下：
  判斷左邊資料中的第 leftgroupindex 個元素值 (leftgroup[leftgroupindex]) 是否小於或等於右邊資料中的第 rightgroupindex 個元素值 (rightgroup[rightgroupindex])？
  - ➢ 若判斷為真，則
    (1) 設定 data[i]= 左邊資料 leftgroup 陣列中的第 leftgroupindex 個元素值，left ≤ i ≤ right。
    (2) 將 leftgroupindex 加 1，移往左邊資料 leftgroup 陣列的下一個元素。
    (3) 判斷左半邊的資料已全部存入 data 陣列中？
    若判斷為真，則將右半邊尚未存入 data 陣列中的資料，依序存入 data 陣列。
    (4) 若 data[left]~data[right] 已排序好了，則結束 Merge 函式，否則繼續判斷左邊資料中的第 leftgroupindex 個元素值 (leftgroup[leftgroupindex])是否小於或等於右邊資料中的第 rightgroupindex個元素值(rightgroup[rightgroupindex])。
  - ➢ 若判斷為假，則
    (1) 設定 data[i]= 右邊資料 rightgroup 陣列中的第 rightgroupindex 個元素值，left ≤ i ≤ right。
    (2) 將 rightgroupindex 加 1，移往右邊資料 rightgroup 陣列的下一個元素。
    (3) 判斷右半邊的資料是否已全部存入 data 陣列中？
    若判斷為真，則將左半邊尚未存入 data 陣列中的資料，依序存入 data陣列。
    (4) 若 data[left]~data[right] 已排序好了，則結束 Merge 函式，否則繼續判斷左邊資料中的第 leftgroupindex 個元素值 (leftgroup[leftgroupindex]) 是否小於或等於右邊資料中的第 rightgroupindex 個元素值 (rightgroup[rightgroupindex])。

[註] • left 是合併後的 data 陣列的左邊元素索引值，right 是合併後的 data 陣列的右邊元素索引值。

• leftgroupindex 是左邊資料 leftgroup 陣列的索引值，0 ≤ leftgroupindex ≤ leftgrouplength-1，leftgrouplength 是左邊資料 leftgroup 陣列的元素個數。

• rightgroupindex 是右邊資料 rightgroup 陣列的索引值，0 ≤ rightgroupindex ≤ rightgrouplength-1，rightgrouplength是右邊資料 rightgroup 陣列的元素個數。

• 合併排序法處理 18、5、37、2 及 49 的過程如下：

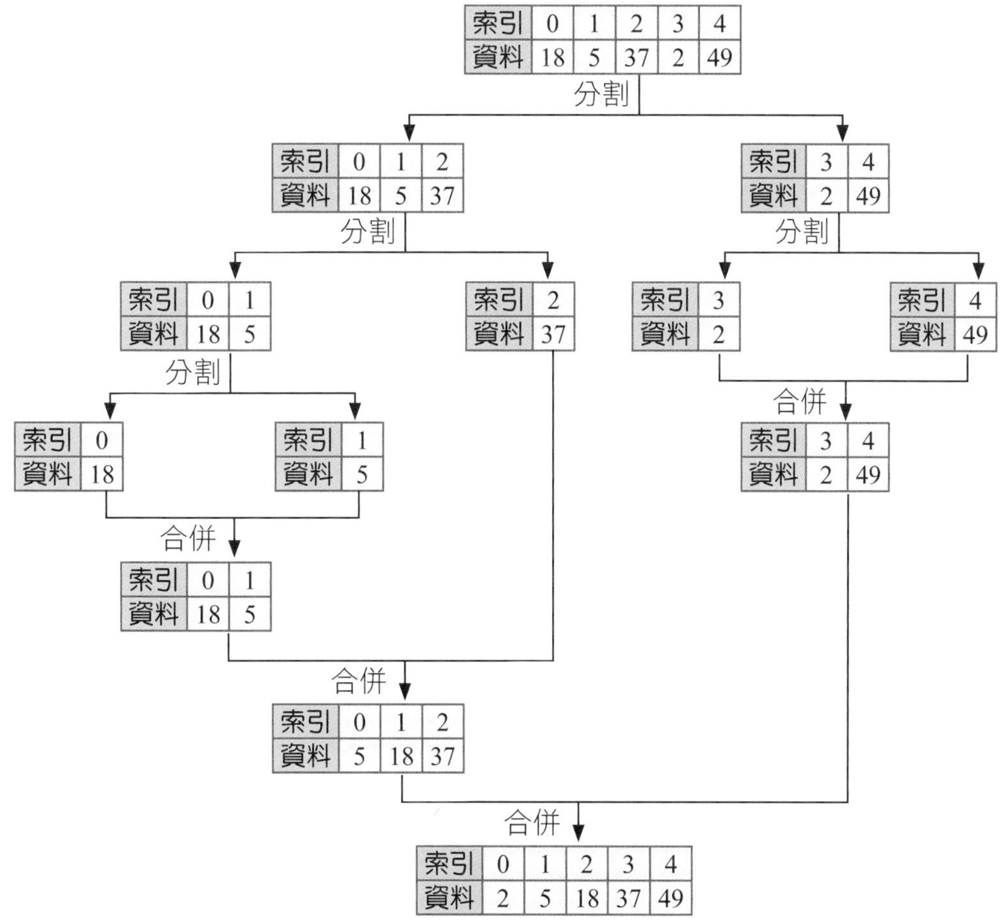

圖 9-3　18,5,37,2 及 49 之合併排序示意圖

<table>
<tr><td>範例
10</td><td>問題描述（106/10/28 第 4 題 物品堆疊）
某個自動化系統中有一個存取物品的子系統，該系統是將 N 個物品堆在一個垂直的貨架上，每個物品各占一層。系統運作的方式如下：每次只會取用一個物品，取用時必須先將在其上方的物品貨架升高，取用後必須將該物品放回，然後將剛才升起的貨架降回原始位置，之後才會進行下一個物品的取用。
每一次升高某些物品所需要消耗的能量是以這些物品的總重來計算，在此我們忽略貨架的重量以及其他可能的消耗。現在有 N 個物品，第 i 個物品的重量是 w(i) 而需要取用的次數為 f(i)，我們需要決定如何擺放這些物品的順序來讓消耗的能量越小越好。舉例來說，有兩個物品 w(1)=1、w(2)=2、f(1)=3、f(2)=4，也就是說物品 1 的重量是 1 需取用 3 次，物品 2 的重量是 2 需取用 4 次。我們有兩個可能的擺放順序（由上而下）：
• (1,2)，也就是物品 1 放在上方，2 在下方。那麼，取用 1 的時候不需要能量，而每次取用 2 的能量消耗是 w(1)=1，因為 2 需取用 f(2)=4 次，所以消耗能量數為 w(1)*f(2)=4。
• (2,1)，也就是物品 2 放在 1 的上方。那麼，取用 2 的時候不需要能量，而每次取用 1 的能量消耗是 w(2)=2，因為 1 需取用 f(1)=3 次，所以消耗能量數 =w(2)*f(1)=6。
在所有可能的兩種擺放順序中，最少的能量是 4，所以答案是 4。再舉一例，若有三物品而 w(1)=3、w(2)=4、w(3)=5、f(1)=1、f(2)=2、f(3)=3。假設由上而下以 (3,2,1) 的順序，此時能量計算方式如下：取用物品 3 不需要能量，取用物品 2 消耗 w(3)*f(2)=10，取用物品 1 消耗(w(3)+w(2))*f(1)=9，總計能量為 19。如果以 (1,2,3) 的順序，則消耗能量為 3*2+(3+4)*3=27。事實上，我們一共有 3!=6 種可能的擺放順序，其中順序 (3,2,1) 可以得到最小消耗能量 19。

輸入格式
輸入的第一行是物品件數 N，第二行有 N 個正整數，依序是各物品的重量 w(1)、w(2)、…、w(N)，重量皆不超過 1000 且以一個空白間隔。第三行有 N 個正整數，依序是各物品的取用次數 f(1)、f(2)、…、f(N)，次數皆為 1000 以內的正整數，以一個空白間隔。

輸出格式
輸出最小能量消耗值，以換行結尾。所求答案不會超過 63 個位元所能表示的正整數。</td></tr>
</table>

範例一（第 1、3 子題）：輸入
2
20 10
1 1

範例一：正確輸出
10

範例二（第 2、4 子題）：輸入
3
3 4 5
1 2 3

範例二：正確輸出
19

評分說明：輸入包含若干筆測試資料，每一筆測試資料的執行時間限制 (time limit) 均為 1 秒，依正確通過測資筆數給分。其中：
第 1 子題組 10 分，N = 2，且取用次數 f(1)=f(2)=1。
第 2 子題組 20 分，N = 3。
第 3 子題組 45 分，N ≤ 1,000，且每一個物品 i 的取用次數 f(i)=1。
第 4 子題組 25 分，N ≤ 100,000。

```
#include <iostream>
#include <cstdlib>
using namespace std;
void mergesort(float data[][2], int n, int left, int right);
void merge(float data[][2], int n, int left, int right);
int main()
{
  int n;  // n個物品
  cin >> n;

  int w[n]; // 記錄n個物品的重量
  for (int i=0 ; i < n ; i++)
    cin >> w[i];  // 輸入第i個物品的重量(w[i])

  int f[n]; // 記錄n個物品的取用次數
  for (int i=0 ; i < n ; i++)
    cin >> f[i];  // 輸入第i個物品取用的次數(f[i])

  float ratio[n][2];  // 記錄n個物品的重量與取用次數比值
  for (int i=0 ; i < n ; i++)
  {
    ratio[i][0]=i;
```

```
        ratio[i][1]=(float) w[i]/f[i];
    }

    // 將ratio陣列第1行的資料(ratio[n][1]),依小到大排序
    // 同時ratio陣列第0行的資料(ratio[n][0])也要跟著ratio[n][1]移動
    mergesort(ratio, n, 0, n-1); // 呼叫合併排序函式

    long long totalweight=0; // 往上移動N個物品所消耗的總能量
    int liftweight;  // 將物品i上面的物品往上移動一次所消耗的總能量
    for (int i=0 ; i < n ; i++)
    {
        liftweight = 0;
        for (int j=0 ; j < i ; j++)
            liftweight +=  w[(int) ratio[j][0]] ;
        totalweight += liftweight * f[(int) ratio[i][0]];
    }
    cout << totalweight << endl;

    return 0;
}

void mergesort(float data[][2], int n, int left, int right)
{
    // left與right為陣列data的索引範圍
    if (left < right) // 陣列元素至少有2(含)個以上,才需進行合併排序
    {
        int mid = (left+right)/2; // mid是data陣列的中間元素之索引值

        // 對索引值為left ~ mid間的data陣列元素做排序
        // 即對data陣列的左半邊元素做排序
        mergesort(data, n, left, mid);

        // 對索引值為(mid+1) ~ right間的data陣列元素做排序
        // 即對data陣列的右半邊元素做排序
        mergesort(data, n, mid+1, right);

```

```
        // 將data陣列左右兩邊已排序好的陣列元素,合併成單一已排序
        // 的data[left] ~ data[right]
        merge(data, n, left, right);
    }
}

// 將data陣列左右兩邊已排序好的陣列元素,合併成單一已排序
// 的data[left] ~ data[right]
void merge(float data[][2], int n, int left, int right)
{
    int mid = (left+right)/2;  // data陣列的中間元素之索引值

    // data陣列元素分成兩群後,左半邊的陣列元素個數
    int leftgrouplength=mid-left+1;

    // data陣列元素分成兩群後,右半邊的陣列元素個數
    int rightgrouplength=right-(mid+1)+1;

    // 宣告子陣列leftgroup,記錄data陣列左半邊的元素
    float leftgroup[leftgrouplength][2];

    // 宣告子陣列rightgroup,記錄data陣列右半邊的元素
    float rightgroup[rightgrouplength][2];

    // data陣列左半邊的陣列索引變數
    int leftgroupindex = 0;

    // data陣列右半邊的陣列索引變數
    int rightgroupindex = 0;

    for (int i = left; i <= right; i++)
        if (i <= mid)
        {
            leftgroup[i-left][0] = data[i][0];
            leftgroup[i-left][1] = data[i][1];
        }
```

```
        else
        {
          rightgroup[i-(mid+1)][0]= data[i][0];
          rightgroup[i-(mid+1)][1] =data[i][1];
        }

    // 將陣列leftgroup與陣列rightgroup合併排序，
    // 存入索引值為left ~ right的data陣列元素中
    for (int i = left; i <= right; i++)
     {
      // 若左半邊的資料 <= 右半邊的資料
      if (leftgroup[leftgroupindex][1]<= rightgroup[rightgroupindex][1])
       {
         data[i][1] = leftgroup[leftgroupindex][1];
         data[i][0] = leftgroup[leftgroupindex][0];
         leftgroupindex++;

         // 若左半邊的資料已全部依排列順序存入data陣列中
         if (leftgroupindex == leftgrouplength)
          {
           // 將右半邊尚未存入data陣列中的資料,
           // 依序存入data陣列內
           while (rightgroupindex < rightgrouplength)
            {
             i++;
             data[i][1] = rightgroup[rightgroupindex][1];
             data[i][0] = rightgroup[rightgroupindex][0];
             rightgroupindex++;
            }
           break;
          }
       }
      else // 若左半邊的資料 > 右半邊的資料
       {
        data[i][1] = rightgroup[rightgroupindex][1];
        data[i][0] = rightgroup[rightgroupindex][0];
```

```
131             rightgroupindex++;
132
133             // 若右半邊的資料已全部依排列順序存入data陣列中
134             if (rightgroupindex == rightgrouplength)
135              {
136                // 將左半邊尚未存入data陣列中的資料,
137                // 依序存入data陣列內
138                while (leftgroupindex < leftgrouplength)
139                 {
140                   i++;
141                   data[i][1] = leftgroup[leftgroupindex][1];
142                   data[i][0] = leftgroup[leftgroupindex][0];
143                   leftgroupindex++;
144                 }
145                break;
146              }
147          }
148      }
149  }
```

執行結果

```
3
3 4 5
1 2 3
19
```

[程式說明]

- 由題目中範例一的輸入資料與輸出結果，及範例二的輸入資料與輸出結果，我們發現：**根據 N 個物品的比值「w(i) / f(i)」來排列物品，將比值較小的物品排在比值較大的物品上方，所消耗的總能量最低**。
  範例一：因 10/1 < 20/1，故物品 1 排在物品 2 的上方；範例二：因 5/3 < 4/2 < 3/1，故物品 2 排在物品 1 的上方，物品 3 排在物品 2 的上方。
- 為了計算最低消耗的總能量，必須執行下列兩個步驟：
  ➢ 在程式第 19~24 列宣告二維陣列變數 ratio，並記錄 n 個物品的索引值及重量與取用次數的比值。

➢ 在程式第 28 列呼叫合併排序函式，根據 ratio 陣列第 1 行的元素值 (ratio[i][1]，0≤i≤n-1) 進行排序，同時 ratio 二維陣列的第 0 行元素值 (ratio[i][0]，0≤i≤n-1) 也會跟著調整。排序後，二維陣列 ratio 的第 i 列第 0 行元素值 (ratio[i][0])，就是排序前的第「ratio[i][0]」個物品，0≤i≤n-1。因此，排序後的 ratio[i][0] 元素值，0≤i≤n-1，就是消耗的總能量最低的 N 個物品由上往下的排列順序。

- 在程式第 34~37 列的目的是：
計算移動第 i 個物品 f(i) 次所消耗的總能量
= 移動第 0 個物品 f(0) 次所消耗的總能量+…+
  移動第 (i-1) 個物品 f(i-1) 次所消耗的總能量
在程式第 31~39 列的目的是：
計算移動 n 個物品所消耗的總能量。
- 因所消耗的總能量不會超過 63 個位元所能表示的正整數，即最大值為 2^{63}-1，但已超出 int 型態範圍，故在程式第 30 才會宣告 long long（長整數）型態變數來儲存所消耗的總能量：
long long totalweight=0; // 往上移動 N 個物品所消耗的總能量

範例 11	問題描述（106/3/4 第 4 題 基地台） 為因應資訊化與數位的發展趨勢，某市長想要在城市的一些服務點上提供無線網路服務，因此他委託電信公司架設無線基地台。某電信公司負責其中 N 個服務點，這 N 個服務點位在一條筆直的大道上，它們的位置（座標）係以與該大道一端的距離 P[i] 來表示，其中 i=0~N-1。由於設備訂製與維護的因素，每個基地台的服務範圍必須都一樣，當基地台架設後，與此基地台距離不超過 R（稱為基地台的半徑）的服務點都可以使用無線網路服務，也就是說每一個基地台可以服務的範圍是 D=2R（稱為基地台的直徑）。現在電信公司想要計算，如果要架設 K 個基地台，那麼基地台的最小直徑是多少才能使每個服務點都可以得到服務。 基地台架設的地點不一定要在服務點上，最佳的架設地點也不唯一，但本題只需要求最小直徑即可。以下是一個 N=5 的例子，五個服務點

的座標分別是 1、2、5、7、8。

0　1　2　3　4　5　6　7　8　9

假設 K=1，最小的直徑是 7，基地台架設在座標 4.5 的位置，所有點與基地台的距離都在半徑 3.5 以內。假設 K=2，最小的直徑是 3，一個基地台服務座標 1 與 2 的點，另一個基地台服務另外三點。在 K=3 時，直徑只要 1 就足夠了。

輸入格式

輸入有兩行。第一行是兩個正整數 N 與 K，以一個空白間隔。第二行 N 個非負整數 P[0]，P[1]，…，P[N-1] 表示 N 個服務點的位置，這些位置彼此之間以一個空白間隔。請注意，這 N 個位置並不保證相異也未經過排序。本題中，$K<N$ 且所有座標是整數，因此，所求最小直徑必然是不小於 1 的整數。

輸出格式

輸出最小直徑，不要有任何多餘的字或空白並以換行結尾。

範例一：輸入

5 2
5 1 2 8 7

範例一：正確輸出

3

（說明）如題目中之說明。

範例二：輸入

5 1
7 5 1 2 8

範例二：正確輸出

7

（說明）如題目中之說明。

評分說明

輸入包含若干筆測試資料，每一筆測試資料的執行時間限制 (time limit) 均為 2 秒，依正確通過測資筆數給分。其中：

第 1 子題組 10 分，座標範圍不超過 100，$1 \le K \le 2$，$K<N \le 10$。

第 2 子題組 20 分，座標範圍不超過 1,000，$1 \le K<N \le 100$。

第 3 子題組 20 分，座標範圍不超過 1,000,000,000，$1 \le K<N \le 500$。

第 4 子題組 50 分，座標範圍不超過 1,000,000,000，$1 \le K<N \le 50,000$。

```
#include <iostream>
#include <cstdlib>
```

```
using namespace std;
void mergesort(int p[], int left, int right);
void merge(int p[], int left, int right);
int check(int p[], int n, int k, int mid);
int main()
{
   int n; // n個服務點
   int k; // k個基地台
   cin >> n >> k;

   int p[n]; // n個服務點的位置
   for (int i=0 ; i < n ; i++)
      cin >> p[i]; // 輸入第i個服務點的位置(p[i])

   mergesort(p, 0, n-1); // 將陣列p從小到大排序

   int mindiameter=1; // 基地台的最小直徑為1
   int maxdiameter;   // 基地台的最大直徑

   if ((p[n-1]-p[0]) % k == 0)
      maxdiameter=(p[n-1]-p[0]) / k;
   else
      maxdiameter=(p[n-1]-p[0]) / k + 1;

   int mid;
   while(mindiameter < maxdiameter)
   {
      mid=(mindiameter + maxdiameter) / 2;
      // 若直徑為mid的k座基地台可以涵蓋n個服務點
      if (check(p, n, k, mid) == 1)
         maxdiameter=mid; // 表示基地台的最大直徑最多是mid
      else
         mindiameter=mid+1; // 表示基地台的最小直徑至少是(mid+1)
   }
   cout << mindiameter << endl;

```

```
    return 0;
}

void mergesort(int p[], int left, int right)
{
    // left與right為陣列p的索引範圍
    if (left < right)  // 陣列元素至少有2(含)個以上，才需進行合併排序
    {
        int mid = (left+right)/2;  // mid是p陣列的中間元素的索引值

        // 對索引值為left ~ mid間的p陣列元素做排序
        // 即對p陣列的左半邊元素做排序
        mergesort(p, left, mid);

        // 對索引值為(mid+1) ~ right間的p陣列元素做排序
        // 即對p陣列的右半邊元素做排序
        mergesort(p, mid+1, right);

        // 將p陣列左右兩邊已排序好的陣列元素,合併成單一已排序
        // 的p[left] ~ p[right]
        merge(p, left, right);
    }
}

// 將p陣列左右兩邊已排序好的陣列元素,合併成單一已排序好
// 的p[left] ~ p[right]
void merge(int p[], int left, int right)
{
    int mid = (left+right)/2;  // p陣列的中間元素之索引值

    // p陣列元素分成兩群後,左半邊的陣列元素個數
    int leftgrouplength=mid-left+1;

    // p陣列元素分成兩群後,右半邊的陣列元素個數
    int rightgrouplength=right-(mid+1)+1;

```

```
// 宣告子陣列leftgroup,記錄p陣列左半邊的元素
float leftgroup[leftgrouplength];

// 宣告子陣列rightgroup,記錄p陣列右半邊的元素
float rightgroup[rightgrouplength];

// p陣列左半邊的陣列索引變數
int leftgroupindex = 0;

// p陣列右半邊的陣列索引變數
int rightgroupindex = 0;

for (int i = left; i <= right; i++)
   if (i <= mid)
      leftgroup[i-left] = p[i];
   else
      rightgroup[i-(mid+1)] = p[i];

// 將陣列leftgroup與陣列rightgroup合併排序，
// 存入索引值為left ~ right的p陣列元素中
for (int i = left; i <= right; i++)
{
   // 若左半邊的資料 <= 右半邊的資料
   if (leftgroup[leftgroupindex] <= rightgroup[rightgroupindex])
   {
      p[i] = leftgroup[leftgroupindex];
      leftgroupindex++;

      // 若左半邊的資料已全部依排列順序存入p陣列中
      if (leftgroupindex == leftgrouplength)
      {
         // 將右半邊尚未存入p陣列中的資料,
         // 依序存入p陣列內
         while (rightgroupindex < rightgrouplength)
         {
            i++;
```

```
                    p[i] = rightgroup[rightgroupindex];
                    rightgroupindex++;
                }
                break;
            }
        }
        else  // 若左半邊的資料 > 右半邊的資料
        {
            p[i] = rightgroup[rightgroupindex];
            rightgroupindex++;

            // 若右半邊的資料已全部依排列順序存入p陣列中
            if (rightgroupindex == rightgrouplength)
            {
                // 將左半邊尚未存入p陣列中的資料,
                // 依序存入p陣列內
                while (leftgroupindex < leftgrouplength)
                {
                    i++;
                    p[i] = leftgroup[leftgroupindex];
                    leftgroupindex++;
                }
                break;
            }
        }
    }
}

// 判斷直徑為mid的k座基地台是否可以涵蓋n個服務點
int check(int p[], int n, int k, int mid)
{
    int num=0;  // 基地台的索引編號,目前要建立的基地台之索引編號為0
    int basestation[k]; // basestation[i]:記錄第(i+1)個基地台涵蓋的位置點
    int index=0; // 服務點的索引編號

    /* 檢查n個服務點是否被k座基地台所涵蓋*/
```

```
147    while (index < n)
148    {
149       // 第(num+1)個基地台涵蓋的位置點 =
150       // 第(index+1)個服務點 + 基地台的直徑
151       basestation[num]=p[index]+mid;
152
153       // 若第(num+1)個基地台涵蓋最後一個服務站的位置p[n-1],
154       // 且建立的基地台之索引編號num <= k-1,
155       // 則表示直徑為mid的k座基地台可以涵蓋n個服務點
156       if ((basestation[num] >= p[n-1]) && (num <= k-1))
157          return 1;
158
159       // 若已建立的基地台之索引編號num = k,
160       // 則表示直徑為mid的k座基地台無法涵蓋n個服務點
161       if (num == k)
162          return 0;
163
164       // 移往下一個未涵蓋的服務點
165       while (p[index] <= basestation[num] && index < n)
166          index++;
167
168       num++; // 將下一個要建立的基地台之索引編號+1
169    }
170    return 0;  // 直徑為mid的k座基地台無法涵蓋n個服務點
171 }
```

執行結果

```
5 2
5 1 2 8 7
3
```

[程式說明]

- 程式第 22~25 列，是以平均距離的概念來說明 k 座基地台要涵蓋 n 個服務點，基地台的最大直徑為「(p[n-1]-p[0]) / k」。當最大直徑須為整數時，若「(p[n-1]-p[0])」整除 k，則最大直徑為「(p[n-1]-p[0]) / k」；否則最大直徑須為「(p[n-1]-p[0]) / k + 1」。

- 程式第 27~36 列的主要目的，是在 1 ~ maxdiameter 之間，找出 k 座基地台可以涵蓋 n 個服務點的最小直徑。做法與在 1 ~ maxdiameter 之間，使用二分搜尋法尋找特定資料類似，唯一的差異在於要找出的最小直徑並不是 n 個服務點的位置點。另外，將夾擠定理應用在搜尋最小直徑的條件「while (mindiameter < maxdiameter)」，使得最小直徑為 mindiameter(=maxdiameter)。
- 程式第 147~169 列：
  - ➢ 基地台的布置位置，最簡單的做法是設在：「某個服務點的位置 + 基地台的直徑 / 2」的位置上，這樣基地台涵蓋的最遠位置點為「服務點的位置 + 基地台的直徑」。
  - ➢ 若 k 座基地台所設定的直徑 mid 涵蓋所有的 n 個服務點，則回到主程式「main( )」中，將基地台的最大直徑重新設定為 mid。
  - ➢ 若 k 座基地台所設定的直徑 mid 無法涵蓋所有的 n 個服務點，則回到主程式「main( )」中，將基地台的最大直徑重新設定為 (mid+1)。
  - ➢ 判斷此服務點之後的其他服務點位置是否也被此基地台所涵蓋？若其他服務點位置也被此基地台涵蓋，則跳過這些服務點，然後才再布置下一座基地台；否則就直接將下一座基地台的布置位置設在：未涵蓋服務點+(基地台的直徑 / 2) 的位置上。

9-3 益智遊戲範例

範例 12	寫一程式，設計踩地雷遊戲。

```
#include <iostream>
#include <cstdlib>
#include <iomanip>
using namespace std;
```

```
int landminemap[8][8]={ 0, 2, -1, 2, 0, 0, 1, -1,
                        0, 2, -1, 4, 2, 2, 2, 2,
                        1, 2, 3, -1, -1, 2 , -1, 1,
                        -1, 1, 2, -1, 3, 2, 1, 1,
                        1, 1, 1, 1, 1, 0, 0, 0,
                        0, 0, 0, 0, 1, 1, 1, 0,
                        1, 1, 0, 0, 1,-1, 2, 1,
                        -1, 1, 0, 0, 1, 1, 2, -1 };


//記錄每個位置是否踩過,0:未踩過 1:踩過
int guess[8][8]={0};

//記錄每個位置是否為第1次檢查. 0:第1次 1:第2次
int check[8][8]={0};

void display(int landminemap[][8],int m);  // 宣告display函式
void checkbomb(int,int); // 宣告checkbomb函式

int main(void)
 {
 int i,j,k;
 int row, col; //要踩的位置(列,行)
 display(landminemap, 8);

 while (1)
  {
   cout << "輸入要踩的位置row,col"
        << "(以空白間隔 ; 0<=row<=7,0<=col<=7):";
   cin >> row >> col;

   if (!(row>=0 && row<=7 && col>=0 && col<=7))
    {
     cout << "位置錯誤,重新輸入!" << endl;
     continue;
    }
```

```

    if (check[row][col]!=0) //  (row, col)位置已經被踩過了
     {
       cout << "位置(" << row << "," << col
             << ")經猜過了,重新輸入!" << endl;
       continue;
     }
    checkbomb(row, col); // 遞迴函式
    }

  return 0;
}

// 定義display函式:顯示地雷圖
void display(int landminemap[][8],int m)
 {
  system("cls");
  cout << "     踩地雷遊戲" << endl;
  cout << "  | 0 1 2 3 4 5 6 7" << endl;
  cout << "--|----------------" << endl;
  int k=0;
  for (int i=0 ; i<m ; i++)
   {
    cout << k++ << "|";

    for (int j=0 ; j<8 ; j++)
      if (guess[i][j] == 1)
       if (landminemap[i][j] == -1)
         cout << " *";
       else
         cout << setw(2) << landminemap[i][j];
     else
       cout << "■";

    cout << endl;
   }
```

```
}

// 定義checkbomb函式:檢查位置(row,col)是否為地雷(遞迴函式)
void checkbomb(int row,int col)
{
 int i,j,k;
 guess[row][col]=1;
 //當踩到的位置(row,col)是0時,且此位置是第1次檢查時
 if (landminemap[row][col] == 0 && check[row][col] == 0)
  {
   check[row][col]++;
   if (row-1>=0 && col-1>=0)   // (row, col)的左上角位置
    if (landminemap[row-1][col-1] != -1)  // (row-1, col-1)位置不是地雷
      checkbomb(row-1, col-1); // 再檢查(row-1, col-1)位置

   if (row-1>=0)   // (row, col)的上面位置
    if (landminemap[row-1][col] != -1)  // (row-1, col)位置不是地雷
      checkbomb(row-1, col); // 再檢查(row-1, col)位置

   if (row-1>=0 && col+1<=7)   // (row, col)的右上角位置
    if (landminemap[row-1][col+1] != -1)  // (row-1, col+1)位置不是地雷
      checkbomb(row-1, col+1); // 再檢查(row-1, col+1)位置

   if (col-1>=0)   // (row, col)的左邊位置
    if (landminemap[row][col-1] != -1)  // (row, col-1)位置不是地雷
      checkbomb(row, col-1); // 再檢查(row, col-1)位置

   if (col+1<=7)   // (row, col)的右邊位置
    if (landminemap[row][col+1] != -1)  // (row, col+1)位置不是地雷
      checkbomb(row, col+1); // 再檢查(row, col+1)位置

   if (row+1<=7 && col-1>=0)   // (row, col)的左下角位置
    if (landminemap[row+1][col-1] != -1)  // (row+1, col-1)位置不是地雷
      checkbomb(row+1, col-1); // 再檢查(row+1, col-1)位置

   if (row+1<=7)   // (row, col)的下面位置
```

```
    if (landminemap[row+1][col] != -1)  // (row+1, col)位置不是地雷
      checkbomb(row+1, col); // 再檢查(row+1, col)位置

   if (row+1<=7 && col+1<=7)    // (row, col)的右下角位置
    if (landminemap[row+1][col+1] != -1)  // (row+1, col+1)位置不是地雷
      checkbomb(row+1, col+1); // 再檢查(row+1, col+1)角位置
  }
 display(landminemap, 8);

 if (landminemap[row][col]==-1)
  {
   cout << "你踩到(" << row << "," << col << ")的地雷了!" << endl;

   exit(0); //結束程式
  }
 else
  {
  // 檢查8**的地雷圖,不是地雷的每一個位置是否都被踩過了
  for (i=0 ; i<8 ; i++)
   {
    for (j=0 ; j<8 ; j++)
      if (landminemap[i][j] != -1 && guess[i][j] != 1)
        break;
    if (j<8)
      break;
   }
  if (i==8) // 不是地雷的每一個位置都被踩過了
   {
    cout << "恭喜你過關了!" << endl;

    exit(0); //結束程式
   }
  }
}
```

執行結果

請自行娛樂一下。

[程式說明]

- 程式第 5 列的

  int landminemap[8][8]={ 0, 2, -1, 2, 0, 0, 1, -1,
  0, 2, -1, 4, 2, 2, 2, 2,
  1, 2, 3, -1, -1, 2 , -1, 1,
  -1, 1, 2, -1, 3, 2, 1, 1,
  1, 1, 1, 1, 1, 0, 0, 0,
  0, 0, 0, 0, 1, 1, 1, 0,
  1, 1, 0, 0, 1,-1, 2, 1,
  -1, 1, 0, 0, 1, 1, 2, -1 };

  是地雷布置圖。其中的「4」代表位置 (1,3) 的周遭有 4 個地雷，「-1」表示地雷。其他數值的說明類似。
- 程式第 30 列的「while (1)」與「while (1 != 0)」的意思相同。
- 若選擇位置 (row,col) 的值為 0，則會再顯示其周圍最多 8 個位置的值。即顯示 (row,col) 之左上方、上方、右上方、右方、左方、左下方、下方及右下方的值。若周圍位置的值也為 0，會繼續顯示其他位置的值，這符合遞迴的概念。

範例 13	寫一程式，將迷宮圖(如下)存入15*30的二維陣列，入口處在位置(14,1)且出口處在位置(0,28)，並定義一個遞迴函式，輸出走出迷宮的路線。 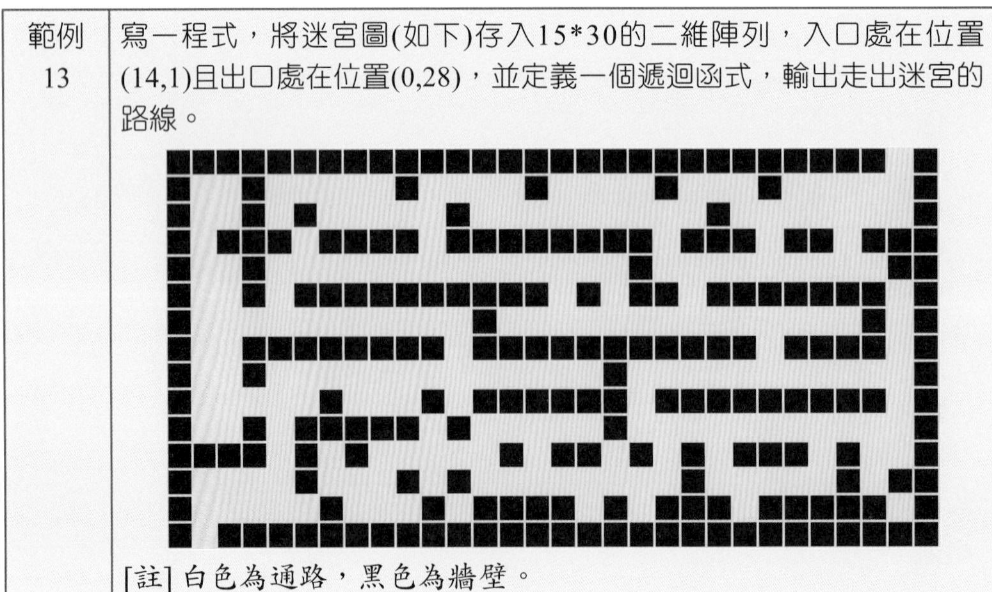 [註] 白色為通路，黑色為牆壁。

```
#include <iostream>
using namespace std ;

// mazemap函式:輸出迷宮布置圖
void mazemap(int maze[][30], int row, int col);

// 遞迴函式walkpath：搜尋迷宮的路徑
bool walkpath(int maze[][30], int row, int col);

int main()
 {
  // 將迷宮布置圖資料存入15x30的二維陣列maze中
  int maze[15][30] = {
    // 第0列
    {1, 1, 1, 1, 1, 1, 1, 1, 1, 1, 1, 1, 1, 1, 1,
     1, 1, 1, 1, 1, 1, 1, 1, 1, 1, 1, 1, 1, 0, 1},
    // 第1列
    {1, 0, 0, 1, 0, 0, 0, 0, 0, 1, 0, 0, 0, 0, 1,
     0, 0, 0, 0, 1, 0, 0, 0, 1, 0, 0, 0, 0, 0, 1 },
    // 第2列
    {1, 0, 0, 1, 0, 1, 0, 0, 0, 0, 0, 1, 0, 0, 0,
     0, 0, 0, 0, 0, 0, 1, 0, 0, 0, 0, 0, 0, 0, 1},
    // 第3列
    {1, 0, 1, 1, 1, 0, 1, 1, 1, 1, 0, 1, 1, 1, 1,
     1, 1, 1, 1, 0, 1, 1, 1, 0, 1, 1, 0 , 1, 1, 1},
    // 第4列
    {1, 0, 0, 1, 0, 0, 0, 0, 0, 0, 0, 0, 0, 0, 0,
     0, 0, 0, 1, 0, 0, 0, 0, 0, 0, 0, 0, 0, 1, 1},
    // 第5列
    {1, 0, 0, 1, 0, 1, 1, 1, 1, 1, 1, 1, 1, 1, 1,
     0, 1, 0, 1, 1, 0, 1, 1, 1, 1, 1, 1, 1, 0, 1},
    // 第6列
    {1, 0, 0, 0, 0, 0, 0, 0, 0, 0, 0, 0, 1, 0, 0,
     0, 0, 0, 0, 0, 0, 0, 0, 0, 0, 0, 0, 1, 0, 1},
    // 第7列
    {1, 0, 0, 1, 1, 1, 1, 1, 1, 1, 1, 0, 1, 1, 1,
```

```
      1, 1, 1, 1, 1, 1, 1, 1, 0, 1, 1, 1, 1, 0, 1},
     // 第8列
     {1, 0, 0, 1, 0, 0, 0, 0, 0, 0, 0, 0, 0, 0, 0,
      0, 0, 1, 0, 0, 0, 0, 0, 0, 0, 0, 0, 0, 0, 1},
     // 第9列
     {1, 0, 0, 0, 0, 0, 1, 0, 0, 0, 1, 0, 1, 1, 1,
      1, 1, 1, 0, 1, 1, 1, 1, 1, 1, 1, 1, 1, 0, 1},
     // 第10列
     {1, 0, 0, 1, 0, 1, 1, 1, 1, 1, 0, 1, 0, 0, 0,
      0, 0, 1, 0, 0, 0, 0, 0, 0, 0, 0, 0, 0, 0, 1},
     // 第11列
     {1, 1, 1, 1, 0, 1, 0, 1, 0, 0, 0, 0, 0, 1, 0,
      1, 1, 0, 1, 0, 1, 0, 1, 1, 1, 0, 1, 0, 0, 1},
     // 第12列
     {1, 0, 0, 0, 0, 1, 0, 0, 0, 1, 0, 1, 0, 0, 0,
      0, 0, 0, 0, 0, 1, 0, 0, 0, 0, 0, 1, 0, 1, 1},
     // 第13列
     {1, 0, 0, 0, 0, 0, 1, 0, 0, 0, 1, 0, 1, 1, 1,
      1, 0, 1, 0, 1, 1, 1, 0, 1, 1, 1, 1, 1, 0, 1},
     // 第14列
     {1, 0, 1, 1, 1, 1, 1, 1, 1, 1, 1, 1, 1, 1, 1,
      1, 1, 1, 1, 1, 1, 1, 1, 1, 1, 1, 1, 1, 1, 1}
    } ;

  walkpath(maze, 14, 1) ;  // 搜尋迷宮的路徑
  mazemap(maze, 15, 30) ; // 輸出迷宮布置圖及走出迷宮的路徑
  return 0 ;
 }

void mazemap(int maze[][30], int row, int col)
 {
  int i, j ;
  system("color F0");
  for (i = 0 ; i < row ; ++i)
   {
    for (j = 0 ; j < col ; ++j)
```

```
    {
     if (maze[i][j] == 0)       // 0:代表位置(i,j)為通路
       cout << "  " ;
     else  if (maze[i][j] == 1)  // 1:代表位置(i,j)為牆壁
       cout << "■"; //  ■為全形字
     else  if (maze[i][j] == 2)  // 2:代表位置(i,j)已走過
       cout << "＊" ; //  ＊為全形字
    }
   cout << endl ;
  }
 cout << endl ;
}

bool walkpath(int maze[][30], int row, int col)
{
 // 目前位置(row, col)是牆壁或已走過
 if (maze[row][col] == 1 || maze[row][col] == 2)
   return false ;
 else // 目前位置(row, col)為通路，將其設定為2，表示已走過
  {
   maze[row][col] = 2 ;
   if (row == 0 && col == 28)  //  到達終點
     return true ;

   // 目前位置(row, col)往北方向搜尋迷宮的路徑
   else if (maze[row-1][col] != 2 && walkpath(maze, row-1, col))
     return true ;

   // 目前位置(row, col)往西方向搜尋迷宮的路徑
   else if (maze[row][col-1] != 2 && walkpath(maze, row, col-1))
     return true ;

   // 目前位置(row, col)往東方向搜尋迷宮的路徑
   else if (maze[row][col+1] != 2 && walkpath(maze, row, col+1))
     return true ;

```

```
109      // 目前位置(row, col)往南方向搜尋迷宮的路徑
110      else if (maze[row+1][col] != 2 && walkpath(maze, row+1, col))
111        return true ;
112
113      else // 目前位置(row, col)已無通路前進,必須回到上一次的位置
114        return false ;
115    }
116  }
```

執行結果

```
■■■■■■■■■■■■■■■■■■■■■■■■■■■■＊■
■　　■　　　　　■＊＊＊＊■＊＊＊＊■＊＊＊■＊＊＊＊＊■
■　　■　■　　　　＊■＊＊＊＊＊＊＊＊＊■＊＊＊　　　　■
■　■■■＊■■■■＊■■■■■■■■　■■■　■■　■■■
■　　■＊＊＊＊＊＊＊　　　　　　　■　　　　　　　　　■■
■　　■＊■■■■■■■■■■　■　■■　■■■■■■■　■
■　　　＊＊＊＊＊＊＊＊■　　　　　　　　　　　　　　■　■
■　　■■■■■■■■＊■■■■■■■■■■■　■■■■　■
■　　■＊＊＊＊＊＊＊＊　　　　　■　　　　　　　　　　　■
■　　　＊　■　　　■　■■■■■■　■■■■■■■■■　■
■　　■＊■■■■■　■　　　　　■　　　　　　　　　　　■
■■■■＊■　■　　　　　■　■■　■　■　■■■　■　　■
■＊＊＊＊■　　　■　■　　　　　　　　■　　　　　■　■■
■＊　　　　■　　　■　■■■■　■　■■■　■■■■■　■
■＊■■■■■■■■■■■■■■■■■■■■■■■■■■■■
```

[程式說明]

- 為了凸顯所輸出資料之間的差異性，以提高閱讀性，可在輸出資料前呼叫 system() 函式，設定控制台的背景顏色及前景顏色。
  設定控制台的背景顏色及前景顏色之語法如下：
  system("color 背景顏色代號前景顏色代號") ;

  [註] 常用的背景顏色及前景顏色代號如下：

  0：黑色 ； 1：藍色 ； 2：綠色 ； 4：紅色
  5：紫色 ； 6：黃色 ； 7：白色 ； 8：灰色
  F：亮白色

  例如：程式第 69 列「system("color F0");」中的「color F0」，是設定

執行結果的背景為白色，前景（文字部分）為黑色。

- 程式第 97~111 列，代表在位置 (row, col) 時的搜尋方向順序，依序為北、西、東、南。即，走到位置 (row, col) 時，下一步先往北走，若不行，則往走西；若往西走也不行，則往東走；若往走東還是不行，則往南走。
  - ➢ 程式第 98 列中的「maze[row-1][col] != 2」，代表位置 (row, col) 上一次不是從位置 (row-1, col) 來時，才需考慮是否要往位置 (row-1, col) 走。
  - ➢ 程式第 102 列中的「maze[row][col-1] != 2」，代表位置 (row, col) 上一次不是從位置 (row, col-1) 來時，才需考慮是否要往位置 (row, col-1) 走。
  - ➢ 程式第 106 列中的「maze[row][col+1] != 2」，代表位置 (row, col) 上一次不是從位置 (row, col+1) 來時，才需考慮是否要往位置 (row, col+1) 走。
  - ➢ 程式第 110 列中的「maze[row+1][col] != 2」，代表位置 (row, col) 上一次不是從位置 (row+1, col) 來時，才需考慮是否要往位置 (row+1, col) 走。
- 全形字「＊」，為走出迷宮的路線。
- 本題的解法，只適用於至少有一條路徑由左下走到右上出口的迷宮。

範例 14	數獨謎題遊戲，是將數字 1 至 9 填入 9 個 3×3 的九宮格（如下圖）中，且須滿足每一直行、每一橫行及 9 個 3×3 九宮格內，都有數字 1 至 9 且剛好出現一次。在數獨謎題的 81 個格子中，若提供至少 17 個數字，則謎題只有一個答案。（請參考 https://zh.m.wikipedia.org/zh-tw/%E6%95%B8%E7%8D%A8） 寫一程式，將數獨謎題的資料（如下圖）存入一個9×9的二維陣列，並定義一個遞迴函式，輸出數獨謎題的解答。

5	3	0	0	7	0	0	0	0
6	0	0	1	9	5	0	0	0
0	9	8	0	0	0	0	6	0
8	0	0	0	6	0	0	0	3
4	0	0	8	0	3	0	0	1
7	0	0	0	2	0	0	0	6
0	6	0	0	0	0	2	8	0
0	0	0	4	1	9	0	0	5
0	0	0	0	8	0	0	7	9

```
#include <iostream>
using namespace std ;

// 遞迴函式Sudoku：搜尋數獨謎題的解答
bool Sudoku(int matrix[][9], int row);

// 將數獨資料存入9x9的二維陣列matrix中
// 非0的數字不能變動的,數字0的地方代表需要填入1~9的位置
int matrix[9][9]={
    {5,3,0,0,7,0,0,0,0},
    {6,0,0,1,9,5,0,0,0},
    {0,9,8,0,0,0,0,6,0},
    {8,0,0,0,6,0,0,0,3},
    {4,0,0,8,0,3,0,0,1},
    {7,0,0,0,2,0,0,0,6},
    {0,6,0,0,0,0,2,8,0},
    {0,0,0,4,1,9,0,0,5},
    {0,0,0,0,8,0,0,7,9}
 };

int main()
 {
  if (Sudoku(matrix,9))
```

```
    for (int i=0;i<9;i++)
    {
      for (int j=0;j<9;j++)
        cout << matrix[i][j] << " ";
      cout << "\n";
    }
  else
    cout << "數獨謎題無解\n" ;
  return 0 ;
}

bool Sudoku(int matrix[][9], int row)
{
  int i, j, k, datarow, datacol;

  // 記錄與位置(datarow, datacol)同列,同行及同一九宮格中的數字(1~9)
  int existeddigit[9]={0};

  int index=0;

  for (i=0;i<9;i++)
  {
    for (j=0;j<9;j++)
      if (matrix[i][j] == 0)
        break;
    if (j<9)
      break;
  }

  if (i<9)
  {
    datarow = i ;
    datacol = j ;
  }
  else
  {
```

```
     datarow = -1 ;
     datacol = -1 ;
     return true;
   }

  // 記錄第(datarow)列中出現的數字(1~9)
  for (j=0;j<9;j++)
    if (matrix[datarow][j] != 0)
     {
      for (k=0;k<index;k++)
         if (matrix[datarow][j] == existeddigit[k])
            break;
      if (k==index)
        {
         existeddigit[index] = matrix[datarow][j] ;
         index ++;
        }
     }

  // 記錄第(datacol)行中出現的數字(1~9)
  for (i=0;i<row;i++)
    if (matrix[i][datacol] != 0)
     {
      for (k=0;k<index;k++)
         if (matrix[i][datacol]  == existeddigit[k])
            break;
      if (k==index)
        {
         existeddigit[index] = matrix[i][datacol] ;
         index ++;
        }
     }

  // 記錄與位置(datarow,datacol)同一九宮格中出現的數字(1~9)
  for (i=(datarow/3)*3;i<(datarow/3)*3+3;i++)
    for (j=(datacol/3)*3;j<(datacol/3)*3+3;j++)
```

```
    if (matrix[i][j] != 0 && (i != datarow && j != datacol))
    {
      for (k=0;k<index;k++)
        if (matrix[i][j]  == existeddigit[k])
          break;
      if (k==index)
      {
        existeddigit[index] = matrix[i][j] ;
        index ++;
      }
    }

  // 從數字1~9中,找出哪些可以填入位置(datarow,datacol)
  // 並符合數獨的規定
  for (i=0;i<9;i++)
  {
    for (j=0;j<index;j++) // 判斷數字(i+1)是否出現在existeddigit中
      if ((i+1) == existeddigit[j])
        break;

    if (j == index) // 數字(i+1)沒有出現在existeddigit陣列中
    {
      matrix[datarow][datacol]=i+1;

      // 數字(i+1)填入位置(datarow,datacol)後,判斷是否符合數獨的規定
      // 若不符合數獨的規定,則將位置(datarow,datacol)恢復為原值0
      if ( !Sudoku(matrix,9) )
        matrix[datarow][datacol]=0;
      else
        return true;
    }
  }

  // 位置(datarow,datacol)可填入的數字,都無法滿足數獨的規定
  // 需回到位置(datarow,datacol)的前一個位置,檢驗下一個可填入的數字
  return false;
```

132	}
執行結果	5 3 4 6 7 8 9 1 2 6 7 2 1 9 5 3 4 8 1 9 8 3 4 2 5 6 7 8 5 9 7 6 1 4 2 3 4 2 6 8 5 3 7 9 1 7 1 3 9 2 4 8 5 6 9 6 1 5 3 7 2 8 4 2 8 7 4 1 9 6 3 5 3 4 5 2 8 6 1 7 9

[程式說明]

在位置 (datarow, datacol) 中，填入數字 (1~9) 之前，需先將第「datarow」列、第「datacol」行及位置 (datarow, datacol) 所在 9 宮格中出現過的全部數字，記錄在一維陣列 exitseddigit 中（參考程式 65~106 列）。然後依序檢驗一維陣列 exitseddigit 中沒有的數字是否符合數獨的規定？若符合，則將該數字填入位置 (datarow, datacol) 中，否則換下一個數字。若位置 (datarow, datacol) 無法填入適當的數字，則代表之前的某個或某些位置填入的數字是錯的，接著會回到位置 (datarow, datacol) 的前一個位置，並檢驗下一個可填入的數字是否符合數獨的規定？若符合，則將該數字填入到位置 (datarow, datacol) 的前一個位置中，否則換下一個可填入的數字。重複此程序，直到所有的格子都有數字為止。（參考程式 108~127 列）

範例 15	寫一程式，設計五子棋遊戲。

```
#include <iostream>
#include <cstdlib>
#include <iomanip>
using namespace std;
```

```

// 宣告checkline函式
void checkline(int score);

// 宣告computechess函式

void computechess(int row, int col);
// 宣告display函式
void display(int gobang[][25],int m);

// 記錄五子棋盤每個位置(row,col)是否有棋子.
// gobang[row][col]=0:無棋子 1:甲下的●棋子 2:乙下的○棋子
int gobang[25][25]= {0};

int who=0;  // 0:表示輪到甲下棋  1:表示輪到乙下棋
int main( )
 {
  int i,j,k;
  int row,col;//列,行:表示棋子要下的位置
  display(gobang, 25);
  while (1)
   {
    if (who == 0) //  甲下棋
       cout << "甲:";
    else // 乙下棋
       cout << "乙:";

    cout << "輸入棋子的位置row,col"
        << "(以空白間隔 ; 0<=row<=24,0<=col<=24):";
    cin >> row >> col;
    // 輸入錯誤的(row, col)位置
    if (!(row>=0 && row<=24 && col>=0 && col<=24))
     {
      cout << "無(" << row << "," << col << ")位置,重新輸入!\a" << endl;
      continue;
     }
```

```

    if (gobang[row][col] != 0)
     {
      cout << "位置(" << row << "," << col
          << ")已經有棋子了,重新輸入!\a" << endl;
      continue;
     }

    if (gobang[row][col]==0)
     {
      if (who == 0) //單數:表示甲下棋  偶數:表示乙下棋
         gobang[row][col]=1; //1:甲的棋
      else
         gobang[row][col]=2; //2:乙的棋

      display(gobang, 25);

      computechess(row, col);

      who++; //  換下一個人
      who = who % 2;  //  只有兩個人在玩，循環換人
     }
    else
      display(gobang, 25);
   }

  return 0;
 }

// 定義display函式:顯示五子棋盤圖
void display(int gobang[][25],int m)
 {
  int i, j, k;
  system("cls"); //清除螢幕畫面

  cout << "\t\t\t兩人五子棋遊戲:" << endl;
```

```

  // 畫出25*25的棋盤
  cout << "  | ";
  for (i=0 ; i<=24 ; i++)
    cout << setw(2) << i;
  cout << endl;

  cout << "--|-";
  for (i=0 ; i<=24 ; i++)
    cout << "--";
  cout << endl;

  k=0;
  for (i=0 ; i<=24 ; i++)
  {
   cout << setw(2) << k++ << "| ";
   for (j=0 ; j<=24 ; j++)
     if (gobang[i][j] == 0)
        cout << "■";
     else if (gobang[i][j] == 1)
        cout << "●";
     else
        cout << "○";
   cout << endl;
  }
 }

// 定義檢查是否三子連線,四子連線或五子連線之函式
void checkline(int count)
{
  if (count == 5 && who == 0)
  {
   cout << "甲:五子連線,遊戲結束." << endl;
   exit(0);
  }
  else if (count == 5 && who == 1)
```

```
    {
     cout << "乙:五子連線,遊戲結束." << endl;
     exit(0);
    }
   else if (count == 4 && who == 0)
     cout << "甲:四子連線." << endl;
   else if (count == 4 && who == 1)
     cout << "乙:四子連線." << endl;
   else if (count == 3 && who == 0)
     cout << "甲:三子連線." << endl;
   else if (count == 3 && who == 1)
     cout << "乙:三子連線." << endl;
 }

// 定義計算連線的同色棋子數之函式
void computechess(int row, int col)
 {
  int i, j, k;

  int count=0; //記錄:已累計多少個相同的棋子(最多5個)
  int case_message=-1; //訊息提示,-1表示沒有達到預警

  // 累計左方及右方連續共有多少個相同的棋子
  count=0;

  // score:往位置(row,col)的左方累計最多5個位置(含位置(row,col))
  for (i=0; i<=4 && col-i>=0; i++)
    if (gobang[row][col-i]!=0 &&
       gobang[row][col-i]==gobang[row][col])
       count++;
    else
       break;

  // score:往位置(row,col)的右方累計最多4個位置
  if (count<5)
    for (i=1; i<=4 && col+i<=24 && count<5; i++)
```

```
    if (gobang[row][col+i]!=0 &&
      gobang[row][col+i]==gobang[row][col])
      count++;
    else
      break;
  // 累計左方及右方連續相同的棋子共有多少個

  // 檢查是否三子連線,四子連線或五子連線
  checkline(count);

  if (!(case_message == 1 || case_message == 2))
  {
   // 累計上方及下方連續相同的棋子共有多少個
   count=0;

   //score:往位置(row,col)的上方累計最多5個位置
   for (i=0 ; i<=4 && row-i>=0 ; i++)
     if (gobang[row-i][col] != 0 &&
       gobang[row-i][col] == gobang[row][col])
       count++;
     else
       break;

   // score:往位置(row,col)的下方累計最多4個位置
   if (count<5)
    for (i=1 ; i<=4 && row+i<=24 && count<5 ; i++)
      if (gobang[row+i][col] != 0 &&
        gobang[row+i][col] == gobang[row][col])
        count++;
      else
        break;
   // 累計上方及下方連續相同的棋子共有多少個

   // 檢查是否三子連線,四子連線或五子連線
   checkline(count);

```

```
// 累計左上方與右下方連續相同的棋子共有多少個
count=0;

// score:往位置(row,col)的左上方累計最多5個位置
for (i=0 ; i<=4 && row-i>=0 && col-i>=0 ; i++)
  if (gobang[row-i][col-i] != 0 &&
     gobang[row-i][col-i] == gobang[row][col])
     count++;
  else
     break;

// score:往位置(row,col)的右下方累計最多4個位置
if (count<5)
  for (i=1 ; i<=4 && row+i<=24 && col+i<=24 && count<5 ; i++)
     if (gobang[row+i][col+i]!=0 &&
        gobang[row+i][col+i]==gobang[row][col])
        count++;
     else
        break;
// 累計左上方與右下方連續相同的棋子共有多少個

// 檢查是否三子連線,四子連線或五子連線
checkline(count);

// 累計右上方與左下方連續相同的棋子共有多少個
count=0;

// score:往位置(row,col)的右上方累計最多5個位置
for (i=0 ; i<=4 && row-i>=0 && col+i<=24 ; i++)
 if (gobang[row-i][col+i]!=0 &&
     gobang[row-i][col+i]==gobang[row][col])
     count++;
 else
     break;

// score:往位置(row,col)的左下方累計最多4個位置
```

```
    if (count<5)
      for (i=1 ; i<=4 && row+i<=24 && col-i>=0 && count<5 ; i++)
        if (gobang[row+i][col-i] != 0 &&
            gobang[row+i][col-i] == gobang[row][col])
            count++;
        else
            break;
    // 累計右上方與左下方連續共有多少個相同的棋子

    // 檢查是否三子連線,四子連線或五子連線
    checkline(count);
  }
}
```

執行結果	請自行娛樂一下。

大學程式設計先修檢測 (APCS) 試題解析

一、程式設計觀念題

1.

```
int fun(int n) {
    int fac = 1;
    if (n >= 0) {
        fac = n * fun(n - 1);
    }
    return fac;
}
```

C++ 語言及 C 語言寫法

上方為一個計算 n 階層的函式，請問該如何修改才會得到正確的結

果？（105/3/5 第 20 題）

(A) 第 2 行，改為 int fac = n;

(B) 第 3 行，改為 if (n > 0) {

(C) 第 4 行，改為 fac = n * fun(n+1);

(D) 第 4 行，改為 fac = fac * fun(n-1);

解 答案：(B)

若 n=0 時，則任何 n 階層的值都會是 0。因此，必須將「n >= 0」改為「n> 0」。

2.

```
int Mystery(int x) {
    if (x <= 1) {
        return x;
    }
    else {
        return ____________ ;
    }
}
```

C++ 語言及 C 語言寫法

上方 Mystery( ) 函式 else 部分運算式應為何，才能使得 Mystery(9) 的回傳值為 34。（105/3/5 第 25 題）

(A) x + Mystery(x-1)

(B) x * Mystery(x-1)

(C) Mystery(x-2) + Mystery(x+2)

(D) Mystery(x-2) + Mystery(x-1)

解 答案：(D)

(1) 若選 (A)，則 Mystery(9)=9+Mystery(8)=9+8+Mystery(7) =9+8+⋯+2+1=45

(2) 若選 (B)，則 Mystery(9)=9*Mystery(8)=9*8*Mystery(7)

=9*8*⋯*2*1=9!

(3) 若選 (C)，則 Mystery(9)= Mystery(7) + Mystery(11)，但無法得到 Mystery(11) 的結果。

(4) 若選 (D)，Mystery(0)=1，Mystery(1)=1

Mystery(2)=Mystery(0)+Mystery(1)= 0 + 1=1

Mystery(3)=Mystery(2)+Mystery(1)= 1 + 1=2

Mystery(4)=Mystery(2)+Mystery(3)= 1 + 2=3

Mystery(5)=Mystery(3)+Mystery(4)= 2 + 3=5

Mystery(6)=Mystery(4)+Mystery(5)= 3 + 5=8

Mystery(7)=Mystery(5)+Mystery(6)= 5 + 8=13

Mystery(8)=Mystery(6)+Mystery(7)= 8 + 13=21

Mystery(9)=Mystery(7)+Mystery(8)=13 + 21=34

3.

```
int F(int n) {
   if (n < 4)
      return n;
   else
      return __?__;
}
```

C++ 語言及 C 語言寫法

上方 F( ) 函式回傳運算式該如何寫，才會使得 F(14) 的回傳值為 40？（106/3/4 第 3 題）

(A) n * F(n-1)

(B) n + F(n-3)

(C) n - F(n-2)

(D) F(3n+1)

解 答案：(B)

(1) 若選 (A)，則 F(14)=14*F(13)=14*13*F(12)=⋯=14*13*⋯*3>

40

(2) 若選 (B)，則 F(14)=14+F(11)=14+11+F(8)=⋯=14+11+8+5+2=40

(3) 若選 (C)，則 F(14)=14-F(12)=14-(12-F(10))=14-12+F(10) =⋯
=14-12+10-8+6-4+2=8。

(4) 若選 (D)，則 F(14)= F(43)= F(130)=⋯，無法計算。

4.

```
1 int GCD(int a, int b) {
2     int r;
3
4     r = a % b ;
5     if (r == 0)
6         return ___?___;
7     return ____?___;
8 }
```

C++ 語言及 C 語言寫法

上方函式兩個回傳式分別該如何撰寫，才能正確計算並回傳兩參數 a, b 之最大公因數 (Greatest Common Divisor)？（106/3/4 第 4 題）

(A) a, GCD(b,r)

(B) b, GCD(b,r)

(C) a, GCD(a,r)

(D) b, GCD(a,r)

解 答案：(B)

(1) 程式第 5 列，若 r=0，則表示 b 整除 a，a 和 b 的最大公因數就是 b。因此，第 1 個回傳的地方要填 b。

(2) 若 r 不等於 0，求 a 和 b 的最大公因數與求 b 和 r 的最大公因數是一樣的結果。因此，第 2 個回傳的地方要填 GCD(b,r)。

5. 若以 B(5,2) 呼叫下方 B( ) 函式，總共會印出幾次“base case”？

（106/3/4 第 7 題）

```
int B(int n, int k) {
   if (k == 0 || k==n) {
      cout << "base case" << endl;
      return 1;
   }
   return B(n-1, k-1) + B(n-1, k);
}
```

C++ 語言寫法

```
int B(int n, int k) {
   if (k == 0 || k==n) {
      printf("base case\n");
      return 1;
   }
   return B(n-1, k-1) + B(n-1, k);
}
```

C 語言寫法

(A) 1

(B) 5

(C) 10

(D) 19

解 答案：(C)

(1) 「B( )」為遞迴函式。呼叫「B(5,2)」的執行過程如下：

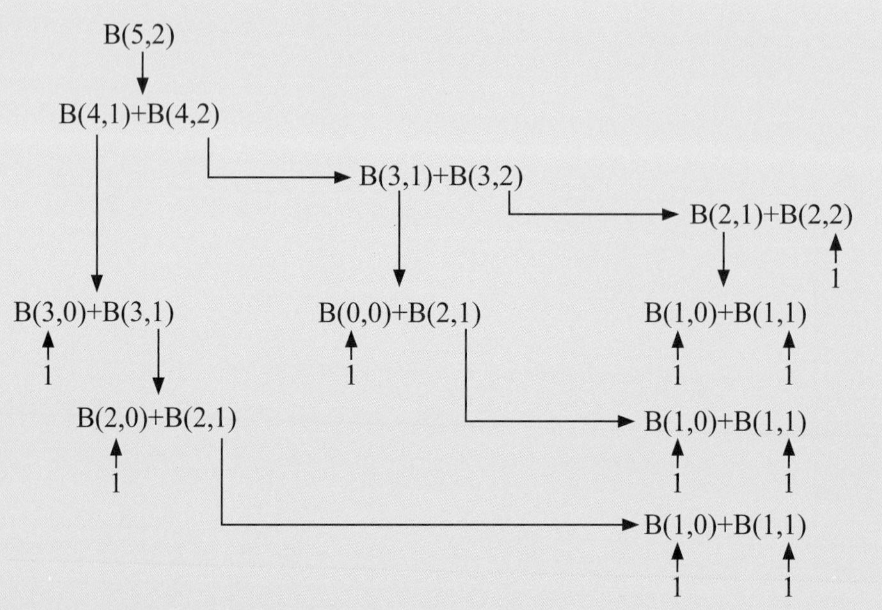

1+1+1+1+1+1+1+1+1+1=10

故總共會印出 10 次的“base case”。

(2) 其實「B(n,k)」遞迴函式的本質，是求 n 取 k 的組合數。所以，B(5,2)=10。

6.

```
int f(int n) {
    int sum=0;
    if (n < 2) {
        return 0;
    }
    for (int i=1 ; i<=n ; i=i+1) {
        sum = sum + i;
    }
    sum = sum + f(2*n/3);
    return sum;
}
```

C++ 語言及 C 語言寫法

函數 f 定義如上，如果呼叫 f(1000)，指令 sum=sum+i 被執行的次數最接近下列何者？（105/3/5 第 5 題）

(A) 1000

(B) 3000

(C) 5000

(D) 10000

解 答案：(B)

第 1 次呼叫函數 f 時，n=1000，「sum=sum+i;」執行 1000 次。

第 2 次呼叫函數 f 時，n=2*1000/3=1000*2/3=666，「sum=sum+i;」執行 666 次。

第 3 次呼叫函數 f 時，n=2*666/3=1000*(2/3)*(2/3)=444，「sum=sum+i;」執行 444 次。以此類推，「sum=sum+i;」的執行次數共 1000+1000*2/3+1000*(2/3)*(2/3)+⋯（等比級數）=1000(1-2/3)=3000（大約）

7.

```
int g(int a) {
   if (a > 1) {
      return g(a - 2) + 3;
   }
   return a;
}
```

C++ 語言及 C 語言寫法

給定上方 g( ) 函式，g(13) 回傳值為何？（105/3/5 第 10 題）

(A) 16

(B) 18

(C) 19

(D) 22

解 答案：(C)

(1) 「g()」為遞迴函式。呼叫「g(13)」的執行過程如下

g(13)
↓
g(11)+3
↓
g(9)+3
↓
g(7)+3
↓
g(5)+3
↓
g(3)+3
↓
g(1)+3
↓
1

(2) 呼叫 g(13) 後，最後回傳值為1+3+3+3+3+3+3=19

8.

```
int a(int n, int m) {
    if (n < 10) {
        if (m < 10) {
            return n + m ;
        }
        else {
            return a(n, m-2) + m ;
        }
    }
    else {
        return a(n-1, m) + n ;
    }
}
```

C++ 語言及 **C** 語言寫法

請問以 a(13,15) 呼叫上方 a( ) 函式，函式執行完後其回傳值為何？（105/3/5 第 7 題）

(A) 90

(B) 103

(C) 93

(D) 60

解 答案：(B)

(1) 「a()」為遞迴函式。呼叫「a(13,15)」的執行過程如下：

a(13,15)
↓
a(12,15)+13
↓
a(11,15)+12
↓
a(10,15)+11
↓
a(9,15)+10
↓
a(9,13)+15
↓
a(9,11)+13
↓
a(9,9)+11
↑
9+9

(2) 呼叫 a(13,15) 後，最後回傳值為 18+11+13+15+10+11+12+13=103

9. 若以 F(5,2) 呼叫下方 F( ) 函式，執行完畢後回傳值為何？（106/3/4 第 21 題）

```
int F(int x, int y) {
   if (x<1)
      return 1;
```

```
  else
    return F(x -y, y)+F(x -2*y, y);
}
```

C++ 語言及 C 語言寫法

(A) 1

(B) 3

(C) 5

(D) 8

解 答案：(C)

「F()」為遞迴函式，呼叫「F(5,2)」的執行過程如下：

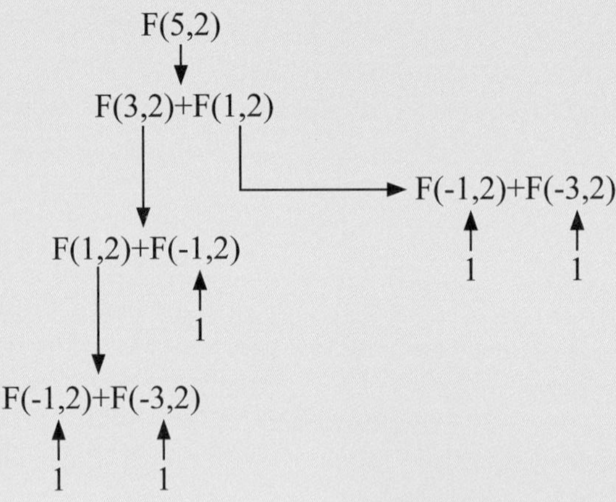

10.

```
int f(int n) {
  if (n > 3) {
    return 1;
  }
  else if (n == 2) {
    return (3 + f(n+1));
  }
```

```
 8    else {
 9       return (1 + f(n+1));
10    }
11 }
12
13 int g(int n) {
14   int j = 0;
15   for (int i=1 ; i<=n-1 ; i=i+1) {
16      j = j + f(i);
17   }
18   return j;
19 }
```

C++ 語言及 C 語言寫法

上方 g(4) 函式呼叫執行後，回傳值為何？（105/3/5 第 24 題）

(A) 6

(B) 11

(C) 13

(D) 14

解 答案：(C)

(1) 呼叫「g(4)」時，程式第 15~16 列迴圈會分別呼叫 f(1)，f(2) 及 f(3)，且「f( )」為遞迴函式。

(2) 呼叫「f(1)」的執行過程如下：

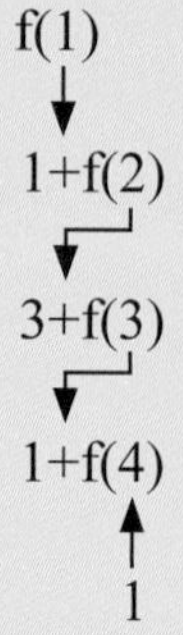

f(1)
↓
1+f(2)
↓
3+f(3)
↓
1+f(4)
↑
1

故 f(3)為 1+1=2，f(2) 為 1+1+3=5，f(1) 為 1+1+3+1=6

(3) 呼叫 g(4) 執行後，最後回傳值為 2+5+6=13

11.

```
void f1(int m) {
   if (m > 3) {
      cout << m << endl;
      return;
   }
   else {
      cout << m << endl;
      f2(m+2);
      cout << m << endl;
   }
}

void f2(int n) {
   if (n > 3) {
      cout << n << endl;
      return;
   }
   else {
      cout << n << endl;
```

```
void f1(int m) {
   if (m > 3) {
      printf("%d\n", m);
      return;
   }
   else {
      printf("%d\n", m);
      f2(m+2);
      printf("%d\n", m);
   }
}

void f2(int n) {
   if (n > 3) {
      printf("%d\n", n);
      return;
   }
   else {
      printf("%d\n", n);
```

```
        f1(n-1);
        cout << n << endl;
    }
}
```

C++ 語言寫法

```
        f1(n-1);
        printf("%d\n", n);
    }
}
```

C 語言寫法

給定上方函式 f1( ) 及 f2( )。f1(1) 運算過程中，以下敘述何者為錯？（105/3/5 第 12 題）

(A) 印出的數字最大的是 4

(B) f1 一共被呼叫二次

(C) f2 一共被呼叫三次

(D) 數字 2 被印出兩次

解 答案：(C)

呼叫「f1(1)」的執行過程如下：

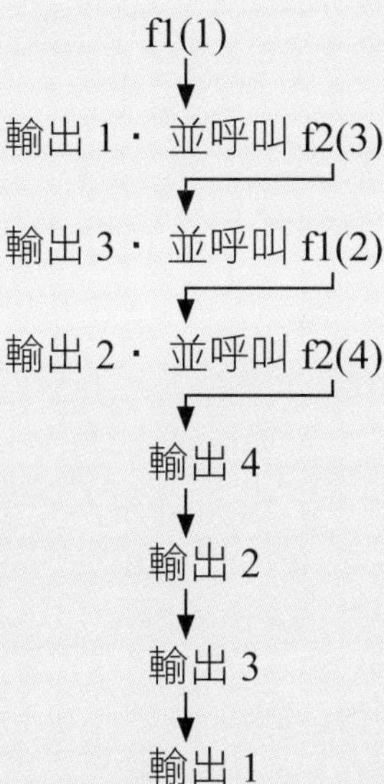

12.

```
1  int n = 0;
2
3  void K(int b) {
4     n = n + 1;
5     if (b % 4)
6        K(b+1);
7  }
8  void G(int m) {
9     for (int i=0; i<m; i=i+1) {
10       K(i);
11    }
12 }
```

C++ 語言及 C 語言寫法

若以 G(100) 呼叫上方函式後，n 的值為何？（106/3/4 第 10 題）

(A) 25

(B) 75

(C) 150

(D) 250

解 答案：(D)

(1) 程式第 1 列宣告的 n 為全域變數。

(2) 程式第 5 列「if (b % 4)」的意思與「if ((b % 4) != 0)」相同。

(3) 呼叫 G(100) 時，會分別呼叫 K(0)~K(99)。

- 呼叫 K(0) 時，執行 1 次「n = n + 1;」。因此，n=1。
- 呼叫 K(1) 時，執行 4 次「n = n + 1;」。因此，n=5。
- 呼叫 K(2) 時，執行 3 次「n = n + 1;」。因此，n=8。
- 呼叫 K(3) 時，執行 2 次「n = n + 1;」。因此，n=10。
- 呼叫 K(4) 時，執行 1 次「n = n + 1;」。因此，n=11。

- 呼叫 K(5) 時，執行 4 次「n = n + 1;」。因此，n=15。
- 呼叫 K(6) 時，執行 3 次「n = n + 1;」。因此，n=18。
- 呼叫 K(7) 時，執行 2 次「n = n + 1;」。因此，n=20。
- …，以此類推。

呼叫 K(0)~K(99) 時，「n = n + 1;」被執行的次數，分別是 1，4，3 及 2 這四個數在循環。循環一次，n 的值會增加 10，且總共循環 25 次，最後 n=10*25=250。

13. 下方程式輸出為何？（105/3/5 第 14 題）

```
void foo(int i) {
  if (i <= 5) {
    cout << "foo: " << i << endl;
  }
  else {
    bar(i - 10);
  }
}

void bar(int i) {
  if (i <= 10) {
    cout << "bar: " << i << endl;
  }
  else {
    foo(i - 5);
  }
}

void main() {
   foo(15106);
```

```
void foo(int i) {
   if (i <= 5) {
     printf("foo: %d\n", i);
   }
   else {
     bar(i - 10);
   }
}

void bar(int i) {
   if (i <= 10) {
     printf("bar: %d\n", i);
   }
   else {
     foo(i - 5);
   }
}

void main() {
   foo(15106);
```

```
    bar(3091);
    foo(6693);
}
```

C++ 語言寫法

```
    bar(3091);
    foo(6693);
}
```

C 語言寫法

(A) bar: 6
bar: 1
bar: 8

(B) bar: 6
foo: 1
bar: 3

(C) bar: 1
foo: 1
bar: 8

(D) bar: 6
foo: 1
foo: 3

解 答案：(A)

不論是先呼叫「foo( )」再呼叫「bar( )」，或先呼叫「bar( )」再呼叫「foo( )」，每經過一次循環，數值就會減 15。

(1) 呼叫「foo(15106)」的執行過程如下：

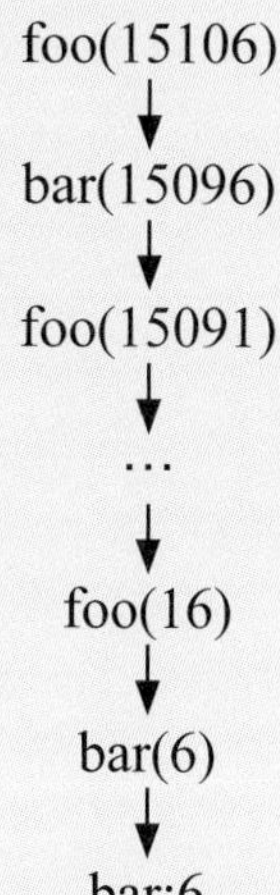

(2) 呼叫「bar(3091)」的執行過程如下：

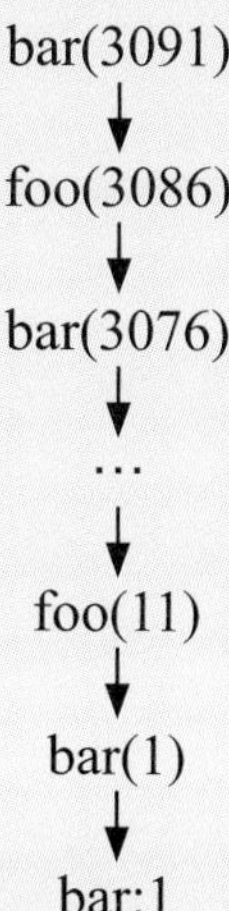

(3) 呼叫「foo(6693)」的執行過程如下：

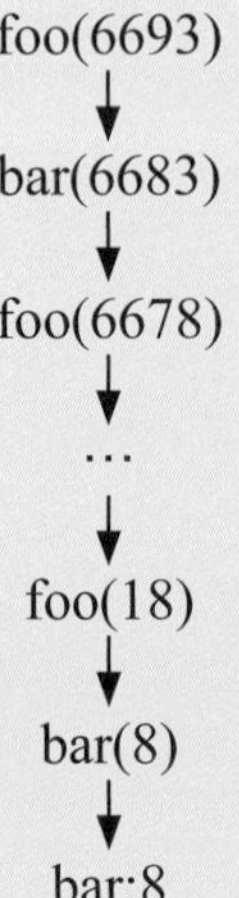

14. 若以 F(15) 呼叫下方 F( ) 函式，總共會印出幾行數字？（106/3/4 第 14 題）

```
void F(int n) {
   cout << n << endl;
   if ((n% 2 == 1) && (n > 1)) {
      return F(5*n+1);
   }
   else {
      if (n%2 == 0)
         return F(n/2);
   }
}
```

C++ 語言寫法

```
void F(int n) {
   printf("%d\n", n)
   if ((n% 2 == 1) && (n > 1)) {
```

```
        return F(5*n+1);
    }
    else {
        if (n%2 == 0)
            return F(n/2);
    }
}
```

C 語言寫法

(A) 16 行
(B) 22 行
(C) 11 行
(D) 15 行

解 答案：(D)

呼叫 F(n) 時，若 n 為奇數，則輸出 n，然後再呼叫 F(5*n+1)；否則輸出 n，然後再呼叫 F(n / 2)。呼叫 F(15) 的過程如下：

(1) 呼叫 F(15) 時，會輸出 15，然後呼叫 F(5*15+1)，即 F(76)。
(2) 呼叫 F(76) 時，會輸出 76，然後呼叫 F(76/2)，即 F(38)。
(3) 呼叫 F(38) 時，會輸出 38，然後呼叫 F(38/2)，即 F(19)。
(4) 呼叫 F(19) 時，會輸出 19，然後呼叫 F(5*19+1)，即 F(96)。
(5) 呼叫 F(96) 時，會輸出 96，然後呼叫 F(96/2)，即 F(48)。
(6) 呼叫 F(48) 時，會輸出 48，然後呼叫 F(48/2)，即 F(24)。
(7) 呼叫 F(24) 時，會輸出 24，然後呼叫 F(24/2)，即 F(12)。
(8) 呼叫 F(12) 時，會輸出 12，然後呼叫 F(12/2)，即 F(6)。
(9) 呼叫 F(6) 時，會輸出 6，然後呼叫 F(6/2)，即 F(3)。
(10) 呼叫 F(3) 時，會輸出 3，然後呼叫 F(5*3+1)，即 F(16)
(11) 呼叫 F(16) 時，會輸出 16，然後呼叫 F(16/2)，即 F(8)
(12) 呼叫 F(8) 時，會輸出 8，然後呼叫 F(8/2)，即 F(4)

(13) 呼叫 F(4) 時，會輸出 4，然後呼叫 F(4/2)，即 F(2)

(14) 呼叫 F(2) 時，會輸出 2，然後呼叫 F(2/2)，即 F(1)

(15) 呼叫 F(1) 時，會輸出 1，結束 F() 函式呼叫。

總共輸出 15 行資料。

15.

```
void A1(int n) {
   F(n/5);
   F(4*n/5);
}
```

C++ 語言及 C 語言寫法

```
void A2(int n) {
   F(2*n/5);
   F(3*n/5);
}
```

C++ 語言及 C 語言寫法

```
void F(int x) {
   int i;
   for (i=0; i<x; i=i+1)
      cout << "*";
   if (x>1) {
      F(x/2);
      F(x/2);
   }
}
```

C++ 語言寫法

```
void F(int x) {
   int i;
   for (i=0; i<x; i=i+1)
      printf("*");
   if (x>1) {
      F(x/2);
      F(x/2);
   }
}
```

C 語言寫法

給定函式 A1( )、A2( ) 與 F( ) 如上，以下敘述何者有誤？（106/3/4 第 2 題）

(A) A1(5) 印的 '*' 個數比 A2(5) 多

(B) A1(13) 印的 '*' 個數比 A2(13) 多

(C) A2(14) 印的 '*' 個數比 A1(14) 多

(D) A2(15) 印的 '*' 個數比 A1(15) 多

解 答案：(D)

(1) (A)

呼叫 A1(5) 時，會呼叫 F(1) 及 F(4)。

- **呼叫 F(1) 時，輸出 1 個 '*'**。
- 呼叫 F(4) 時，輸出 4 個 '*'，並呼叫 F(2) 及 F(2)。
  - ➢ 呼叫 F(2) 時，輸出 2 個 '*'，並呼叫 F(1) 及 F(1)。
  - ➢ 呼叫 F(1) 時，輸出 1 個 '*'。

  可歸納出：**呼叫 F(2)，共輸出 2+1+1=4 個 '*'**，

  呼叫 F(4)，共輸出 4+2*(2+1+1)=12 個 '*'。

因此，**呼叫 A1(5)，共輸出 1+12=13 個 '*'**。

呼叫 A2(5) 時，會呼叫 F(2) 及 F(3)。

- 呼叫 F(2) 時，共輸出 4 個 '*'。
- 呼叫 F(3) 時，輸出 3 個 '*'，並呼叫 F(1) 及 F(1)。
  - ➢ 呼叫 F(1) 時，輸出 1 個 '*'。

  可歸納出：**呼叫 F(3)，共輸出 3+1+1=5 個 '*'**。

因此，**呼叫 A2(5) 時，共輸出 4+5=9 個 '*'**。

(2) (B)

呼叫 A1(13) 時，會呼叫 F(2) 及 F(10)。

- 呼叫 F(2) 時，共輸出 4 個 '*'。
- 呼叫 F(10) 時，輸出 10 個 '*'，並呼叫 F(5) 及 F(5)。
  - ➢ 呼叫 F(5) 時，輸出 5 個 '*'，並呼叫 F(2)及 F(2)。

  可歸納出：**呼叫 F(5)，共輸出 5+2*4=13 個 '*'**，

  呼叫 F(10)，共輸出 10+2*13=36 個 '*'。

因此，**呼叫 A1(13)，共輸出 4+36=40 個 '*'**。

呼叫 A2(13) 時，會呼叫 F(5) 及 F(7)。

- 呼叫 F(5) 時，共輸出 13 個 '*'。
- 呼叫 F(7) 時，輸出 7 個 '*'，並呼叫 F(3) 及 F(3)。
  - ➢ 呼叫 F(3) 時，輸出 5 個 '*'。

可歸納出：**呼叫 F(7)，共輸出 7+2*5=17 個 '*'**。

因此，**呼叫 A2(13)，共輸出 13+17=30 個 '*'**。

(3) (C)

呼叫 A1(14) 時，會呼叫 F(2) 及 F(11)。

- 呼叫 F(2) 時，共輸出 4 個 '*'。
- 呼叫 F(11) 時，輸出 11 個 '*'，並呼叫 F(5) 及 F(5)。
  - ➢ 呼叫 F(5) 時，輸出 13 個 '*'。

  可歸納出：**呼叫 F(11)，共輸出 11+2*13=37 個 '*'**。

因此，**呼叫 A1(14)，共輸出 4+37=41 個 '*'**。

呼叫 A2(14) 時，會呼叫 F(5) 及 F(8)。

- 呼叫 F(5) 時，共輸出 13 個 '*'。
- 呼叫 F(8) 時，輸出 8 個 '*'，並呼叫 F(4) 及 F(4)。
  - ➢ 呼叫 F(4) 時，輸出 12 個 '*'。

  可歸納出：**呼叫 F(8)，共輸出 8+2*12=32 個' *'**。

因此，**呼叫 A2(14)，共輸出 13+32=45 個 '*'**。

(4) (D)

呼叫 A1(15) 時，會呼叫 F(3) 及 F(12)。

- 呼叫 F(3) 時，共輸出 5 個 '*'。
- 呼叫 F(12) 時，輸出 12 個 '*'，並呼叫 F(6) 及 F(6)。
  - ➢ 呼叫 F(6) 時，輸出 6 個 '*'，並呼叫 F(3) 及 F(3)。

  可歸納出：**呼叫 F(6)，共輸出 6+2*5=16 個 '*'**，

  呼叫 F(12)，共輸出 12+2*16=44 個 '*'，。

因此，**呼叫 A1(15)，共輸出 5+44=49 個 '*'**。

呼叫 A2(15) 時，會呼叫 F(6) 及 F(9)。

- 呼叫 F(6) 時，共輸出 16 個 '*'。
- 呼叫 F(9) 時，輸出 9 個 '*'，並呼叫 F(4) 及 F(4)。
  - ➢ 呼叫 F(4) 時，輸出 12 個 '*'。

  可歸納出：**呼叫 F(9)，共輸出 9+2*12=33 個 '*'**。

因此，呼叫 **A2(15)**，共輸出 **16+33=49** 個 **'*'**。

16.

```
int F(int a) {
   if ( <condition> )
      return 1;
   else
      return F(a -2) + F(a -3);
}
```

C++ 語言及 **C** 語言寫法

上方函式以 F(7) 呼叫後回傳值為 12，則 <condition> 應為何？（105/10/29 第 6 題）

(A) a < 3

(B) a < 2

(C) a < 1

(D) a < 0

解 答案：(D)

(1) 若 if 的條件判斷式為「a < 3」，則呼叫 F(7) 後，會再呼叫 F(5)+F(4)：

- 呼叫 F(5) 後，會再呼叫 F(3)+F(2)：
  - ➢ 呼叫 F(3) 後，會再呼叫 F(1)+F(0)，並分別回傳 1 及 1。
  - ➢ 呼叫 F(2) 後，會回傳 1。
- 呼叫 F(4) 後，會再呼叫 F(2)+F(1) ，並分別回傳 1 及 1。

因此，呼叫 F(7) 後，回傳值為 5(=1+1+1+1+1)。

(2) 若 if 的條件判斷式為「a < 2」，則呼叫 F(7) 後，會再呼叫 F(5)+F(4)。

- 呼叫 F(5) 後，會再呼叫 F(3)+F(2)：
  - ➢ 呼叫 F(3) 後，會再呼叫 F(1)+F(0)，並分別回傳 1 及 1。
  - ➢ 呼叫 F(2) 後，會再呼叫 F(0)+F(-1)，並分別回傳 1 及 1。

- 呼叫 F(4) 後，會再呼叫 F(2)+F(1)：
  - ➢ 呼叫 F(2) 後，會再呼叫 F(0)+F(-1)，並分別回傳 1 及 1。
  - ➢ 呼叫 F(1) 後，會再回傳 1。

因此，呼叫 F(7) 後，回傳值為 7(=1+1+1+1+1+1+1)。

(3) 若 if 的條件判斷式為「a < 1」，則呼叫 F(7) 後，會再呼叫 F(5)+F(4)。

- 呼叫 F(5) 後，會再呼叫 F(3)+F(2)：
  - ➢ 呼叫 F(3) 後，會再呼叫 F(1)+F(0) ：
    - ✧ 呼叫 F(1) 後，會再呼叫 F(-1)+F(-2)，並分別回傳 1 及 1。
    - ✧ 呼叫 F(0) 後，會回傳 1。
  - ➢ 呼叫 F(2) 後，會再呼叫 F(0)+F(-1)，並分別回傳 1 及 1。
- 呼叫 F(4) 後，會再呼叫 F(2)+F(1)：
  - ➢ 呼叫 F(2) 後，會再呼叫 F(0)+F(-1)，並分別回傳 1 及 1。
  - ➢ 呼叫 F(1) 後，會再呼叫 F(-1)+F(-2)，並分別回傳 1 及 1

因此，呼叫 F(7) 後，回傳值為 9(=1+1+1+1+1+1+1+1+1)。

(4) 若 if 的條件判斷式為「a < 0」，則呼叫 F(7) 後，會再呼叫 F(5)+F(4)。

- 呼叫 F(5) 後，會再呼叫 F(3)+F(2)：
  - ➢ 呼叫 F(3) 後，會再呼叫 F(1)+F(0) ：
    - ✧ 呼叫 F(1) 後，會再呼叫 F(-1)+F(-2)，並分別回傳 1 及 1。
    - ✧ 呼叫 F(0) 後，會再呼叫 F(-2)+F(-3)，並分別回傳 1 及 1。
  - ➢ 呼叫 F(2) 後，會再呼叫 F(0)+F(-1)：
    - ✧ 呼叫 F(0) 後，會再呼叫 F(-2)+F(-3)，並分別回傳 1 及 1。
    - ✧ 呼叫 F(-1) 後，會回傳 1。
- 呼叫 F(4) 後，會再呼叫 F(2)+F(1)：

➢ 呼叫 F(2) 後，會再呼叫 F(0)+F(-1)：

✧ 呼叫 F(0) 後，會再呼叫 F(-2)+F(-3)，並分別回傳 1 及 1。

✧ 呼叫 F(-1) 後，會回傳 1。

➢ 呼叫 F(1) 後，會再呼叫 F(-1)+F(-2)，並分別回傳 1 及 1

因此，呼叫 F(7) 後，回傳值為 12(=1+1+1+1+1+1+1+1+1+1+1+1)。

17. 給定下方 G( ) 函式，執行 G(1) 後所輸出的值為何？（105/10/29 第 18 題）

```
void G(int a){
   cout << a;
   if (a >= 3)
      return;
   else
      G(a+1);
   cout << a;
}
```

C++ 語言寫法

```
void G(int a){
   printf("%d ", a);
   if (a >= 3)
      return;
   else
      G(a+1);
   printf("%d ", a);
}
```

C 語言寫法

(A) 1 2 3

(B) 1 2 3 2 1

(C) 1 2 3 3 2 1

(D) 以上皆非

解 答案：(B)

(1) 呼叫 G(1) 後，會輸出「1」，再呼叫 G(2)。

(2) 呼叫 G(2) 後，會輸出「2」，再呼叫 G(3)。

(3) 呼叫 G(3) 後，會輸出「3」，再輸出「2」，最後輸出「1」。

18. 給定下方 G( ), K( ) 兩函式，執行 G(3) 後所回傳的值為何？（105/10/29 第 3 題）

```
int K(int a[ ], int n) {
   if (n >= 0)
      return (K(a, n-1) + a[n]);
   else
      return 0;
}

int G(int n) {
   int a[ ] = {5, 4, 3, 2, 1};
   return K(a, n);
}
```

C++ 語言及 C 語言寫法

(A) 5

(B) 12

(C) 14

(D) 15

解 答案：(C)

(1) 呼叫「G(3)」時，會再呼叫 K(a, 3)且「K( )」為遞迴函式。

(2) 呼叫「K(a, 3)」的執行過程如下：

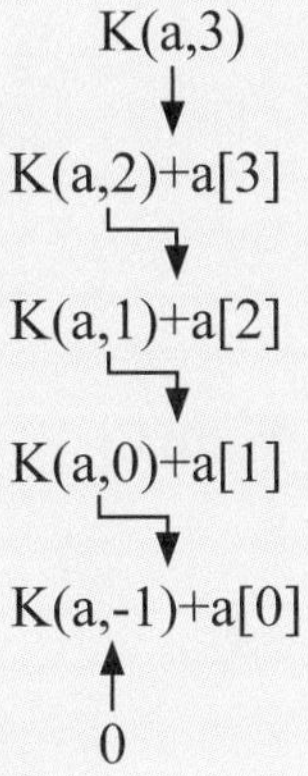

K(a,3)
↓
K(a,2)+a[3]
↓
K(a,1)+a[2]
↓
K(a,0)+a[1]
↓
K(a,-1)+a[0]
↑
0

故執行 G(3) 後所回傳的值為 0+a[0]+a[1]+a[2]+a[3]=14。

19. 給下方 G( ) 為遞迴函式，G(3, 7) 執行後回傳值為何？（105/10/29 第 24 題）

```
int G(int a, int x) {
   if (x == 0)
      return 1;
   else
      return (a * G(a, x - 1));
}
```

C++ 語言及 C 語言寫法

(A) 128

(B) 2187

(C) 6561

(D) 1024

解 答案：(B)

(1) 呼叫 G(3, 7) 時，會依序再呼叫 G(3, 6)，G(3, 5)，G(3, 4)，G(3, 3)，G(3, 2)，G(3, 1) 及 G(3, 0)。呼叫 G(3, 0) 時，會回傳 1。

(2) 因此，呼叫 G(3, 7) 時，會回傳 1*3*3*3*3*3*3*3=2187。

20. 下方函式若以 search(1, 10, 3) 呼叫時，search 函式總共會被執行幾次？（105/10/29 第 25 題）

```
void search(int x, int y, int z) {
   if (x < y)  {
      t = ceiling((x + y)/2);
      if (z >= t)
         search(t, y, z);
      else
         search(x, t - 1, z);
   }
}
```

註：ceiling() 為無條件進位至整數。例如 ceiling(3.1)=4, ceiling(3.9)=4。

C++ 語言及 C 語言寫法

(A) 2

(B) 3

(C) 4

(D) 5

解 答案：(C)

呼叫 search(1, 10, 3) 後，會依序再呼叫 search(1, 5, 3)，search(3, 5, 3) 及 search(3, 3, 3)。故 search 函式總共會被執行 4 次。

21. 下方 G( ) 應為一支遞迴函式，已知當 a 固定為 2，不同的變數 x值 會有不同 的回傳值如下表所示。請找出 G( ) 函式中 (a) 處的計算式該為何？（105/10/29 第 21 題）

a 值	x 值	G(a, x) 回傳
2	0	1
2	1	6
2	2	36
2	3	216
2	4	1296
2	5	7776

```
int G(a, x) {
   if (x == 0)
      return 1;
   else
      return __(a)__;
}
```

C++ 語言及 C 語言寫法

(A) ((2*a)+2) * G(a, x - 1)

(B) (a+5) * G(a -1, x - 1)

(C) ((3*a) -1) * G(a, x - 1)

(D) (a+6) * G(a, x - 1)

解 答案：(A)

(1) 因 a=2，故 ((2*a)+2) =6，(a+5) =7，((3*a) -1)=5 及 (a+6)=8。

(2) G(a, x) 的回傳值都可寫成 6^n，n>=0。

由 (1) 及 (2) 的說明可知，(a) 處的計算式應為 ((2*a)+2) * G(a, x - 1)。

22.

```
int K(int p[ ], int v) {
   if (p[v] != v) {
      p[v] = K(p, p[v]);
   }
   return p[v];
}

void G(int p[ ], int l, int r) {
   int a=K(p, l), b=K(p, r);
   if (a != b) {
```

```
        p[b] = a;
    }
}

int main(void) {
    int p[5]={0, 1, 2, 3, 4};
    G(p, 0, 1);
    G(p, 2, 4);
    G(p, 0, 4);
    return 0;
}
```

C++ 語言及 C 語言寫法

上方主程式執行完三次 G( ) 的呼叫後，p 陣列中有幾個元素的值為 0？（105/10/29 第 10 題）

(A) 1

(B) 2

(C) 3

(D) 4

解 答案：(C)

函式「G(int p[ ], int l, int r)」的目的，是將 p[r] 設成 p[l] 的內容。因此，呼叫「G(p, 0, 1);」後，p[1]=p[0]=0；呼叫「G(p, 2, 4);」後，p[4]=p[2]=2；呼叫「G(p, 0, 4);」後，p[4]=p[0]=0。最後 p 陣列中有 3 個元素的值為 0，分別為 p[0]=0，p[1]=0 及 p[4]=0。

Chapter 10
指標

10-1　一重指標變數

10-2　一重指標變數與一維陣列元素

10-3　一重指標變數與二維陣列元素

10-4　雙重指標變數

大學程式設計先修檢測 (APCS) 試題解析

C++

在生活中，郵務人員透過郵件上的收件人地址，將信件或包裹寄送到收件人的手中。只要郵件上有填寫地址，郵務人員就可以將信件或包裹遞送給住在該地址中的人。也就是說，「地址」是指向收件人的「指標」。在網際網路的特定網址上，報導一篇談論氣候變遷對人類影響的文章。只要知道這個網址的人，都可透過這個網址看到那篇文章。也就是說，「網址」是指向這篇報導的「指標」。

C++ 語言的指標，相當於生活中的地址。兩者的差異，在於指標是電腦記憶體中的一個虛擬位置，而生活中的地址是一個實體位置。指標就是某個變數的位址，而指標變數是用來存取指標的變數。無論是哪一種型態的指標變數，使用 64 位元編譯器編譯時，都會預設配置 8Bytes 的記憶體空間給它。若使用 32 位元編譯器編譯，則只會預設配置 4Bytes 的記憶體空間。在特殊情況下，可以透過變更編譯器預設的定址方式，以符合需求。例如：在 64 位元系統中撰寫的程式，要在 32 位元系統中執行，則將編譯器以 32 位元來定址即可。書中的範例程式，是使用 64 位元編譯器預設的定址方式來進行編譯。

指標變數與一般變數兩者間最大的差異，在於儲存的資料不同。一般變數存取的內容是資料本身，而指標變數存取的內容是資料的位址。指標變數是透過它儲存的位址，以間接方式去存取它所指向的位址中的內容。若指向的位址儲存的是系統資料，則可能使系統出現不正常狀況。因此，在指標變數使用上要特別小心。

對程式設計初學者而言，學會指標變數的應用是一項艱鉅的課題，只能透過與老師或同學討論及不斷實作練習，才能領悟指標的奧妙。

10-1 一重指標變數

指向一般變數的變數，稱之為一重指標變數；指向一重指標變數的變數，稱之為二重或雙重指標變數；以此類推。二（含）重以上的指標變數，稱為多重指標變數。因此，多重指標變數可稱為指標變數的指標變數。

與一般變數一樣，不管是何種指標變數，在使用之前都必須先經過宣告，否則編譯時可能會出現**未宣告識別字名稱**的錯誤訊息（切記）：

「**'識別字名稱' was not declared in this scope**」

變數宣告時，若變數名稱前以「*」為前導，則該變數被稱為一重指標變數。一重指標變數，簡稱指標。變數宣告時，若變數名稱前以「**」為前導，則該變數被稱為雙重指標變數；以此類推。凡是雙重（含）以上指標變數，都稱之為多重指標變數。

指標變數宣告的語法如下：

```
資料型態 *指標變數名稱;
```

[語法說明]

- 資料型態：是指標變數所指向的資料之型態，而不是指標變數本身的型態。常用的資料型態，有 char，int，float 或 double 等。
- 指標變數名稱：命名規則，請參照識別字的命名規則。指標變數，可以是一般指標變數或陣列指標變數。
- 指標變數的內容，是以 16 進位表示。例如：000000000012ee73。

例：宣告 ptr1 為一重指標變數，且它所指向的記憶體位址，只允許儲存整數。

解：int *ptr1;

例：宣告 ptr2 為一重指標變數，且它所指向的記憶體位址，只允許儲存單精度浮點數。

解：float *ptr2;

例：宣告包含 3 個元素的一維一重指標陣列變數 ptr3，且它們各自指向的記憶體位址，只允許儲存倍精度浮點數。

解：double *ptr3[3];

例：宣告包含 4 個元素的二維一重指標陣列變數 ptr4，且它們各自指向的記憶體位址，只允許儲存字元。

解：char *ptr4[2][2]; // 或 char *ptr4[4][1]; 或 char *ptr4[1][4];

例：宣告包含 12 個元素的三維一重指標陣列變數 ptr5，且它們各自指向的記憶體位址，只允許儲存整數。

解：int *ptr5[2][3][2]; // 或 int *ptr5[3][2][2]; 或 int *ptr5[2][2][3];

指標變數的內容是某個變數的位址，透過這個位址就能存取該變數的內容。要取得變數的位址，必須透過「&」（取址運算子）。

變數位址的取得語法如下：

```
&變數名稱
```

[語法說明]

- 變數位址，是以 16 進位表示。例如：000000000012ee73。

一重指標變數必須經過下列兩個步驟，才可以使用：

1. **宣告兩個型態相同的變數：一般變數及一重指標變數各一個。**
2. **設定一重指標變數的初始值：將一般變數的位址，指定給一重指標變數。**

例：（片段程式）

```
short data, *ptr;
ptr = &data;  // 將變數data的位址指定給指標變數ptr
```

[程式說明]

- 上述片段程式的目的，是將變數 data 的位址指定給一重指標變數 ptr，使 ptr 指向變數 data 的位址。

- 執行程式時，記憶體位址及位址中的內容等資訊，參考「表 10-1」。其中記憶體位址的數據，是程式編譯時作業系統配置給變數的位址。每一次配置的位址，不盡相同。

表 10-1 一重指標變數的位址配置及內容說明 (一)

變數名稱	起始記憶體位址	記憶體位址中的內容
…	…	…
ptr	000000000012ee69	000000000012ee71
data	000000000012ee71	尚未設定
…	…	…

變數名稱	ptr	data
起始記憶體位址	000000000012ee69	000000000012ee71
記憶體位址中的內容	000000000012ee71	尚未設定

圖 10-1 一重指標變數指向示意圖

指標變數 ptr 指向變數 data 的位址後，就可用指標變數 ptr 間接存取變數 data 的內容。

取得指標變數 ptr 所指向位址的內容（即 data 的內容），其語法如下：

```
*ptr
```

[語法說明]

- 「*」為間接運算子。
- 「*ptr」相當於「data」。

例：（承上例）再加入以下程式碼：

data = 0;

```
*ptr = *ptr + 1;
```

[程式說明]

- 執行「data = 0;」後，記憶體位址及位址中的內容等資訊，參考「表 10-2」。

表 10-2 一重指標變數的位址配置及內容說明 (二)

變數名稱	起始記憶體位址	記憶體位址中的內容
…	…	…
ptr	000000000012ee69	000000000012ee71
data	000000000012ee71	0
…	…	…

- 執行「*ptr = *ptr + 1;」後，記憶體位址及位址中的內容等資訊，參考「表 10-3」。

表 10-3 一重指標變數的位址配置及內容說明 (三)

變數名稱	起始記憶體位址	記憶體位址中的內容
…	…	…
ptr	000000000012ee69	000000000012ee71
data	000000000012ee71	1
…	…	…

- 從「表 10-3」中可以發現，雖然程式沒有直接改變變數「data」的內容（即沒看到變數「data」的敘述），但變數「data」的內容卻被改變了。原因是「*ptr」相當於「data」，「*ptr」的內容變了，「data」的內容也隨之改變。

「範例 1」的程式碼，是建立在「D:\C++ 程式範例\ch10」資料夾中的「範例 1.cpp」。以此類推，「範例 4」的程式碼，是建立在「D:\C++ 程式範例\ch10」資料夾中的「範例 4.cpp」。

範例 1	寫一程式，宣告一重指標變數 ptr，並指向整數變數 data。輸入一個整數給 data，並透過 ptr 將 data 的內容乘以 2，輸出 ptr 的內容，data 的位址及 data 的內容。

```
1  #include <iostream>
2  #include <cstdlib>
3  using namespace std;
4  int main()
5  {
6    int *ptr, data;
7    ptr = &data;
8    cout << "輸入一個整數(data):";
9    cin >> data;
10   *ptr = *ptr * 2;
11   cout << "ptr的內容=" << ptr << ", data的位址=" << &data << endl;
12   cout << "data的內容=" << data << endl;
13
14   return 0;
15 }
```

執行結果

```
輸入一個整數:10
ptr的內容=000000000061FE14, data的位址=000000000061FE14
data的內容=20
```

[程式說明]

- 執行結果的 000000000061FE14，是記憶體中的一個位址。
- ptr 的內容與 data 的位址，會得到一樣的結果，是程式第 7 列「ptr = &data;」的關係。

10-2 一重指標變數與一維陣列元素

「一維陣列變數名稱」為常數指標，其內容為「&一維陣列變數名稱[0]」，即「一維陣列變數名稱[0]」元素的起始位址。

例：若 int data[6]={1, 2, 3, 4, 5, 6};，則「data」的內容為「&data[0]」，即「data[0]」的記憶體位址。

對指標變數做「+」（加法）或「-」（減法）運算的目的，是移動記憶體位址。「+」及「-」的運算規則，與指標變數的型態有密切的關係。因此，熟悉每一種資料型態所占的記憶體空間，才能了解指標變數的運算結果，否則會丈二金剛，摸不著頭腦。

指標變數，只能與整數或整數變數做加減法運算。「指標變數 + 1」，則表示將指標往後移動「n」個 Bytes；「指標變數 - 1」，則表示將指標往前移動「n」個 Bytes。而其中的「n」，代表指標變數的型態所占的記憶體空間。例如：若指標變數的型態為「int」，則 n=4；若指標變數的型態為「double」，則 n=8。

範例 2	寫一程式，宣告一重指標變數 ptr，並利用指標的加法規則，將一維整數陣列 data 的元素 {9, 3, 5, 1, 4, 8} 全部輸出。

```
#include <iostream>
#include <cstdlib>
using namespace std;
int main( )
 {

  int *ptr;
  int i, data[6]={9, 3, 5, 1, 4, 8};

  // 設定ptr指向陣列變數data的第一個元素data[0]
  ptr = data; // 陣列變數名稱data,就是data[0]的記憶體位址(&data[0])
  // 或 ptr = &data[0];

  for (i=0 ; i<6 ; i++)
   {
    cout << *ptr << "\t"; // 輸出ptr所指向的內容

    ptr++; // 設定ptr指向陣列變數data的下一個元素
   }
```

20	`cout << endl;`
21	
22	`return 0;`
23	`}`
執行結果	9　3　5　1　4　8

[程式說明]

- 陣列名稱「data」儲存的內容，是一個常數指標位址，即「&data[0]」。
- 程式第 11 列「ptr = data;」使得 ptr 指向 data 陣列的第 1 個元素 data[0]。示意圖如下：

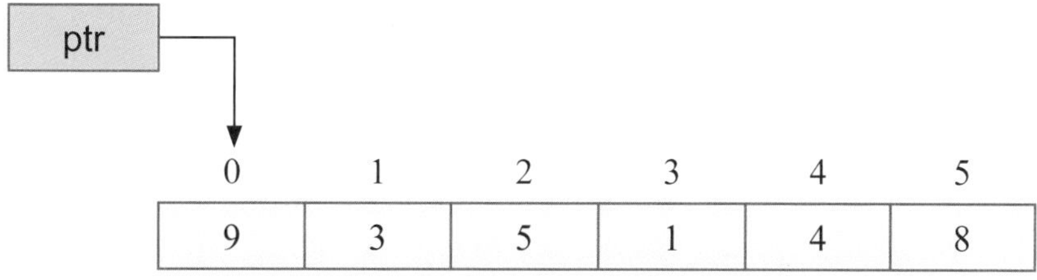

- 程式第 16 列中的「*ptr」，相當於「data[i]」。
- 整數陣列變數 data 的每個元素占 4 個 Bytes。因此，程式第 18 列「ptr++;」，代表「ptr」的內容+ 4，表示「ptr」指向陣列變數 data 的下一個元素。示意圖如下：

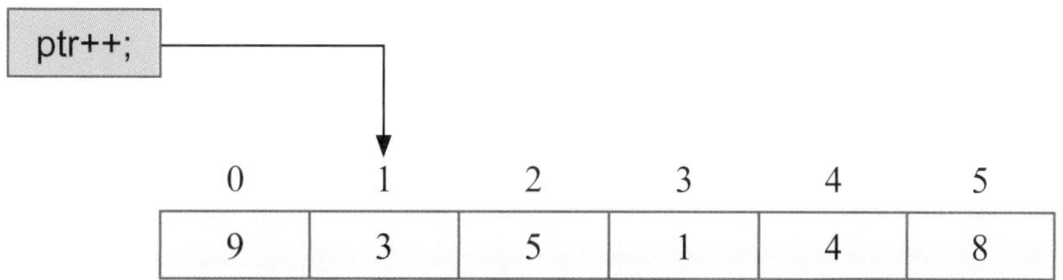

練習 1：

寫一程式，宣告一重指標變數 ptr，並利用指標的減法規則，將包含 6 個元素的一維整數陣列 array 的全部元素倒過來輸出。

10-3 一重指標變數與二維陣列元素

「二維陣列變數名稱」為常數指標，其內容為「&二維陣列變數名稱[0][0]」，即「二維陣列變數名稱[0][0]」元素的起始位址；「二維陣列變數名稱[0]」也為常數指標，其內容為「&二維陣列變數名稱[0][0]」，即該陣列變數的第 0 列的起始位址；「二維陣列變數名稱[1]」也為常數指標，其內容為「&二維陣列變數名稱[1][0]」，即該陣列變數的第 1 列的起始位址；以此類推。

例：若 int data[3][2]={{1, 2}, {3, 4}, {5, 6}};，則「data」的內容為「&data[0][0]」，即「data[0]」的記憶體位址；「data[1]」的內容為「&data[1][0]」；「data[2]」的內容為「&data[2][0]」。

範例 3	寫一程式，宣告一重指標變數 ptr，並利用指標的加法規則，將二維整數陣列 data 的元素 {{9, 3, 5}, {4, 8, 1}} 排序成 {{3, 5, 9}, {1, 4, 8}}，然後輸出。

```
#include <iostream>
#include <cstdlib>
using namespace std;
int main( )
{
   int *ptr;
   int i, j, k, data[2][3]= {{9, 3, 5}, {4, 8, 1}};

   int temp;
   int sortok; // 排序完成與否

   cout << "{";
   for (k=0 ; k <= 1 ; k++)        // 排序data[k]的元素
   {
      for (i=1 ; i<=2 ; i++)        // 執行2(=3-1)個步驟
      {
         ptr= data[k]; // ptr 指向第k列的第1個元素的位址
```

```
            sortok=1; // 先假設排序完成
            for (j=0 ; j < 3-i ; j++)     // 第i步驟,執行(3-i)次比較
            {
                // *ptr所指向的內容      :代表左邊的資料
                // *(ptr+1)所指向的內容:代表右邊的資料
                if (*ptr > *(ptr+1))     // 左邊的資料 > 右邊的資料
                {
                    // 互換data[j]與data[j+1]的內容
                    temp=*ptr;
                    *ptr=*(ptr+1);
                    *(ptr+1)=temp;
                    sortok=0; // 有交換時,表示尚未完成排序
                }
                ptr++;
            }
            if (sortok == 1) // 排序完成,跳出排序作業
                break;
        }
        cout << "{";
        for (j=0 ; j < 3 ; j++)
        {
            cout << data[k][j];
            if (j < 2)
                cout << ", ";
            else
                cout << "}";
        }
        if (k == 0)
            cout << ", ";
    }
    cout << "}" << endl;

    return 0;
}
```

執行結果	{{3, 5, 9}, {1, 4, 8}}

[程式說明]

- 程式第 17 列「ptr= data[k];」中的「data[k]」，代表二維陣列 data 的第 k 列資料。「data[k]」是一個常數指標位址，即「&data[k][0]」。示意圖如下：

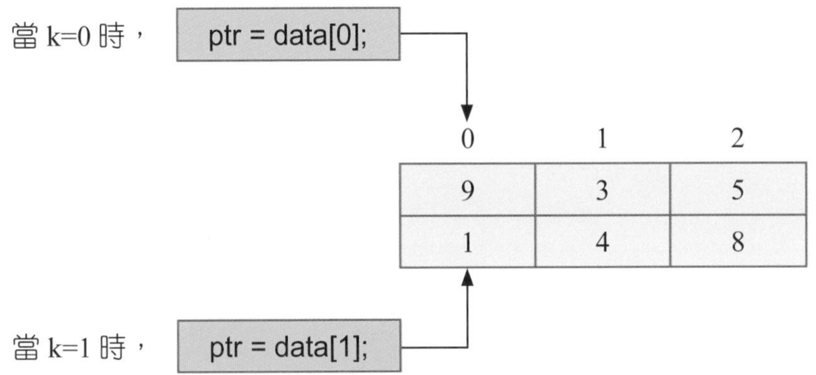

- 程式第 23 列「if (*ptr > *(ptr+1))」中的「*ptr」相當於「data[j]，「*(ptr+1)」相當於「data[j+1]」。

10-4 雙重指標變數

雙重指標變數宣告的語法如下：

```
資料型態 **指標變數名稱;
```

[語法說明]

- 資料型態：可以是 char，int，float，double 或 struct（結構）。**這裡所說的資料型態，是指標變數所指向的資料型態，而不是指標變數本身的型態。**
- 指標變數名稱：命名規則，請參照識別字的命名規則。指標變數，可以是一般指標變數或陣列指標變數。

• 指標變數的內容，是以 16 進位表示。例如：000000000012ee73。

例：宣告 ptr1 為雙重指標變數，且指向某個一重指標變數所在的記憶體位址，且經由一重指標變數所指向的記憶體位址只允許存放整數。

解：int **ptr1;

例：宣告包含 3 個元素的一維雙重指標陣列變數 ptr2，且它們各自指向某個一重指標變數所在的記憶體位址，且經由對應的一重指標變數所指向的記憶體位址只允許存放字元。

解：char **ptr2[3];

例：宣告包含 6 個元素的二維雙重指標陣列變數 ptr3，且它們各自指向某個一重指標變數所在的記憶體位址，且經由對應的一重指標變數所指向的記憶體位址只允許存放單精度浮點數。

解：float **ptr3[2][3];

例：宣告包含 12 個元素的三維雙重指標陣列變數 ptr4，且它們各自指向某個一重指標變數所在的記憶體位址，且經由對應的一重指標變數所指向的記憶體位址只允許存放倍精度浮點數。

解：double **ptr4[2][3][2];

雙重指標變數必須經過下列三個步驟，才可以使用：

1. 宣告三個資料型態相同的變數：分別為一般變數，一重指標變數，雙重指標變數。
2. 設定一重指標變數的初始值：將一般變數的位址，指定給一重指標變數。
3. 設定雙重指標變數的初始值：將一重指標變數的位址，指定給雙重指標變數。

例：（片段程式碼）

```
int data, *ptr1, **ptr2;
ptr1=&data; // 設定一重指標變數ptr1的初始值
ptr2=&ptr1; // 設定雙重指標變數ptr2的初始值
```

[程式說明]

- 上述片段程式的目的，是將變數 data 的位址指定給一重指標變數 ptr1，變數 ptr1 的位址指定給雙重指標變數 ptr2。最後 ptr1 及 ptr2 都指向變數 data 的位址。
- 執行程式時，記憶體位址及位址中的內容等資訊，參考「表 10-4」。其中記憶體位址的數據，是假設系統配置的結果。

表 10-4 雙重指標變數的位址配置及內容說明 (一)

變數名稱	起始記憶體位址	記憶體位址中的內容
…	…	…
ptr2	000000000012ee61	000000000012ee69
ptr1	000000000012ee69	000000000012ee71
data	000000000012ee71	尚未設定
…	…	…

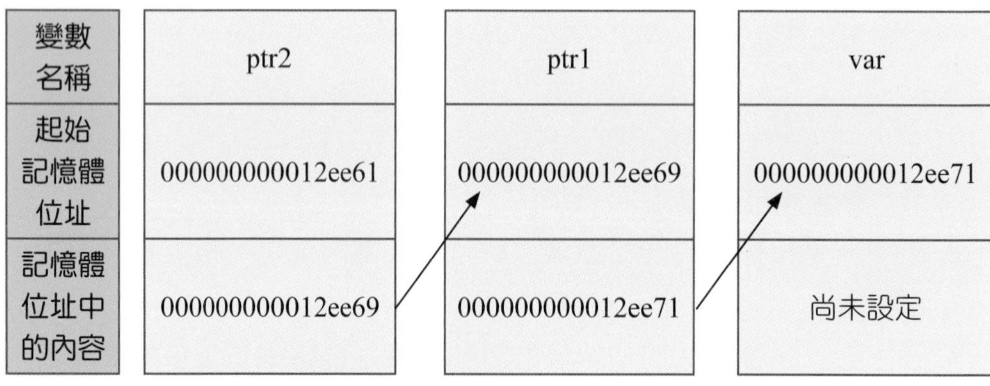

圖 10-2 雙重指標變數指向示意圖

雙重指標變數 ptr2 指向一重指標變數 ptr1 的記憶體位址；一重指標變數 ptr1 指向一般變數 var 的記憶體位址，則 *ptr2 相當於 ptr1，**ptr2 及 *ptr1 相當於 data。

例：（承上例）再加入以下程式碼，

```
data=1;
*ptr1=*ptr1+1;
**ptr2=**ptr2+2;
```

[程式說明]

- 「表10-5」為執行「data=1;」後，變數名稱、記憶體位址及記憶體位址中的內容三者相關資訊。

表 10-5 雙重指標變數的位址配置及內容說明 (二)

變數名稱	起始記憶體位址	記憶體位址中的內容
…	…	…
ptr2	000000000012ee61	000000000012ee69
ptr1	000000000012ee69	000000000012ee71
data	000000000012ee71	1
…	…	…

- 「表 10-6」為執行「*ptr1= *ptr1 + 1;」後，變數名稱、記憶體位址及記憶體位址中的內容三者相關資訊。

表 10-6 雙重指標變數的位址配置及內容說明 (三)

變數名稱	起始記憶體位址	記憶體位址中的內容
…	…	…
ptr2	000000000012ee61	000000000012ee69
ptr1	000000000012ee69	000000000012ee71
data	000000000012ee71	2
…	…	…

[註] 從「表 10-6」中可以發現，程式並沒有更改變數「data」的內容（即沒看到更改變數「data」的敘述），但變數「data」的內容卻被改變了。原因是：「*ptr」相當於「data」，「*ptr」的內容變了，「data」的內容也隨之改變。

- 「表 10-7」為執行「**ptr 2= **ptr2 + 2;」後，變數名稱、記憶體位址及記憶體位址中的內容三者相關資訊。

表 10-7 雙重指標變數的位址配置及內容說明 (四)

變數名稱	起始記憶體位址	記憶體位址中的內容
…	…	…
ptr2	000000000012ee61	000000000012ee69
ptr1	000000000012ee69	000000000012ee71
data	000000000012ee71	4
…	…	…

[註] 從「表 10-7」中可以發現，程式並沒有更改變數「data」的內容（即沒看到更改變數「data」的敘述），但變數「data」的內容卻被改變了。原因是：「**ptr2」相當於「data」，「**ptr2」的內容變了，「data」的內容也隨之改變。

範例 4 寫一程式，宣告一雙重指標變數 ptr2，並利用指標的加法規則，將二維整數陣列 data 的元素 {{9, 3, 5}, {4, 8, 1}} 排序成 {{3, 5, 9}, {1, 4, 8}}，然後輸出。

```
#include <iostream>
#include <cstdlib>
using namespace std;
int main( )
{
   int *ptr1;
   int **ptr2;
   int i, j, k, data[2][3]= {{9, 3, 5}, {4, 8, 1}};
```

```
        ptr2=&ptr1;
        int temp;
        int sortok; // 排序完成與否
        cout << "{";
        for (k=0 ; k <= 1 ; k++)        // 排序data[k]的元素
        {
           for (i=1 ; i<=2 ; i++)        // 執行2(=3-1)個步驟
           {
              ptr1= data[k]; // ptr1 指向第k列的第1個元素的位址
              sortok=1; // 先假設排序完成
              for (j=0 ; j < 3-i ; j++)    // 第i步驟,執行(3-i)次比較
              {
                 if (**ptr2 > *(*ptr2+1)) // 左邊的資料 > 右邊的資料
                 {
                    // 互換data[j]與data[j+1]的內容
                    temp=**ptr2;
                    **ptr2=*(*ptr2+1);
                    *(*ptr2+1)=temp;
                    sortok=0; // 有交換時,表示尚未完成排序
                 }
                 ptr1++ ;
              }
              if (sortok == 1) // 排序完成,跳出排序作業
                 break;
           }

           cout << "{";
           for (j=0 ; j < 3 ; j++)
           {
              cout << data[k][j];
              if (j < 2)
                 cout << ", ";
              else
                 cout << "}";
           }
```

```
45         if (k == 0)
46             cout << ", ";
47     }
48     cout << "}" << endl ;
49
50     return 0;
51 }
```

執行結果	{{3, 5, 9}, {1, 4, 8}}

[程式說明]

- 程式第 18 列「ptr1= data[k];」中的「data[k]」，代表二維陣列 data 的第 k 列資料。「data[k]」是一個常數指標位址，即「&data[k][0]」。示意圖如下：

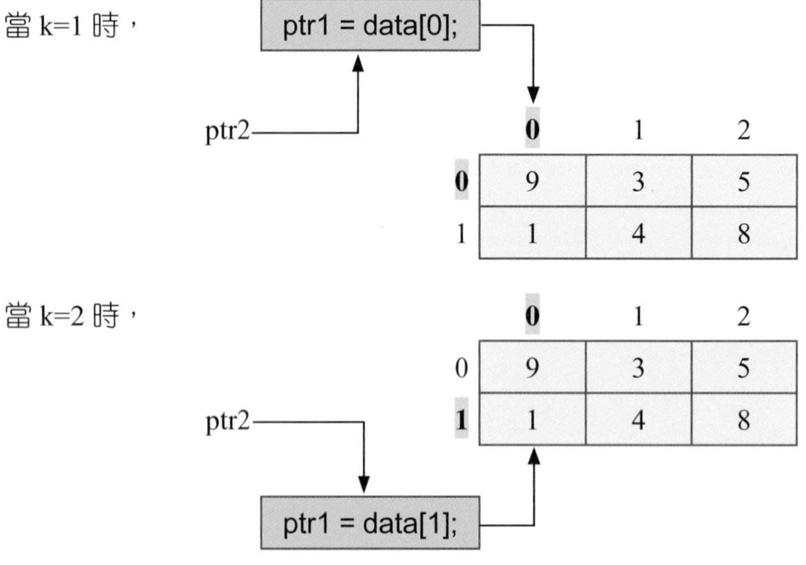

- 程式第 22 列「if (**ptr2 > *(*ptr2+1))」中的「**ptr2」相當於「data[j]」，「*(*ptr2+1)」相當於「*(ptr1+1)」，也相當於「data[j+1]」。

大學程式設計先修檢測 (APCS) 試題解析

一、程式設計觀念題

1.

```
void G( (a)  a_ptr,  (b)  a_ptrptr) {
    …
}

void main( ) {
    int a = 1;
    // 加入 a_ptr, a_ptrptr變數的宣告
    …
    a_ptr = &a;
    a_ptrptr = &a _ptr;
    G(a _ptr, a_ptrptr);
}
```

C++ 語言及 C 語言寫法

上方程式片段中，假設 a，a_ptr 和 a_ptrptr 這三個變數都有被正確宣告，且呼叫 G( ) 函式時的參數為 a_ptr 及 a_ptrptr。G( ) 函式的兩個參數型態該如何宣告？（105/10/29 第 16 題）

(A) (a) *int , (b) *int

(B) (a) *int , (b) **int

(C) (a) int*, (b) int*

(D) (a) int*, (b) int**

解 答案：(D)

(1) a 為一般整數變數，則「&a」代表 a 所在的起始記憶體位

址。因此，程式第 9 列的 a_ptr 必須為一重指標變數，才能儲存一般變數所在的記憶體位址。

(2) 程式第 10 列的「&a_ptr」代表 a_ptr 所在的起始記憶體位址。因此，a_ptrptr 必須為雙重指標變數，才能儲存一重指標變數所在的記憶體位址。

由 (1) 及 (2) 的說明可知，G( ) 函式的參數型態 (a) 應為「int*」，參數型態 (b) 應為「int**」。

Chapter 11
自訂資料型態

11-1　結構 (Structure)

11-2　巢狀結構

11-3　串列 (List)

11-4　堆疊 (Stack) 及佇列 (Queue)

11-5　樹 (Tree)

11-6　動態配置記憶體

大學程式設計先修檢測 (APCS) 試題解析

生活中記錄的文件資料，通常是多欄位且欄位的資料型態不盡相同。例如：身分證資料、企業的人事資料等。無論是一般變數、陣列變數及指標變數，都只能儲存單一型態的資料，是無法儲存多欄位多型態類型的文件資料。因此，使用者必須自訂新的資料型態，才能儲存多欄位多型態類型的文件資料。

11-1 結構 (Structure)

由多種型態組合而成的一種新資料型態，稱為結構 (Structure)。結構是 C++ 語言的一種延伸資料型態，可提供使用者建立自己專屬的資料型態。結構資料型態中的欄位，彼此間是有關係的，但欄位的資料型態可以不同。

自訂結構型態從建立到使用，依序為「結構定義」，「結構變數宣告」及「結構欄位存取」。

11-1-1 結構定義

陳述結構內部包含哪些欄位及每個欄位的資料型態，稱之為結構定義。當結構名稱定義完成後，結構名稱就是一種新的資料型態。

結構定義的語法架構如下：

```
struct 結構型態名稱
{
  資料型態 欄位變數名稱1;
  資料型態 欄位變數名稱2;
  …
};
```

[語法架構說明]

- 以關鍵字「struct」來定義新的結構型態，「結構型態名稱」跟隨在後。
- 「結構名稱」的命名規則與變數相同。
- 「{ }」內是宣告結構所擁有的欄位變數。
- 結構名稱中所宣告的欄位變數，代表此結構所擁有的屬性。欄位名稱的命名規則，與變數相同。欄位的資料型態，可以 char、int、float、double、struct（結構）或 *（指標）等。
- 結構內不能宣告該結構型態的欄位變數，除非是指標欄位變數，否則會形成遞迴結構，這是不被允許的。

例：定義一個名稱為 employee 的結構型態，它擁有 id、name、age、phone 及 address 等 5 個欄位。這 5 個欄位，分別用來記錄企業的員工編號、姓名、年齡、電話及地址。

解：
```
struct employee
{
  char id[5];        // 員工編號
  char name[11];     // 姓名
  int age;           // 年齡
  char phone[11];    // 電話
  char nation[11];   // 國家
};
```

11-1-2 結構變數宣告

結構變數使用前，與一般變數一樣，都必須經過宣告，否則編譯時可能會出現**未宣告識別字名稱**的錯誤訊息（切記）：

「**'識別字名稱' undeclared (first use in this function)**」。

結構變數的宣告語法有下列三種：

1. 一般結構變數的宣告語法：

```
struct 結構名稱 結構變數;
```

2. 結構陣列變數的宣告語法：

```
struct 結構名稱 結構陣列變數[n]; // 一維結構陣列變數
```

[註] 若要宣告二維結構陣列變數，則應寫成「結構變數[m][n]」，以此類推。

3. 結構指標變數的宣告語法：

```
struct 結構名稱 *結構指標變數;  // 一重結構指標變數
```

[註] 若要宣告雙重結構指標，則應寫成「**結構變數」，以此類推。

例：（承上例）宣告 3 個型態均為 employee 的結構變數。第 1 個是一般結構變數 normal；第 2 個是有 3 個元素的結構陣列變數 group；第 3 個是結構指標變數 pointer，並指向 normal 結構變數。

解：struct employee normal, group[3], *pointer = &normal;

11-1-3 結構欄位存取

結構欄位存取有下列三種語法：

1. 一般結構變數的欄位存取語法：

```
結構變數.欄位名稱
```

2. 結構陣列變數的欄位存取語法：

```
結構陣列變數[i].欄位名稱 // 第i個結構陣列變數的欄位
```

3. 結構指標變數的欄位存取語法：

```
結構指標變數->欄位名稱
```

[語法說明]

- 若結構變數為一般結構變數或結構陣列變數時，要存取結構中的欄位內容，則必須使用結構欄位存取運算子「.」。
- 若結構變數為結構指標變數時，要存取結構中的欄位內容，則必須使用結構指標欄位存取運算子「->」。

例：（承上例）設定結構變數 normal 的欄位 phone 的內容為 "091235678x"，結構陣列變數 group[0] 的欄位 nation 的內容為"紐西蘭"，結構指標變數 pointer 的欄位 age 的內容為 36。

解：normal.phone = "091235678x";
group[0].nation = "紐西蘭";
pointer->age = 36;

[注意]

在上例有宣告「*pointer = &normal;」。因此，本例執行「pointer->age = 36;」後，normal.age 的內容也變成 36。

11-1-4 宣告結構變數同時設定欄位初始值

若一結構有「k」個欄位，則宣告結構變數同時設定欄位初始值的語法有下列三種：

1. 一般結構變數的欄位初始值的設定語法：

struct 結構名稱 結構變數 = { a_1, a_2, ⋯, a_k };

2. 結構陣列變數的欄位初始值的設定語法：

struct 結構名稱 結構陣列變數[n] = { {a_{00}, a_{01}, ⋯, $a_{0(k-1)}$},
{a_{10}, a_{11}, ⋯, $a_{1(k-1)}$},
⋯
{$a_{(n-1)0}$, $a_{(n-1)1}$, ⋯, $a_{(n-1)(k-1)}$}};

[註]

- 陣列的索引值從 0 開始。
- 若要設定二維結構陣列變數的欄位初始值，則寫法有類似之處，可參考「7-3-2 二維陣列初始化」說明。

3. 結構指標變數的欄位初始值的設定語法：

struct 結構名稱 *結構指標變數 = { a_1, a_2, ⋯, a_k };

例：（承上例）若要宣告結構變數 normal 及設定其欄位的內容初始值分別為「"I001"，"Logic"，28，"091235678x" 及 "R.O.C."」；宣告結構陣列變數 group 及設定其欄位的內容初始值分別為「{"M001", "David", 27,"091356789x","Canada"}」，「{"M002", "Susan", 26, "092356789x","Africa"}」及「{"M003", "Johnson", 25, "093256789x", "U.S."}」；宣告結構指標變數 pointer，並指向結構變數 normal，則程式敘述為何？

解：

```
struct employe normal={"I001", "Logic", 28, "091235678x",
"R.O.C."};
struct employe group[3]={
                {"M001", "David", 27,"091356789x","Canada"},
                {"M002", "Susan", 26, "092356789x","Africa"},
```

```
            {"M003", "Johnson", 25, "093256789x", "U.S."} };
struct employe *pointer = &normal;
```

[注意] 結構指標變數，只能指向型態相同的結構變數。

例：（承上例）輸出 normal，group[0]，group[1]，group[2] 及 pointer 結構變數的欄位內容。

解：

```
// 輸出normal結構變數的欄位內容
cout << normal.id << "," << normal.name << "," << normal.age;
cout << normal.phone << "," << normal.nation << endl ;

// 輸出group[0], group[1]及group[2]結構陣列變數的欄位內容
for (i=0 ; i<=2 ; i++)
 {
  cout << group[i].id << "," << group[i].name << "," << group[i].age;
  cout << group[i].phone << "," << group[i].nation << endl;
 }

// 輸出pointer結構指標變數的欄位內容，結果會與normal一樣。
cout << pointer->id << "," << pointer->name << "," << pointer->age;
cout << pointer->phone << "," << pointer->nation << endl;
```

改變或設定結構變數的欄位內容，除了上述的用法外，還能用指定運算子「=」，將同一結構型態的兩個結構變數相互設定給對方，使兩個結構變數的同一個欄位之內容都相同。

> 「範例 1」的程式碼，是建立在「D:\C++ 程式範例\ch11」資料夾中的「範例 1.cpp」。以此類推，「範例 7」的程式碼，是建立在「D:\C++ 程式範例\ch11」資料夾中的「範例 7.cpp」。

範例 1 寫一程式，自訂一個學生結構型態 student，包含座號 (no) 及成績 (score) 兩個欄位。宣告一個包含 5 個元素的成績結構陣列變數 coding。輸入 5 位同學的程式設計期中考成績，輸出成績最高者的座號及 5 位同學的平均成績。

```
#include <iostream>
#include <cstdlib>
#include <cstring>
using namespace std;
struct student
 {
   string no;  // 座號
   int score;   // 成績
 };

int main()
 {
  struct student coding[5];
  int i, sum=0;
  int highscore=0; // 最高分,最高分者的座號
  string highno; // 最高分者的座號
  for (i=0 ; i<5 ; i++)
   {
    cout << "輸入第" << i+1 << "位學生的座號:";
    cin >> coding[i].no;
    cout << "輸入程式設計期中考成績:";
    cin >> coding[i].score;
    sum = sum + coding[i].score;
    if (highscore < coding[i].score)
     {
       highscore = coding[i].score;
       highno = coding[i].no;
     }
   }
  cout << "成績最高者的座號:" << highno;
  cout << ", 5位同學的平均成績=" << (float) sum / 5;

```

	return 0; }
執行結果	輸入第1位學生的座號:1 輸入程式設計期中考成績:65 輸入第2位學生的座號:2 輸入程式設計期中考成績:70 輸入第3位學生的座號:3 輸入程式設計期中考成績:60 輸入第4位學生的座號:4 輸入程式設計期中考成績:68 輸入第5位學生的座號:5 輸入程式設計期中考成績:82 成績最高者的座號:5, 5位同學的平均成績=69.0

11-2 巢狀結構

在結構定義中，若有一個欄位變數的資料型態為其他結構型態，則稱此類型的結構為巢狀結構。對一個包含多項資料且有關聯性的問題，使用巢狀結構來呈現資料間的關聯性是最合適的。應用巢狀結構能將資料分散在不同的結構中，使資料間形成主從關係，以減少同一欄位變數重複出現在不同的結構中。

在下面例子，定義「student」結構來表示學生資料，及「guardian」結構來表示監護人資料。並透過「student」結構中的「protector」（保護人）欄位，將「student」結構串聯「guardian」結構形成一種巢狀結構關係。

例：
```
struct guardian  // 監護人結構
{
  char name[11];
  char phone[11];
};
```

```
struct student  // 學生結構
 {
  char no[3];
  char name[11];
  int score;
  // protector的資料型態為struct guardian結構
  struct guardian protector;
 };
```

[注意]

- 在定義結構時，單層結構定義要放在雙層巢狀結構定義的上面，雙層結構定義要放在三層巢狀定義的上面，以此類推；否則編譯時可能會出現結構型態未定義的錯誤訊息（切記）：
  「field '欄位名稱' has incomplete type」（「欄位名稱」使用不完整的類型），表示用來宣告「欄位名稱」的結構型態的未定義。
- 要如何才能存取下層結構中的欄位呢？只要將上層結構的欄位透過多個「.」或「->」（欄位存取運算子），串聯下層結構中的關聯欄位，就能存取該欄位。

範例 2　寫一程式，自訂兩個結構型態，一個是監護人結構型態 guardian，包含姓名 (name)、電話 (phone) 兩個欄位。另一個是學生結構型態 student，包含座號 (no)、姓名 (name)、成績 (score) 及保護人(protector) 四個欄位，其中 protector 欄位型態為 guardian 結構。宣告一個包含 3 個元素的 student 結構陣列變數 class，記錄 3 位同學的座號、姓名及成績與監護人的姓名及電話共 5 項資料，輸出成績小於 60 分的監護人姓名及電話。

```
#include <iostream>
#include <cstdlib>
#include <cstring>
using namespace std;

struct guardian  // 監護人結構
 {
```

```
    string name;
    string phone;
  };

struct student // 學生結構
  {
    string no;
    string name;
    int score;
    struct guardian protector;  // protector的資料型態為struct guardian結構
  };

int main( )
  {
    struct student strudentdata[3];  // 記錄3位學生的資料
    int i;
    for (i=0 ; i<3 ; i++)
      {
      cout << "輸入第" << i+1 << "位學生的座號:";
      cin >> strudentdata[i].no;
      cout << "姓名:";
      cin >> strudentdata[i].name;
      cout << "程式設計期中考成績:";
      cin >>  strudentdata[i].score;
      cout << "監護人姓名:";
      cin >> strudentdata[i].protector.name;
      cout << "電話:";
      cin >> strudentdata[i].protector.phone;
      }

    cout << "成績不及格的學生監護人名單如下:" << endl;
    for (i=0 ; i<3 ; i++)
      if (strudentdata[i].score < 60)
        {
        cout << strudentdata[i].name << "的監護人為"
                 << strudentdata[i].protector.name << "，電話:";
```

```
44        cout << strudentdata[i].protector.phone << endl;
45      }
46
47    return 0;
48  }
```

執行結果

```
輸入第1位學生的座號:1
姓名:邏輯林
程式設計期中考成績:80
監護人姓名:大衛林
電話:091256789x
輸入第2位學生的座號:2
姓名:武艾妮
程式設計期中考成績:50
監護人姓名:武功
電話:091234567x
輸入第3位學生的座號:3
姓名:蔣校華
程式設計期中考成績:60
監護人姓名:蔣佈汀
電話:093456789x
成績不及格的學生監護人名單如下:
武艾妮的監護人為武功，電話: 091234567x
```

[程式說明]

- 本例為兩層巢狀結構，且所宣告的變數為一般結構變數，要存取非指標型結構欄位 protector，須透過兩個「.」才能存取下層結構的欄位。（參考程式第 33、35、43 及 44 列）
- 三層（含）巢狀結構以上的用法，以此類推。

練習 1：

寫一程式，以巢狀結構，記錄學生及成績資料。輸入 6 位同學的座號及姓名與國英數三科成績 5 項資料，輸出國英數各科的平均分數。

11-3 串列 (List)

有限個型態相同的元素，依照順序排列而成的序列集合，稱之為串列。以 $(E_0, E_1, \cdots, E_{n-1})$ 來表示一個串列擁有 n 個元素，其中 E_i 為此串列的第 (i+1) 元素，$0 \le i \le (n-1)$。串列中的每個元素的內容，可以相同也可以不同。

串列的資料結構，可用鏈結串列 (Linked List) 來呈現。鏈結串列的類型有很多種，在這只介紹單向鏈結串列，其他類型的鏈結串列，請參考資料結構相關書籍。

單向鏈結串列是一種自訂的結構型態，包含資訊欄位和指標欄位。資訊欄位用來記錄節點的資料，指標欄位用來記錄下一個節點的位址。若目前節點為最後節點或沒有下一個節點時，則將目前節點的指標欄位值設為「NULL」。 單向鏈結串列只能依每個節點的指向去訪問它的下一個節點，不能隨機訪問。

例： 假設每個人的好友編號絕對不會重複，以下為編號 0 到 9 的好友列表。

	0	1	2	3	4	5	6	7	8	9
好友編號	4	7	2	9	6	0	8	1	5	3

其中 0 的好友是 4，4 的好友是 6，6 的好友是 8，8 的好友是 5，以此類推。

以單向鏈結串列來表示好友的連結關係。

解：

```
// 定義結構型態friend,
// 包含好友編號欄位code，及好友所在的位址欄位next
struct friend
 {
```

```
    int code;  // 好友編號欄位
    struct friend *next;  // 好友位址欄位
  };

// 宣告有10個節點(node)的結構陣列變數node,
// 將節點i的好友編號記錄在node[i]的code欄位中
// 同時將好友的位址記錄在node[i]的next欄位中
struct friend node[10] ;

int i;
// 輸入節點i的好友編號,並存入node[i]的code欄位中,
// 並設定節點i的next欄位值=節點i的好友(node[i].code)節點之位址
for (i=0 ; i <= 9 ; i++)
  {
    cin >> node[i].code;
    node[i].next = &node[node[i].code];
  }
```

<table>
<tr>
<td>範例 3</td>
<td>問題描述（106/3/4 第 2 題 小群體）
Q 同學正在練習程式，P 老師出了以下的題目讓他練習。
一群人在一起時經常會形成一個一個的小群體。假設有 N 個人，編號由 0 到 N-1，每個人都寫下他最好朋友的編號（最好朋友有可能是他自己的編號，如果他自己沒其他好友），在本題中，每個人的好友編號絕對不會重複，也就是說 0 到 N-1 每個數字 都恰好出現一次。
這種好友的關係會形成一些小群體。例如 N=10，好友編號如下，

<table>
<tr><th></th><th>0</th><th>1</th><th>2</th><th>3</th><th>4</th><th>5</th><th>6</th><th>7</th><th>8</th><th>9</th></tr>
<tr><td>好友編號</td><td>4</td><td>7</td><td>2</td><td>9</td><td>6</td><td>0</td><td>8</td><td>1</td><td>5</td><td>3</td></tr>
</table>

0 的好友是 4，4 的好友是 6，6 的好友是 8，8 的好友是 5，5 的好友是 0，所以 0、4、6、8、和 5 就形成了一個小群體。另外，1 的好友</td>
</tr>
</table>

是 7 而且 7 的好友是 1，所以 1 和 7 形成另一個小群體，同理 3 和 9 是一個小群體，而 2 的好友是自己，因此他自己是一個小群體。總而言之，在這個例子裡有 4 個小群體：{0,4,6,8,5}、{1,7}、{3,9}、{2}。

本題的問題是：輸入每個人的好友編號，計算出總共有幾個小群體。

Q 同學想了想卻不知如何下手，和藹可親的 P 老師於是給了他以下的提示：如果你從任何一人 x 開始，追蹤他的好友，好友的好友，…，這樣一直下去，一定會形成一個圈回到 x，這就是一個小群體。如果我們追蹤的過程中把追蹤過的加以標記，很容易知道哪些人已經追蹤過，因此，當一個小群體找到之後，我們再從任何一個還未追蹤過的開始繼續找下一個小群體，直到所有人都追蹤完畢。

Q 同學聽完之後很順利的完成了作業。

在本題中，你的任務與 Q 同學一樣：給定一群人的好友，請計算出小群體個數。

輸入格式

第一行是一個正整數 N，說明團體中人數。

第二行依序是 0 的好友編號、1 的好友編號、……、N-1 的好友編號。共有 N 個數字，包含 0 到 N-1 的每個數字恰好出現一次，數字間會有一個空白隔開。

輸出格式

請輸出小群體的個數。不要有任何多餘的字或空白，並以換行字元結尾。

範例一：輸入

10

4 7 2 9 6 0 8 1 5 3

範例一：正確輸出

4

（說明）

4 個小群體是 {0,4,6,8,5},{1,7},{3,9} 和 {2}。

範例二：輸入

3

0 2 1

範例二：正確輸出

2

（說明）

2 個小群體分別是{0},{1,2}。

評分說明

輸入包含若干筆測試資料，每一筆測試資料的執行時間限制 (time limit) 均為 1 秒，依正確通過測資筆數給分。其中：

第 1 子題組 20 分，1 ≤ N ≤ 100，每一個小群體不超過 2 人。

第 2 子題組 30 分，1 ≤ N ≤ 1,000，無其他限制。

第 3 子題組 50 分，1,001 ≤ N ≤ 50,000，無其他限制。

```
#include <iostream>
#include <cstdlib>
using namespace std;

// 定義結構型態frienddata,
// 包含好友編號欄位code,及好友所在的位址欄位next
struct frienddata
{
   int code;  //  好友編號欄位
   struct frienddata *next; //  好友位址欄位
};

int main( )
{
   int n; // 團體中的人數
   cin >> n;

   // 宣告包含n個節點的結構陣列變數node,
   // 將節點i的好友編號記錄在node[i]的code欄位中
   // 同時將好友的位址記錄在node[i]的next欄位中
   struct frienddata node[n];

   int i;

   // 輸入節點i的好友編號,並存入node[i]的code欄位中,
   // 並設定節點i的next欄位值=節點i的好友(node[i].code)節點之位址
   for (i=0 ; i <= n-1 ; i++)
   {
      cin >> node[i].code;
      node[i].next = &node[node[i].code];
```

```
}

int bestfrienddata; // 好友編號
int group=0;    // 小群體的數目
for (i=0 ; i <= n-1 ; i++) // 編號為0~(n-1)的人
{
  // 節點i的好友尚未被追蹤過
  if (node[i].next != NULL)
  {
    // cout << "{" << i; // 輸出節點i的編號
    while (node[i].next != NULL) // 節點i的好友尚未被追蹤過
    {
     // bestfrienddata為節點i的好友
     bestfrienddata=node[i].code;

     // 節點i的好友不是自己本身,
     // 且節點bestfrienddata的好友尚未被追蹤過
     // if (i != bestfrienddata && node[bestfrienddata].next != NULL)
      // cout << "," << bestfrienddata; // 輸出節點i的好友編號

     node[i].next=NULL; // 設定節點i的好友已被追蹤過

     i=bestfrienddata; //表示接著要尋找節點bestfrienddata的好友
    }
    node[bestfrienddata].next=NULL;
    // cout << "}" << endl;
    group++;
  }
}
cout << group << endl;

return 0;
}
```

執行結果

```
10
4 7 2 9 6 0 8 1 5 3
4
```

[程式說明]

- 從編號 i 開始，追蹤他的好友 node[i]，然後追蹤 node[i] 的好友 node[node[i]]，…，這樣一直下去，最後一定會回到 i，形成一個小群體。在追蹤的過程中，將追蹤過的編號之位址標記為「NULL」，下一次再追蹤到該位址時，就跳過。當一個小群體找到之後，我們再從尚未追蹤過的編號開始尋找下一個小群體，直到所有編號都完成追蹤。
- 若拿掉程式第 40，48，49 及 56 列的註解，則可列出各小群體的好友編號。

第二種做法：

範例 4　題目：範例 3。（使用遞迴函式做法）

```
#include <iostream>
#include <cstdlib>
using namespace std;

// 定義結構型態frienddata,
// 包含好友編號欄位code,及好友所在的位址欄位next
struct frienddata
{
   int code;  // 好友編號欄位
   struct frienddata *next; // 好友位址欄位
};

void searchfrienddata(struct frienddata node[], int n, int i);

int main( )
{
   int n; // 團體中的人數
   cin >> n;

   // 宣告包含n個節點的結構陣列變數node,
```

```
    // 將節點i的好友編號記錄在node[i]的code欄位中
    // 同時將好友的位址記錄在node[i]的next欄位中
    struct frienddata node[n];

    int i;

    // 輸入節點i的好友編號,並存入node[i]的code欄位中,
    // 並設定節點i的next欄位值=節點i的好友(node[i].code)節點之位址
    for (i=0 ; i <= n-1 ; i++)
    {
      cin >> node[i].code;
      node[i].next = &node[node[i].code];
    }

    int group=0;    // 小群體的數目
    for (i=0 ; i <= n-1 ; i++)  // 編號為0~(n-1)的人
    {
      // 節點i的好友尚未被追蹤過
      if (node[i].next != NULL)
      {
        // cout << "{" << i; // 輸出節點i的編號
        searchfrienddata(node, n, i); // 尋找節點i的好友(=node[i].code)
        // cout << "}" << endl;
        group++;
      }
    }
    cout << group << endl;

    return 0;
}

// 尋找節點i的好友(=node[i].code)
void searchfrienddata(struct frienddata node[ ], int n, int i)
{
    int bestfrienddata = node[i].code;  // 節點i的好友
    node[i].next=NULL;  // 設定節點i的好友已被追蹤過
```

```
57     // 節點bestfrienddata的好友尚未被追蹤過
58     if (node[bestfrienddata].next != NULL)
59     {
60      // cout << "," << node[i].code; // 輸出節點i的好友編號
61      searchfrienddata(node, n, bestfrienddata); //尋找節點bestfrienddata的好友
62     }
63  }
```

執行結果

```
10
4 7 2 9 6 0 8 1 5 3
4
```

[程式說明]

- 從編號 i 開始，追蹤他的好友 node[i]，然後追蹤 node[i] 的好友 node[node[i]]，…，這樣一直下去，最後一定會回到 i，形成一個小群體。在追蹤的過程中，將追蹤過的編號之位址標記為「NULL」，下一次再追蹤到該位址時，就跳過。當一個小群體找到之後，我們再從尚未追蹤過的編號開始尋找下一個小群體，直到所有編號都完成追蹤。
- 程式第 41，43 及 60 列的註解，若拿掉，則可列出各小群體的好友編號。

11-4 堆疊 (Stack) 及佇列 (Queue)

堆疊，是一種先進後出 (FILO: First-In, Last-Out) 的有序線性資料結構。物品堆放事件是日常生活中常見的堆疊應用，最後放置的物品優先被取用。而編輯器中的「復原」功能、網頁瀏覽器中的「回到前一頁」功能、函式的呼叫與返回等，則是電腦系統中常見的堆疊應用，先將之前的狀態「記錄」下來，以備「回復」到先前的狀態。

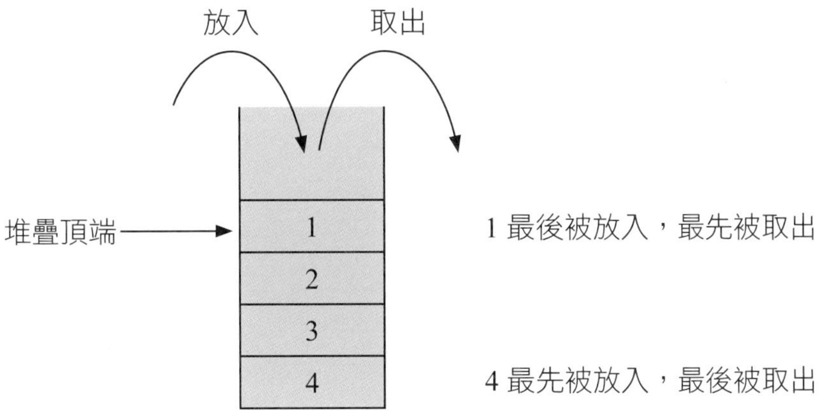

圖 11-1　堆疊示意圖

堆疊容器只有一個出入口，資料的存入或取出都透過此出入口。將新的資料存入堆疊中的動作，稱之為放入 (Push)。存入新的資料後，堆疊容器的大小會加 1。從堆疊容器中刪除資料的動作，稱之為取出 (Pop)。取出資料後，堆疊容器的大小會減 1。無論是存入或取出資料，都是以堆疊容器的頂端位置為基準。若堆疊容器是空的，則無資料可取出的；若堆疊容器已滿，則無法再存入資料。

範例 5	寫一程式，運用遞迴概念，自訂一個有回傳值的函式 sum，輸出 1+2+3+4 之和。

```
#include <iostream>
#include <cstdlib>
using namespace std;
int sum(int n);
int main( )
{
   int totalsum;
   totalsum=sum(4);
   cout << "totalsum = " << totalsum << endl;

   return 0;
}

```

```
int sum(int n)
{
   if (n > 1)
      return n + sum(n-1);
   else
      return 1;
}
```

執行結果	totalsum = 10

[程式說明]

• 呼叫 sum(4) 的過程如下：

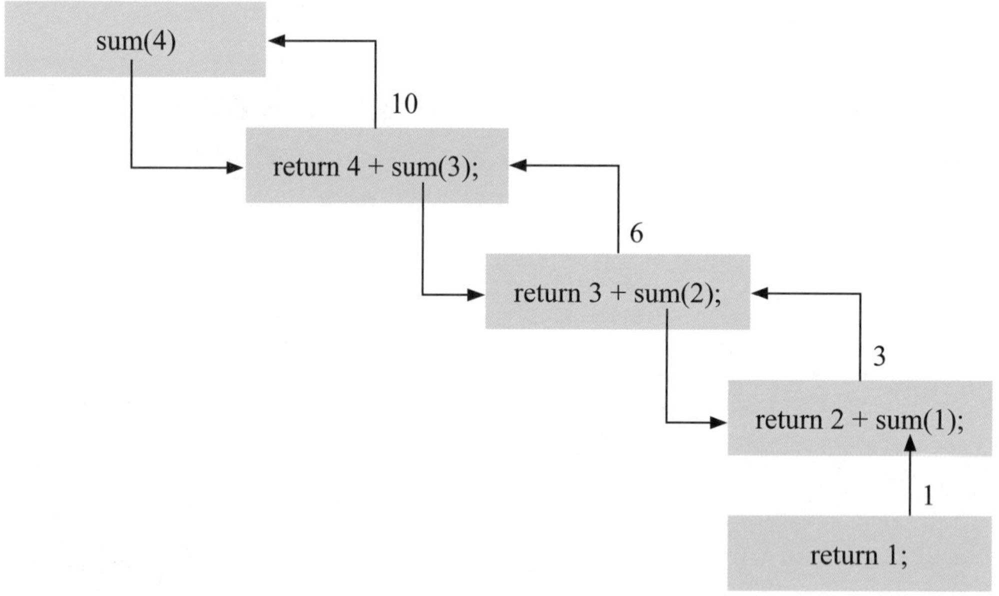

圖 11-2　遞迴求解 1+2+3+4 之示意圖

• 執行「totalsum=sum(4);」時，堆疊 (stack) 中的資料演進如下：

(1) 呼叫函式 sum(4) 時，會將 sum(4) 所在的敘述位址儲存到堆疊中。

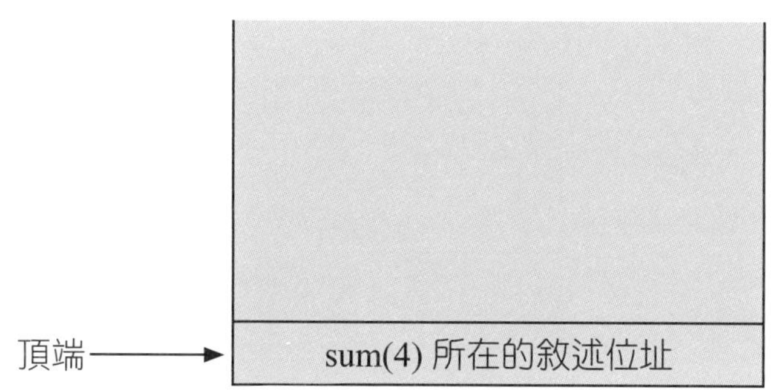

圖 11-3 堆疊資料示意圖 (一)

(2) 然後呼叫函式 sum(3) 時，會將 sum(3) 所在的敘述位址儲存到堆疊中。

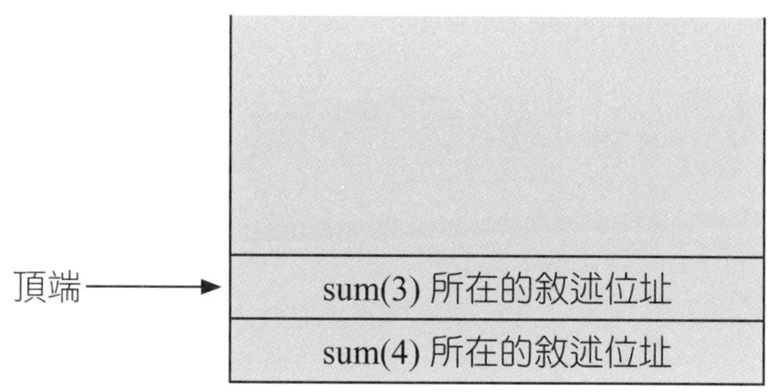

圖 11-4 堆疊資料示意圖 (二)

(3) 接著呼叫函式 sum(2) 時，會將 sum(2) 所在的敘述位址儲存到堆疊中。

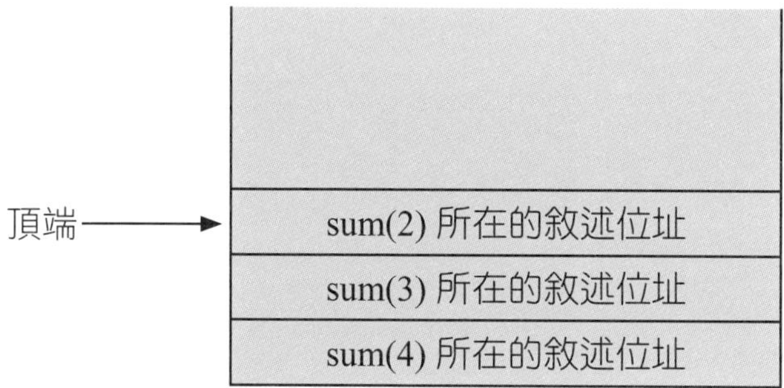

圖 11-5 堆疊資料示意圖 (三)

(4) 最後呼叫函式 sum(1) 時，會將 sum(1) 所在的敘述位址儲存到堆疊中。

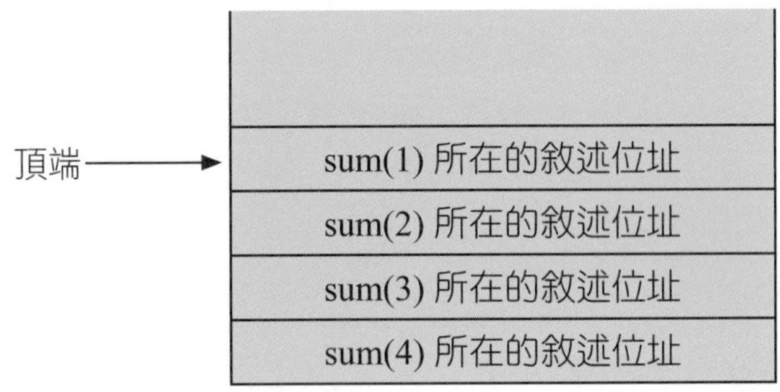

圖 11-6　堆疊資料示意圖 (四)

(5) 執行「return 1;」時，會回傳 1 給「sum(1)」，並從堆疊中取出「sum(1) 所在的敘述位址」。

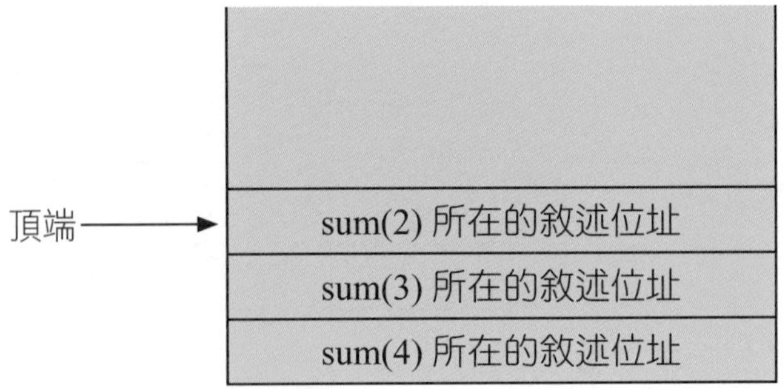

圖 11-7　堆疊資料示意圖 (五)

(6) 然後計算「2+1」的結果給「sum(2)」，並從堆疊中取出「sum(2) 所在的敘述位址」。

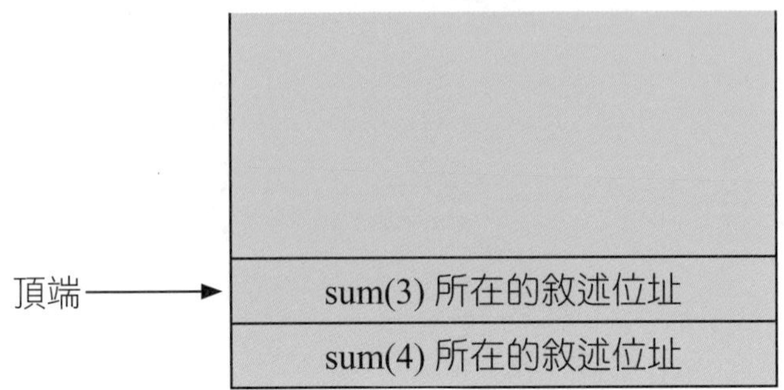

圖 11-8　堆疊資料示意圖 (六)

(7) 接著計算「3+3」的結果給「sum(3)」，並從堆疊中取出「sum(3) 所在的敘述位址」。

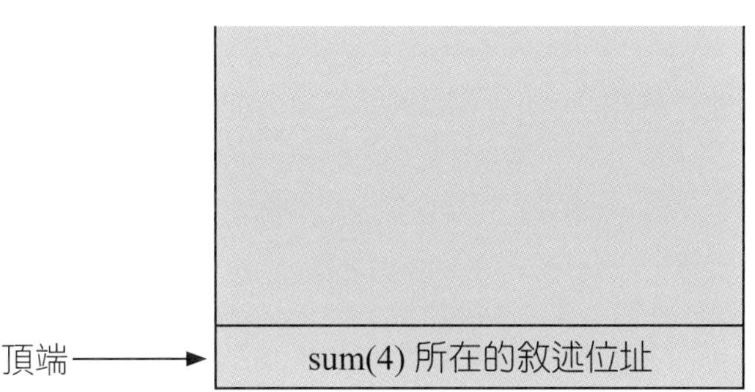

圖 11-9 堆疊資料示意圖 (七)

(8) 最後計算「4+6」的結果給「sum(4)」，並從堆疊中取出「sum(4) 所在的敘述位址」。

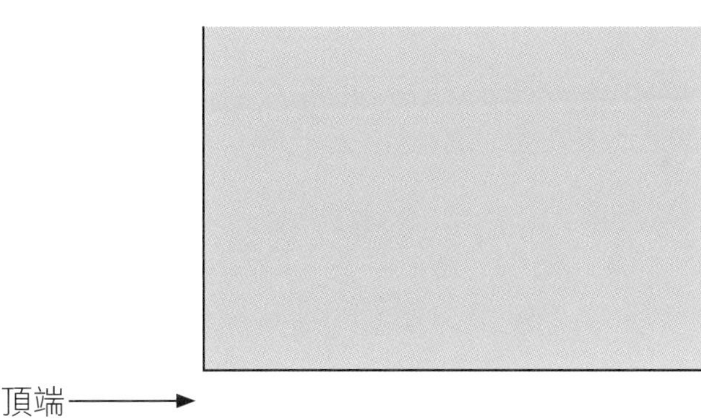

圖 11-10 堆疊資料示意圖 (八)

(9) 最後 totalsum=10。

- 其他相關範例，請參考「第 9 章 遞迴函式」的「範例 4」。

佇列，是一種先進先出 (FIFO: First-In, First-Out) 的有序線性資料結構。

排隊事件是日常生活中常見的佇列應用，先排隊的人先被服務。而列印多份報表、讀取多張卡片等事件，則是電腦系統中常見的佇列應用，排在前頭的先被處理。

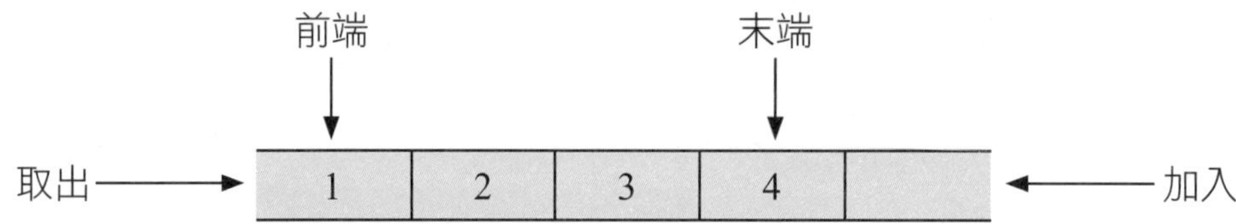

圖 11-11 佇列示意圖

佇列容器有一個（末端：Rear）入口及一個（前端：Front）出口，資料的存入是透過入口，資料的取出則是透過出口。存入新的資料後，佇列容器的大小會加 1，末端索引值要加 1。從佇列容器中取出資料後，佇列容器的大小會減 1，前端索引值要加 1。若佇列容器是空的，則無資料可取出的；若佇列容器已滿，則無法再加入資料。

11-5 樹 (Tree)

由一個（含）以上的節點所組成的有限集合，稱之為樹。這個有限集合之所以被稱為樹，主要是它的呈現方式像一棵樹，但它是一棵樹根在上樹葉在下的倒樹。

樹狀結構是一種階層式的資料結構，主要的作用是模擬真實世界中的樹幹和樹枝之樣貌。在生活中，常用的樹狀結構應用有族譜架構、企業組織架構等。

樹狀結構的基本術語：

- 節點 (node)：代表某一個資料項。例如：「圖 11-12」中的每一個成員，代表不同的節點。
- 父節點 (parent)：某節點的上一個節點，稱為該節點的父節點。例如：「圖 11-12」中的「孫女」節點的父節點為「兒子」。
- 子節點 (child)：沒有父節點的節點，稱為子節點。例如：「圖 11-12」中的「堂兄」節點為子節點。
- 根節點 (root)：樹狀結構最上層的節點，稱為根節點。例如：「圖 11-12」中的「祖父」節點為此樹狀結構的根節點。
- 葉節點 (leaf)：沒有下一個節點的節點，稱為葉節點。例如：「圖 11-

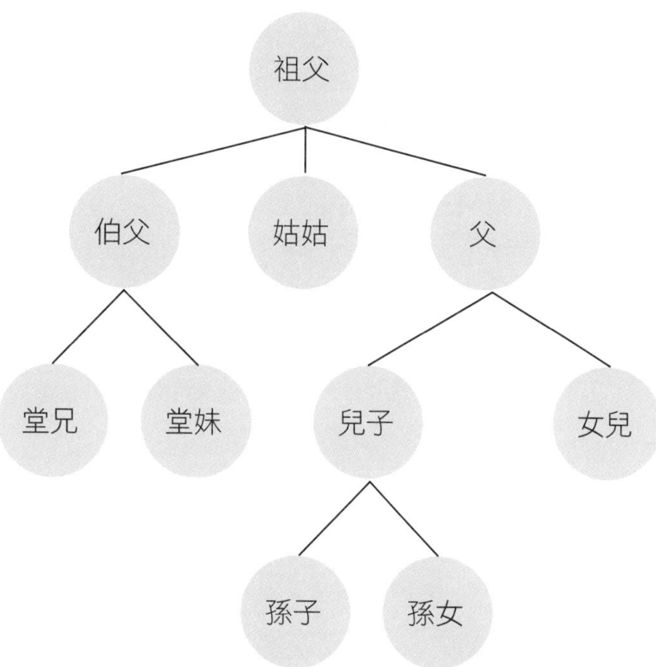

圖 11-12 族譜樹狀圖

12」中的「女兒」節點為葉節點。

- 階度 (level)：代表節點所在階層位置。根節點的階度為 1，根節點的子節點之階度為 2，以此類推。
- 高度 (height)：樹中所有節點的階度之最大值，稱為樹狀結構的高度或深度。例如：「圖 11-12」樹狀結構的「高度」為 4。

樹狀結構的特徵如下：

- 根節點只有一個。
- 除了根節點外，其他每一個節點都恰有一個父節點。
- 每個節點的子節點個數，都是有限的且大於或等於 0。
- 樹中的節點必須相連且不能形成迴路。

範例 6	問題描述（106/10/28 第 3 題 樹狀圖分析） 本題是關於有根樹 (rooted tree)。在一棵 n 個節點的有根樹中，每個節點都是以 1~n 的不同數字來編號，描述一棵有根樹必須定義節點與節點之間的親子關係。一棵有根樹恰有一個節點沒有父節點 (parent)，此

節點被稱為根節點 (root)，除了根節點以外的每一個節點都恰有一個父節點，而每個節點被稱為是它父節點的子節點 (child)，有些節點沒有子節點，這些節點稱為葉節點 (leaf)。在當有根樹只有一個節點時，這個節點既是根節點同時也是葉節點。

在圖形表示上，我們將父節點畫在子節點之上，中間畫一條邊 (edge) 連結。例如，圖一中表示的是一棵 9 個節點的有根樹，其中，節點 1 為節點 6 的父節點，而節點 6 為節點 1 的子節點；又 5、3 與 8 都是 2 的子節點。節點 4 沒有父節點，所以節點 4 是根節點；而 6、9、3 與 8 都是葉節點。

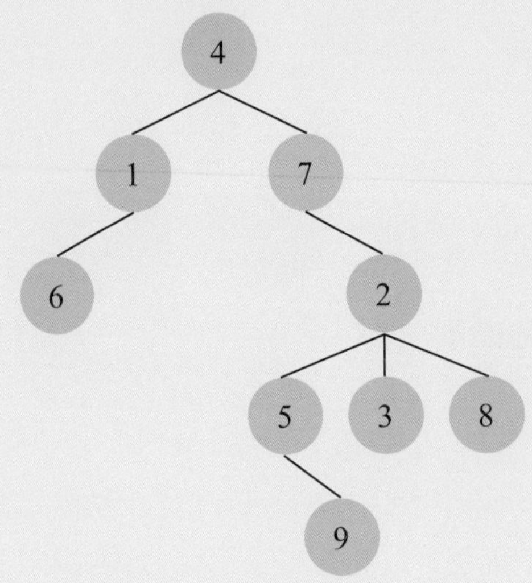

圖一

樹狀圖中的兩個節點 u 和 v 之間的距離 d(u,v) 定義為兩節點之間邊的數量。如圖一中，d(7, 5) = 2，而 d(1, 2) = 3。對於樹狀圖中的節點 v，我們以 h(v) 代表節點 v 的高度，其定義是節點 v 和節點 v 下面最遠的葉節點之間的距離，而葉節點的高度定義為 0。如圖一中，節點 6 的高度為 0，節點 2 的高度為 2，而節點 4 的高度為 4。此外，我們定義 H(T) 為 T 中所有節點的高度總和，也就是說 $H(T) = \Sigma_{v \in T} h(v)$。給定一個樹狀圖 T，請找出 T 的根節點以及高度總和 H(T)。

輸入格式

第一行有一個正整數 n 代表樹狀圖的節點個數，節點的編號為 1 到 n。接下來有 n 行，第 i 行的第一個數字 k 代表節點 i 有 k 個子節點，第 i 行接下來的 k 個數字就是這些子節點的編號。每一行的相鄰數字間以空白隔開。

輸出格式

輸出兩行各含一個整數，第一行是根節點的編號，第二行是 H(T)。

範例一：輸入	範例二：輸入
7 0 2 6 7 2 1 4 0 2 3 2 0 0	9 1 6 3 5 3 8 0 2 1 7 1 9 0 1 2 0 0
範例一：正確輸出	範例二：正確輸出
5 4	4 11

評分說明：

輸入包含若干筆測試資料，每一筆測試資料的執行時間限制 (time limit) 均為 1 秒，依正確通過測資筆數給分。測資範圍如下，其中 k 是每個節點的子節點數量上限：

第 1 子題組 10 分，$1 \leq n \leq 4, k \leq 3$, 除了根節點之外都是葉節點。

第 2 子題組 30 分，$1 \leq n \leq 1{,}000, k \leq 3$。

第 3 子題組 30 分，$1 \leq n \leq 100{,}000, k \leq 3$。

第 4 子題組 30 分，$1 \leq n \leq 100{,}000$, k 無限制。

提示：輸入的資料是給每個節點的子節點有哪些或沒有子節點，因此，可以根據定義找出根節點。關於節點高度的計算，我們根據定義可以找出以下遞迴關係式：(1) 葉節點的高度為 0；(2) 如果 v 不是葉節點，則 v 的高度是它所有子節點的最大高度加一。也就是說，假設 v 的子節點有 a, b 與 c，則 h(v)=max{ h(a), h(b), h(c) }+1。以遞迴方式可以計算出所有節點的高度。

```
#include <iostream>
#include <cstdlib>
using namespace std;
int main( )
{
   int parent[100001];     // parent[i] : 記錄節點i的父節點
   int height[100001];     // height[i] : 記錄節點i的高(或深)度
   int childnum[100001];   // childnum[i] : 記錄節點i的子節點個數
   int leafqueue[100001]; // 儲存葉節點的代號

   int n; // 節點數
   cin >> n;

   int i, j=0, k;
   int node;  // 節點代號
   int child; // 子節點代號
   for (node=1 ; node <= n ; node++)  // 節點node從1~n
   {
      cin >> k; // 輸入節點node的子節點個數k

      if (k == 0) // 表示節點node為葉節點
      {
         // 將葉節點node,存入葉節點陣列leafqueue中
         leafqueue[j]=node;
         j++;

         height[node]=0;  // 設定葉節點node的高度為0
      }
      else
      {
         childnum[node]=k;  // 設定節點node的子節點個數為k個

         // 輸入節點node的k個子節點
         for (i = 1; i <= k; i++)
         {
            cin >> child;
```

```
        parent[child]=node; // 設定子節點child的父節點為node
      }
    }
  }

  long long nodeheightsum=0; // 所有節點的高度總和
  int numofleafnode=j; // 葉節點陣列leafqueue中的葉節點個數
  // 葉節點陣列leafqueue中的第1個葉節點的索引值
  int topofleafnode=0;

  // 葉節點陣列leafqueue中的最後一個葉節點的索引值
  int bottomofleafnode=numofleafnode-1;

  while (numofleafnode > 0)
  {
    // 取出葉節點陣列leafqueue的第1個葉節點
    node = leafqueue[topofleafnode];

    // 取出葉節點後,
    // 將葉節點陣列leafqueue中的最後1個葉節點的索引值往後移一個
    topofleafnode++;

    // 取出葉節點後,將葉節點的總數要減1
    numofleafnode--;

    // 父節點parent[node]的高度
    //    =(它所有葉節點node的高度最大值) + 1
    if (height[parent[node]] < height[node]+1)
      height[parent[node]]=height[node]+1;

    // 從葉節點陣列leafqueue中取出葉節點後，
    // 將節點node的父節點parent[node]之子節點個數減1
    childnum[parent[node]]--;

    // 若節點node的父節點parent[node]的所有子節點都被取出後
    // 則可將父節點parent[node]當作葉節點
```

```
        if (childnum[parent[node]] == 0)
        {
            // 加入葉節點前,
            // 將葉節點陣列leafqueue中的最後一個葉節點的索引值加1,
            // 則新加入的葉節點會記錄在新的bottomofleafnode索引位置
            bottomofleafnode++;

            // 將節點node的父節點parent[node],
            // 加入葉節點陣列leafqueue中
            leafqueue[bottomofleafnode] = parent[node];

            // 加入葉節點後,將葉節點的總數要加1
            numofleafnode++;
        }
    }

    // 最後從葉節點陣列leafqueue取出的葉節點就是根結點
    cout << node << endl;

    // 計算n個節點的高度總和
    for (int i = 1; i<=n; i++)
        nodeheightsum += height[i];
    cout << nodeheightsum << endl;

    return 0;
}
```

執行結果

```
9
1 6
3 5 3 8
0
2 1 7
1 9
0
1 2
0
0
```

	4 11

[程式說明]

- 根據題目的提示：
  (1) 葉節點的高度為 0；
  (2) 若 v 不是葉節點，則 v 的高度是它所有子節點的最大高度加一。
  要計算每一個節點的高度，可由最下方的葉節點往最上方的根節點逐一進行。若某個父節點逐一與其下方的葉節點高度加一比較後，則父節點的高度就計算完成。當某個父節點的高度計算完成後，則可將其下方的葉節點視為無存在，且可視此父節點為新的葉節點，並繼續往上計算其父節點的高度。以此類推，根節點的高度是最後被計算的，最後從葉節點陣列「leafqueue」取出的葉節點就是根節點。
- 因所有節點的高度總和會超過 int 的範圍，故在程式第 42 列才會以 long long（長整數）型態來宣告 nodeheightsum 變數，才能正確儲存所有節點的高度總和。

11-6 動態配置記憶體

想精準預估國家全年的耗電量或個人的全年支出，是一項艱鉅的工程。同樣地，在程式設計的範疇中，對於一般性且數量不確定的問題，要精準估計其所需的記憶體也是一樣困難。例如：計算 n 個整數的總和問題。若宣告包含 10 個元素的一維整數陣列變數來存取這 n 個整數，則會出現以下兩種情況中的一項：

- 當 n<10 時，則配置的記憶體會有些被閒置沒使用。
- 當 n>10 時，則配置的記憶體不足，無法滿足問題的需求。

處理這種類型的問題，最佳的撰寫模式是以動態的方式配置程式所需的記憶體數量。以動態的方式配置記憶體，不會有多餘記憶體被閒置的問題發生，也不會有記憶體配置不足的狀況。當動態配置的記憶體不再使用時，也可將它回收歸還系統，使記憶體空間能充分被利用。

11-6-1 動態配置與回收記憶體

若程式執行時，才決定要配置多少記憶體空間供資料儲存，則可利用「new」運算子達成動態配置記憶體空間的目的。但利用「new」配置的記憶體空間，並不會主動歸還給系統，因此當這些動態所配置記憶體空間不再需要或程式結束時，必須使用「delete」運算子來回收，使系統的記憶體空間充分被利用，否則將導致系統的記憶體空間被耗盡。

11-6-2 動態配置一維陣列變數與回收

動態配置包含「n」個元素的一維陣列變數之語法如下：

```
資料型態 *指標變數 = new 資料型態[n] ;
```

[語法說明]

- 「new」運算子會動態配置「n*sizeof(資料型態)」個 Bytes 的記憶體空間，給擁有「n」個元素的一維陣列變數使用。
- 資料型態必須是同一種型態。
- n：表示一維陣列有「n」個元素。

例：動態配置有兩個元素的一維整數陣列變數 ptr。

解：int *ptr = new int[2];

[註] • 因 sizeof(int)=4，所以動態配置了 2*4=8 個位元組。
• 動態宣告的 ptr 雖然是整數指標變數，也可以當一維整數陣列變數。故 ptr [0] 及 ptr[1] 是陣列變數 ptr 的兩個元素。

回收動態配置的一維陣列變數之語法如下：

```
delete[ ] 指標變數;
指標變數 = NULL;
```

[語法說明]

- 回收是回收動態配置的一維陣列記憶體空間，不是回收指標變數的記憶體空間，且指標變數仍指向原先所配置的記憶體位址。
- 指標變數的值設為「NULL」（空的位址），主要目的是防止不慎使用到先前配置的一維陣列記憶體空間，得到無法預期的結果。
- 動態配置的記憶體空間回收後，若想再配置記憶空間給不同大小的陣列使用，則重新配置記憶空間給指標變數即可。
- 「[ ]」內不用填數量，表示回收整個陣列所占用的記憶體空間。

例：（承上例）回收動態配置的一維整數陣列變數 ptr。

解：delete[ ] ptr;
　　ptr = NULL;

11-6-3 動態配置二維陣列變數與回收

動態配置包含「m*n」個元素的二維陣列變數之語法如下：

```
資料型態  **指標變數 = new 資料型態* [m] ;
for (int i=0 ; i<m ; i++)
   指標變數[i] = new 資料型態[n] ;
```

[語法說明]

- 「new」運算子會動態配置「m*n*sizeof(資料型態)」個 Bytes 的記憶體空間，給擁有「m*n」個元素的一維陣列變數使用。
- m：表示二維陣列有「m」列。

- n：表示二維陣列每一列有「n」個元素。
- 資料型態必須是同一種型態。
- 動態配置二維陣列變數的記憶體空間之順序：
  先配置第一維陣列空間，再配置第二維陣列空間。

例：動態配置記憶體給有 6(=2*3) 個元素的二維整數陣列變數 ptr。

解：
```
int **ptr = new int* [2];
for (int i=0 ; i<2 ; i++)
     ptr[i] = new int[3] ;
```

[註] • 因 sizeof(int)=4，所以動態配置了 2*3*4=24 個位元組。
• 動態宣告的 ptr 雖然是整數指標變數，也可以當二維整數陣列變數。故 ptr [0][0]、ptr [0][1]、ptr [0][2]、ptr [1][0]、ptr [1][1]、及 ptr[1][2]，是陣列變數 ptr 的 6 個元素。

回收動態配置的二維陣列變數之語法如下：

```
for (int i=0 ; i<m ; i++)
     delete[ ] 指標變數[i] ;
delete[ ] 指標變數;
指標變數 = NULL ;
```

[語法說明]

- 回收是回收動態配置的二維陣列記憶體空間，不是回收指標變數的記憶體空間，且指標變數仍指向原先所配置的記憶體位址。
- 指標變數的值設為「NULL」（空的位址），主要目的是防止不慎使用到先前配置的二維陣列記憶體空間，得到無法預期的結果。
- 回收動態配置二維陣列記憶體空間的程序，與動態配置的程序相反。即第二維陣列空間先回收，然後再回收第一維陣列空間。

- 動態配置的記憶體空間回收後，若想再配置記憶空間給不同大小的陣列使用，則重新配置記憶空間給指標變數即可。
- 「[ ]」內不用填數量，表示回收該維度陣列所占用的記憶體空間。

例：（承上例）回收動態配置的一維整數陣列變數 ptr。

解：

```
for (int i=0 ; i<m ; i++)
    delete[ ] ptr[i];
delete[ ] ptr;
ptr = NULL;
```

範例 7	問題描述（105/3/5 第 4 題 血緣關係） 小宇有一個大家族。有一天，他發現記錄整個家族成員和成員間血緣關係的家族族譜。小宇對於最遠的血緣關係（我們稱之為「血緣距離」）有多遠感到很好奇。 右圖為家族的關係圖。0 是 7 的孩子，1、2 和 3 是 0 的孩子，4 和 5 是 1 的孩子，6 是 3 的孩子。我們可以輕易的發現最遠的親戚關係為 4（或 5）和 6，他們的「血緣距離」是 4(4~1，1~0，0~3，3~6)。 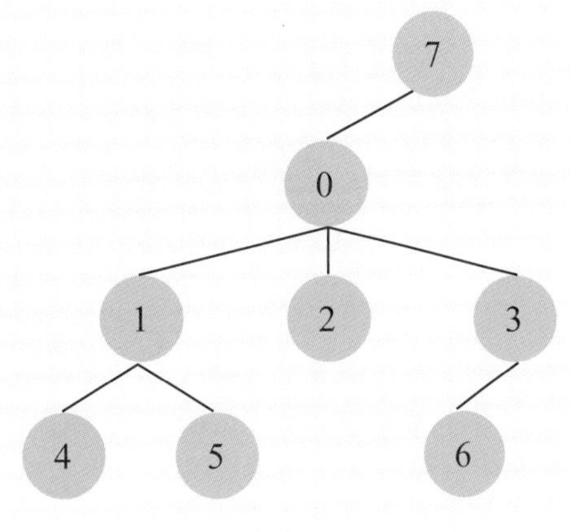 給予任一家族的關係圖，請找出最遠的「血緣距離」。你可以假設只有一個人是整個家族成員的祖先，而且沒有兩個成員有同樣的小孩。 輸入格式 第一行為一個正整數 n 代表成員的個數，每人以 0~n-1 之間惟一的編號代表。接著的 n-1 行，每行有兩個以一個空白隔開的整數 a 與 b(0≤a, b≤n-1)，代表 b 是 a 的孩子。 輸出格式 每筆測資輸出一行最遠「血緣距離」的答案。

範例一：輸入
8
0 1
0 2
0 3
7 0
1 4
1 5
3 6

範例一：正確輸出
4

（說明）
如題目所附之圖，最遠路徑為 4->1->0->3->6 或 5->1->0->3->6，距離為 4。

範例二：輸入
4
0 1
0 2
2 3

範例二：正確輸出
3

（說明）
最遠路徑為 1->0->2->3，距離為 3。

評分說明
輸入包含若干筆測試資料，每一筆測試資料的執行時間限制 (time limit) 均為 3 秒，依正確通過測資筆數給分。其中，
第 1 子題組共 10 分，整個家族的祖先最多 2 個小孩，其他成員最多一個小孩，2≤n≤100。
第 2 子題組共 30 分，2≤n≤100。
第 3 子題組共 30 分，101≤n≤2,000。
第 4 子題組共 30 分，1,001≤n≤100,000。

```
#include <iostream>
#include <cstdlib>
using namespace std;
int n; // 節點數
int bloodlength; // 記錄兩個最遠的節點之血緣距離
int subnodemaxnum;  // 記錄所有節點的子節點數目之最大值
int **subnode;  // 宣告雙重指標變數,作為動態二維陣列
int nodeheight(int subnodenum[], int n, int node);
int main( )
{
```

```
  cin >> n;

  int issubnode[n]; // 記錄n個節點各自是否為子節點
  // 若issubnode[i]=1,則節點i為子節點,否則節點i不是子節點

  int subnodenum[n]; // 記錄n個節點各自的子節點數目
  // subnodesize[i]:代表節點i的子節點數目

  int i;
  for (int i=0 ; i < n ; i++)
  {
    issubnode[i]=0; // 設定節點i不是子節點
    subnodenum[i]=0; // 設定節點i的子節點數目之初始值=0
  }

  // 共有(n-1)組的父節點與子節點，用來記錄n個節點各自的父子關係
  int relation[n-1][2];
  // relation[i][0]:第i組的父節點,relation[i][1]:第i組的子節點

  subnodemaxnum=0;

  // 輸入(n-1)組的父節點與子節點
  for (i=0 ; i < n-1 ; i++)
  {
    cin >> relation[i][0] >> relation[i][1];

    // 父節點relation[i][0]的子節點個數+1
    subnodenum[relation[i][0]]++;

    // 節點relation[i][0]的子節點數目>所有節點的子節點數目之最大值
    if (subnodenum[relation[i][0]] > subnodemaxnum)
      subnodemaxnum=subnodenum[relation[i][0]];
  }

  // 二維陣列subnode:記錄n個節點各自的子節點,
  // 先記錄的子節點,在探索的過程中,會先被探索
```

```
subnode = new int* [n]; // 動態宣告二維陣列有n列

// 動態宣告二維陣列的每列有subnodemaxnum行
for (int i=0 ; i < n ; i++)
  subnode[i] = new int[subnodemaxnum];

// 重新將節點i的子節點數目之初始值歸0
for (int i=0 ; i < n ; i++)
   subnodenum[i]=0;

for (i=0 ; i < n-1 ; i++)
{
 issubnode[relation[i][1]] = 1; // 設定節點relation[i][1]為子節點
 // 節點relation[i][0]的第subnodenum[relation[i][0]]個子節點
 // 是relation[i][1]
 subnode[relation[i][0]][subnodenum[relation[i][0]]]=relation[i][1];

 // 節點relation[i][0]的子節點個數+1
 subnodenum[relation[i][0]]++;
}

// 從n個節點中,找出根節點root
for (i = 0; i < n ; i++)
   if (issubnode[i] == 0)  // 節點i不是子節點
       break;

int root=i; // 根節點root

// rootheight : 根節點root的高度
int rootheight = nodeheight(subnodenum, n, root);

// 根節點root的高度 > 兩個最遠的節點之血緣距離
if (rootheight > bloodlength)
   bloodlength=rootheight;
cout << bloodlength << endl;
```

```
    for (i=0 ; i<n ; i++)
        delete[ ] subnode[i];
    delete[ ] subnode;
    subnode = NULL;

    return 0;
}

// 回傳節點node的高度,並記錄兩個最遠的子節點之血緣距離
int nodeheight(int subnodenum[], int n, int node)
{
    // firstheight與secondheight分別記錄(同一個父節點node的)子節點中的
    // 最高高度及第2高高度
    int firstheight=0, secondheight=0;   // firstheight也代表節點node的高度

    int height;

    // 節點node沒有子節點時,表示為葉節點
    if (subnodenum[node] == 0)
        return 0; // 回傳0給節點node的高度,表示葉節點node的高度=0
    else
    {
        // 探索節點node的每一個子節點,
        // 並記錄節點node的兩個最遠子節點之血緣距離
        for (int i=0 ; i < subnodenum[node] ; i++)
        {
          // 計算節點node的第(i+1)個子節點的高度
          height = nodeheight(subnodenum, n,subnode[node][i]) + 1;

          if (height >= firstheight)
          {
              secondheight = firstheight;
              firstheight = height;
          }
          else if (firstheight >= height && height >= secondheight)
              secondheight = height;
```

```
        }

        // 節點node目前兩個最大的子節點高度和 > 之前最遠的血緣距離
        if (firstheight + secondheight > bloodlength)
            bloodlength = firstheight + secondheight;

        return firstheight;  // 回傳節點node的高度
    }
}
```

執行結果

```
8
0 1
0 2
0 3
7 0
1 4
1 5
3 6
4
```

[程式說明]

- 計算最遠的「血緣距離」，是先計算最底層節點的高度，再逐步往計算上一層的節點高度，直到根節點的高度被計算才停止。
- 計算節點的高度之遞迴函式「nodeheight」如下：
  1. 若節點為葉節點，則節點的高度為 0，並中止呼叫遞迴函式「nodeheight」。
  2. 否則逐一計算該節點的所有子節點高度，即逐一呼叫計算子節點高度的遞迴函式「nodeheight」，並加 1。
  3. 若節點的所有子節點之最大高度前兩名相加大於之前最遠的「血緣距離」，則最遠的「血緣距離」= 所有子節點的最大高度前兩名相加。
  4. 回傳節點的高度。

大學程式設計先修檢測 (APCS) 試題解析

一、程式設計觀念題

1. List 是一個陣列，裡面的元素是 element，它的定義如下。

```
struct element {
   char data;
   int next;
}

void RemoveNextElement(element list[], int current) {
   if (list[current].next != -1) {
      /*移除current 的下一個element*/
      [                              ]
   }
}
```

C++ 語言及 C 語言寫法

List 中的每一個 element 利用 next 這個整數變數來記錄下一個 element 在陣列中的位置，如果沒有下一個 element，next 就會記錄 -1。所有的 element 串成了一個串列 (linked list)。例如在 list 中有三筆資料

1	2	3
data = 'a' next = 2	data = 'b' next = -1	data = 'c' next = 1

它所代表的串列如下圖

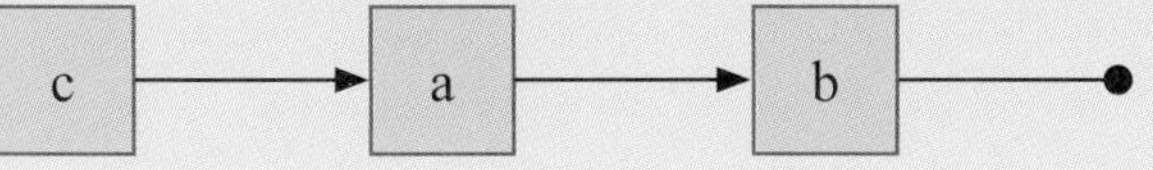

RemoveNextElement 是一個程序，用來移除串列中 **current** 所指向的下一個元素，但是必須保持原始串列的順序。例如，若 current 為 3（對應到 list[3]），呼叫完 RemoveNextElement 後，串列應為：

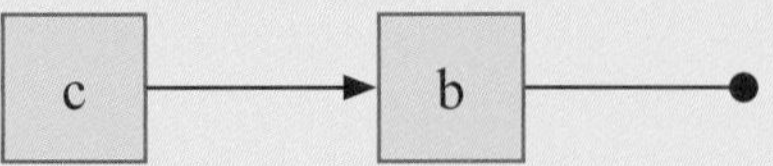

請問在空格中應該填入的程式碼為何？（105/3/5 第 6 題）

(A) list[current].next = current ;

(B) list[current].next = list[list[current].next].next ;

(C) current = list[list[current].next].next ;

(D) list[list[current].next].next = list[current].next ;

解 答案：(B)

要移除串列中目前元素 **(current)** 所指向的下一個元素，只要將 **current** 的「**next**」欄位指向下一個元素即可，即重新設定 **current** 的「**next**」欄位值。因此，空格中應該填入：

list[current].next = list[list[current].next].next ;

其中，list[current] 代表目前的陣列結構變數，

list[current].next 代表 list[current] 陣列結構變數的「next」欄位值，

list[list[current].next] 代表下一個陣列結構變數，

list[list[current].next].next 代表 list[list[current].next] 陣列結構變數的「next」欄位值。

國家圖書館出版品預行編目(CIP)資料

無師自通的 C++ 語言程式設計：附大學程式設計先修檢測（APCS）試題解析／邏輯林著;
－－二版. －－臺北市：五南圖書出版股份有限公司, 2023.03
面； 公分

ISBN 978-626-343-834-7（平裝附光碟片）

1.CST: C++（電腦程式語言）

312.32C 112001578

1H2T

無師自通的 C++ 語言程式設計：附大學程式設計先修檢測 (APCS) 試題解析

作 者 — 邏輯林
發 行 人 — 楊榮川
總 經 理 — 楊士清
總 編 輯 — 楊秀麗
主 編 — 侯家嵐
責任編輯 — 吳瑀芳
文字校對 — 鐘秀雲
封面設計 — 姚孝慈
內文排版 — 張淑貞
出 版 者 — 五南圖書出版股份有限公司
地 址：106臺北市大安區和平東路二段339號4樓
電 話：(02)2705-5066 傳 真：(02)2706-6100
網 址：https://www.wunan.com.tw
電子郵件：wunan@wunan.com.tw
劃撥帳號：01068953
戶 名：五南圖書出版股份有限公司
法律顧問：林勝安律師
出版日期：2021年4月初版一刷
2023年3月二版一刷
定 價：新臺幣720元

※版權所有・欲利用本書全部或部分內容，必須徵求本公司同意※

全新官方臉書

五南讀書趣

WUNAN Books since1966

Facebook 按讚

★ 專業實用有趣
★ 搶先書籍開箱
★ 獨家優惠好康

不定期舉辦抽獎
贈書活動喔！！！

五南讀書趣 Wunan Books